한날 글·그림 / 이젠수학연구소 지음

새 교과서 반영

3학년에게 꼭 필요한

도형

만화 교과서

이젠교육
EZEN EDUCATION

한날 글·그림

웹툰·이모티콘 캐릭터 작가로 활동하며 캐릭터 그리는 것을 평생의 즐거움으로 살아가고 있습니다. 웹툰 '동물농장'과 '인생다반사'를 연재했으며, 카카오톡 이모티콘 '인생다반사'와 '짤모티콘' 등을 출시하였습니다. 쓰고 그린 책으로는 《읽으면서 바로 써먹는 어린이 영단어》, 《읽으면서 바로 써먹는 어린이 맞춤법》, 《읽으면서 바로 써먹는 어린이 관용구》, 《읽으면서 바로 써먹는 어린이 속담》, 《읽으면서 바로 써먹는 어린이 퀴즈》, 《읽으면서 바로 해보는 어린이 게임》 등이 있습니다.

blog http://blog.naver.com/ngmspg http://www.instagram.com/hannal_01

이젠수학연구소 지음

이젠수학연구소는 유아에서 초중고까지 학생들이 수학의 바른길을 찾아낼 수 있도록 수학 학습법을 연구하는 이젠교육의 수학 연구소입니다. 수학 실력은 하루아침에 완성되지 않으며, 다양한 경험을 통해 발달합니다. 그길에 친구가 되고자 노력합니다.

3학년에게 꼭 필요한 도형 (만화 교과서)

초판 1쇄 발행 | 2022년 1월 10일

지 은 이 이젠수학연구소
펴 낸 이 임요병
펴 낸 곳 ㈜이젠교육
출판등록 제 2020-000073호
주 소 서울시 영등포구 양평로 22길 21 코오롱디지털타워 404호
전 화 (02)324-1600
팩 스 (031)941-9611
인스타그램 @ezeneducation
블 로 그 http://blog.naver.com/ezeneducation

@이젠교육
ISBN 979-11-90880-68-8

3학년에게 꼭 필요한

도형

만화 교과서

구성과 특징

3학년에게 꼭 필요한
도형

수학 웹툰 전문 작가의 캐릭터를 활용한 실생활 이야기로

수학에 대한
호기심과 자신감을 키워요.

1 평면도형
05 원의 중심, 반지름, 지름
얘들아, 운동장에서 뭐 해?
배찌 왔구나.
총총
지금 재미있는 놀이하려고 준비 중이야.
우아! 정말? 나도 할래.
번쩍
32
무엇을 배울까요?
언제 배울까요?
좋아, 같이하자. 배찌야.
방긋
하지만 놀이를 하기 전에 준비를 해야 해.
찡긋
준비?
응. 우선 바닥에 큰 원을 그려야 해.
큰 원? 그런데 큰 원을 어떻게 그리지?
척
긁적
33

학습 포인트 1

수학 교과서 단원의 내용을 실생활 소재를 활용한 만화로 재미있게 읽으면서 수학에 대한 호기심을 가질 수 있습니다.

학습 포인트 2

만화 속 내용과 연결된 수학 교과서 학년과 학기의 단원을 소개하고, 무엇을 배우는지 알 수 있습니다.

캐릭터와 함께하는 주제별 질문식 수학 개념을

쉽고 재미있게 읽으면서 원리를 이해해요!

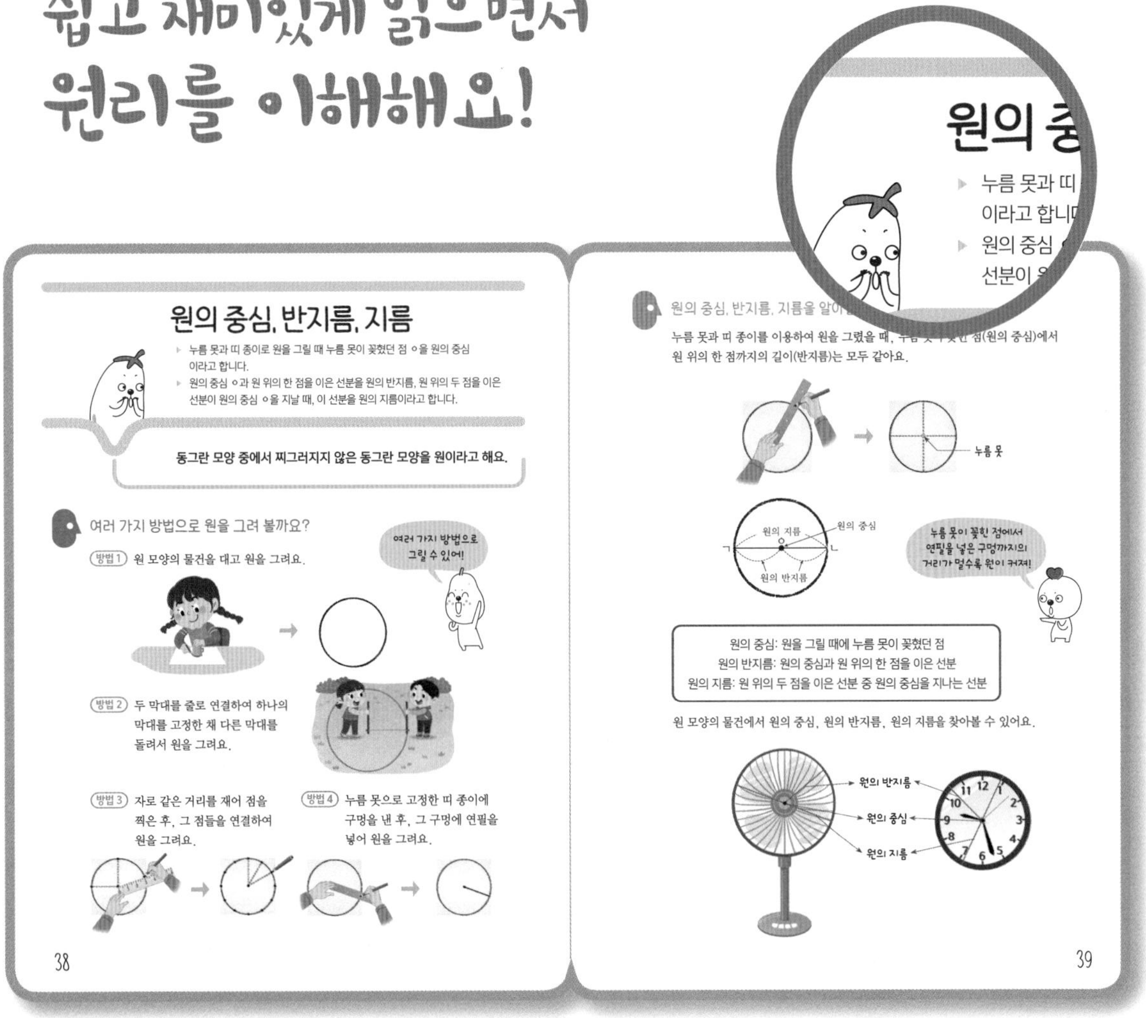

원의 중
누름 못과 띠
이라고 합니
원의 중심
선분이 원
원의 중심, 반지름, 지름
누름 못과 띠 종이로 원을 그릴 때 누름 못이 꽂혔던 점 ㅇ을 원의 중심이라고 합니다.
원의 중심 ㅇ과 원 위의 한 점을 이은 선분을 원의 반지름, 원 위의 두 점을 이은 선분이 원의 중심 ㅇ을 지날 때, 이 선분을 원의 지름이라고 합니다.
동그란 모양 중에서 찌그러지지 않은 동그란 모양을 원이라고 해요.
여러 가지 방법으로 원을 그려 볼까요?
방법 1 원 모양의 물건을 대고 원을 그려요.
여러 가지 방법으로 그릴 수 있어!
방법 2 두 막대를 줄로 연결하여 하나의 막대를 고정한 채 다른 막대를 돌려서 원을 그려요.
방법 3 자로 같은 거리를 재어 점을 찍은 후, 그 점들을 연결하여 원을 그려요.
방법 4 누름 못으로 고정한 띠 종이에 구멍을 낸 후, 그 구멍에 연필을 넣어 원을 그려요.
38
누름 못과 띠 종이를 이용하여 원을 그렸을 때, 누름 못이 꽂힌 점(원의 중심)에서 원 위의 한 점까지의 길이(반지름)는 모두 같아요.
누름 못
원의 지름
원의 중심
원의 반지름
누름 못이 꽂힌 점에서 연필을 넣은 구멍까지의 거리가 멀수록 원이 커져!
원의 중심: 원을 그릴 때에 누름 못이 꽂혔던 점
원의 반지름: 원의 중심과 원 위의 한 점을 이은 선분
원의 지름: 원 위의 두 점을 이은 선분 중 원의 중심을 지나는 선분
원 모양의 물건에서 원의 중심, 원의 반지름, 원의 지름을 찾아볼 수 있어요.
원의 반지름
원의 중심
원의 지름
39

학습 포인트 3

수학 교과서의 개념을 수학 만화와 연결하여 원리를 정확히 이해할 수 있습니다.

학습 포인트 4

주제별 원리에 대한 질문에 대해 생활에서 볼 수 있는 내용을 그림으로 재미있게 구현하여 쉽게 이해할 수 있습니다.

차례

3학년에게 꼭 필요한
도형

1. 평면도형

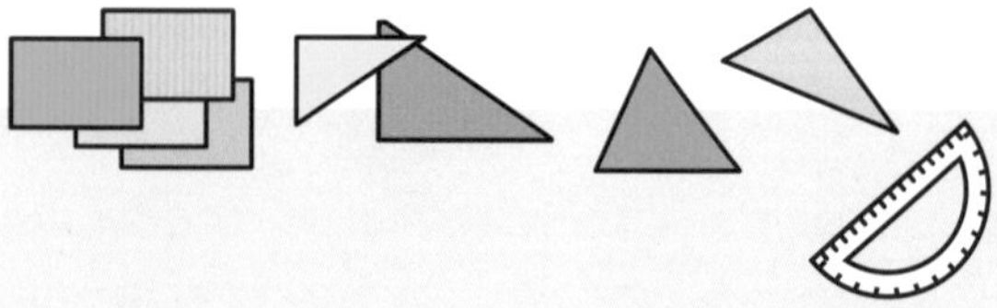

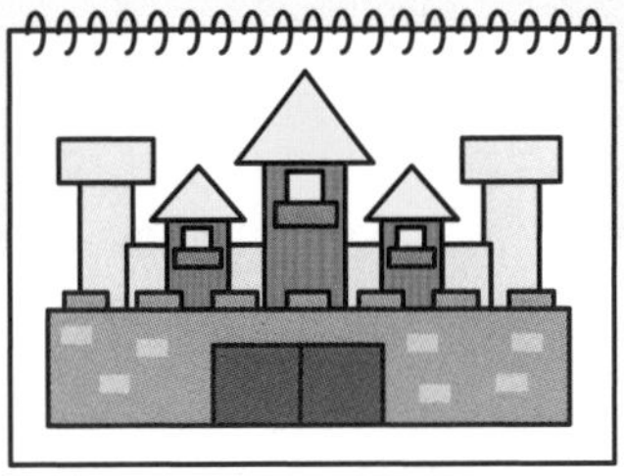

2. 각도

작가의 말

여러분에게 수학이란 어떤 의미인가요? 친해지고 싶은 친구인가요? 아니면 정복하고 싶은 대상이나 넘을 수 없는 장애물인가요? 각자마다 느끼는 수학의 의미는 다르겠지만 아마도 확실한 것은 우리 삶에 있어서 꼭 필요한 존재라는 사실이에요. 하지만 꼭 필요하지만 가까이 다가가기 어려울 때가 있죠. 과일채소 친구인 (쵸배, 배찌, 체로, 가징, 토리)도 마찬가지거든요. 그럴때마다 쵸배, 배찌, 체로, 가징, 토리는 일상생활에서 재미있게 수학을 접하며 즐긴답니다. 어린이 여러분도 이젠 이 책 속으로 들어가 과일채소 친구들과 함께 수학의 재미에 풍덩 빠져들 수 있었으면 하는 바람입니다.

01 선분, 반직선, 직선

토리야~
뭘 보고 있는 거야?
음…
지금 지도를
보고 있는 중이야.
지도?
응.
오늘 점심은 햄버거를
사 먹으려고 말이야.
방긋

● 무엇을 배울까요? 생활 주변에서 볼 수 있는 곧은 선과 굽은 선을 찾아보게 합니다.
선분, 반직선, 직선의 의미를 알게하고 표현해 보게 합니다.

● 언제 배울까요? 초등학교 3학년 1학기 평면도형 / 3학년 2학기 원 /
4학년 1학기 평면도형의 이동 단원에서 배워요.

아하! 그래서 지도로 햄버거 가게를 찾고 있구나.
번쩍
응. 지금 2곳을 찾았거든.
둘 중 어느 가게가 우리 집이랑 더 가까운지 확인하는 중이야.
지금 너무 배고파서 조금이라도 더 가까운 가게로 갈 거야.
꼬르륵

자~ 잘 봐.
더 가까운 곳을 찾으려면 이 자로 직선을 그어 보면 돼.
빨간 깃발이 햄버거 집이니까 선분을 그어 볼게.
자~ 이렇게 선분 ㉠, ㉡ 2개가 그어졌어.
ㄱ
ㄴ
여기서 직선의 거리가 짧은 쪽이 더 가까운 거야.
앗! 밑에 있는 가게가 더 가깝군.
이 정도 거리면 5분밖에 걸리지 않아.
근데 체로야.

잠깐.
말할 게 있으면
갔다 올 동안
조금만 기다려.
그게 아니라…
척
먹으면서
이야기하자.
쌔앵
그게 아니야.
벌써 가 버렸네…
이 지도의
가운데 파란 선은 강이라고
말해 주려던 참인데.
이 강을
건너가려면 1시간은
돌아가야 하는데…
여긴 어디?
나는 누구?
꼬르륵

선분, 반직선, 직선

- 두 점을 곧게 이은 선을 선분, 한 점에서 시작하여 한쪽으로 끝없이 늘인 곧은 선을 반직선이라고 합니다.
- 선분을 양쪽으로 끝없이 늘인 곧은 선을 직선이라고 합니다.

선을 두 종류로 분류해 볼까요?

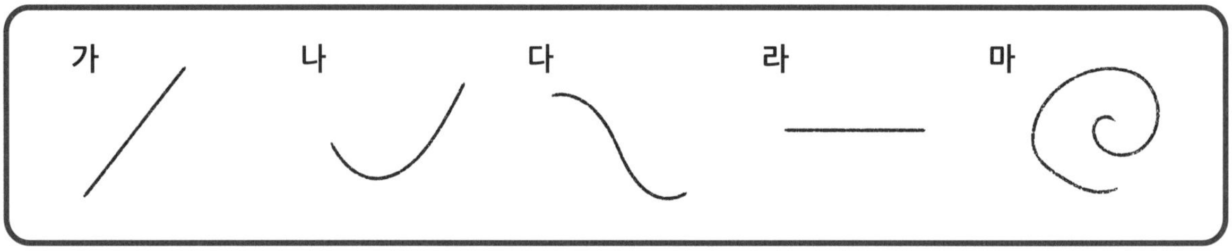

가, **라**와 같이 곧은 선과 **나**, **다**, **마**와 같이 굽은 선으로 나눌 수 있어요.

곧은 선	굽은 선
가, 라	나, 다, 마

곧은 선을 자세히 살펴볼까요?

두 점을 곧게 이은 선을 선분이라고 합니다.
점 ㄱ과 점 ㄴ을 곧게 이은 선분을 선분 ㄱㄴ 또는 선분 ㄴㄱ이라고 해요.

읽기 선분 ㄱㄴ 또는 선분 ㄴㄱ

선분의 한쪽을 늘여 볼까요?

한 점에서 시작하여 한쪽으로 끝없이 늘인 곧은 선을 반직선이라고 해요.
점 ㄱ에서 시작하여 점 ㄴ을 지나는 반직선을 반직선 ㄱㄴ이라고 해요.
점 ㄴ에서 시작하여 점 ㄱ을 지나는 반직선을 반직선 ㄴㄱ이라고 해요.

반직선은 한 방향으로만
늘어나므로 시작점만 있어.

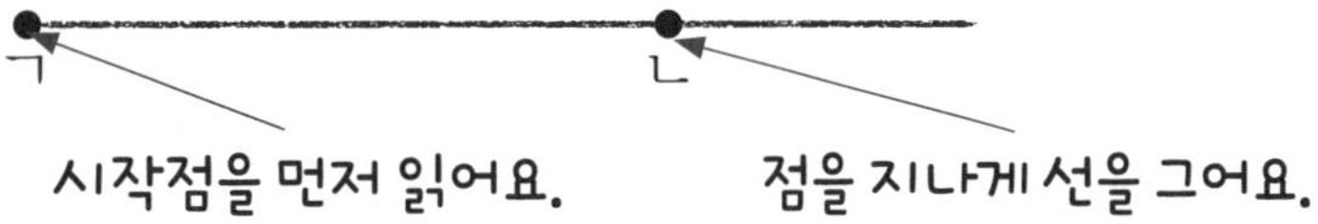
ㄱ
ㄴ
시작점을 먼저 읽어요.
점을 지나게 선을 그어요.

읽기 반직선 ㄱㄴ

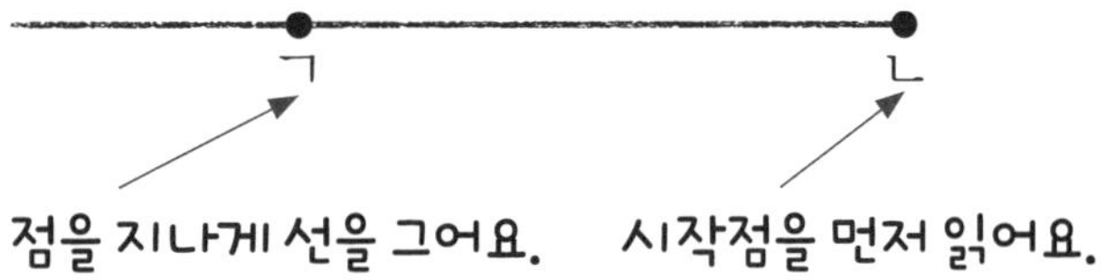
ㄱ
ㄴ
점을 지나게 선을 그어요.
시작점을 먼저 읽어요.

읽기 반직선 ㄴㄱ

선분의 양쪽을 늘여 볼까요?

선분을 양쪽으로 끝없이 늘인 곧은 선을 직선이라고 해요.
점 ㄱ과 점 ㄴ을 지나는 직선을 직선 ㄱㄴ 또는 직선 ㄴㄱ이라고 해요.

ㄱ
ㄴ

읽기 선분 ㄱㄴ 또는 선분 ㄴㄱ

ㄱ
ㄴ
점을 지나게 선을 그어요.

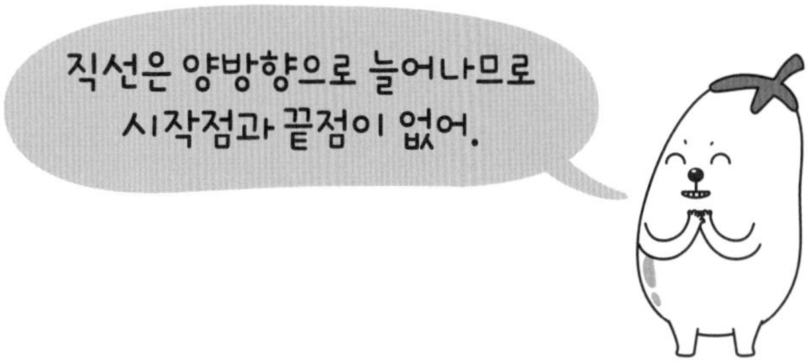
직선은 양방향으로 늘어나므로
시작점과 끝점이 없어.

읽기 직선 ㄱㄴ 또는 직선 ㄴㄱ

02 각, 직각

이야~
오늘은 정말
날씨도 좋구나!
응.
하늘도 무척 이뻐.
방긋

얘들아,
저기 구름들도 좀 봐.
척
구름들도
정말 이뻐.
다양하게
생긴 구름들이
많이 있어.
활짝

● 무엇을 배울까요? 반직선을 이용하여 각의 개념을 알게 하고 표현해 보게 합니다.
각의 구성 요소(꼭짓점, 변)를 알고 각을 그려 보게 합니다.
직각의 의미를 알고 표현할 수 있으며 생활 주변에서 직각을 찾아보게 합니다.

● 언제 배울까요? 초등학교 3학년 1학기 평면도형 / 3학년 2학기 원 / 4학년 1학기 평면도형의 이동 단원에서 배워요.

애들아,
누가 제일 특이한 구름을
찾는지 내기할까?
척
오~
재미있겠다.
좋아. 내가 제일
먼저 찾아볼게.
음…
휙
휙
휙

찾았다!
저기 저 구름.
꼭
물고기처럼 생겼어.
우아!
정말이네.
깜짝
다음은
내가 찾아볼게.
휙
저 구름 봐.
정말 신기하게 생겼어.
어디?
휙
휙

저기 저 구름말이야~
저 구름의 한쪽이 직각이야.
와~ 저렇게 생긴 직각 구름은 진짜 처음 봐.
뜨헉
직각?
그래. 방향이 다른 두 반직선을 그었을 때 만나는 점을 꼭짓점이라고 하잖아.
그때 그 꼭짓점이 90도가 되면 직각이라고 해.
90°
구름의 한 꼭짓점을 보면 각의 크기가 90도야.
90°

우아! 정말이네.
저런 구름은 태어나서 처음 봐!
다들 잘 찾는구나.
방긋
어때? 구름 찾기 내기는 내가 이겼지?
척
응! 저 구름보다 신기한 구름은 절대 못 찾을 거야.
잠깐!

오잉?
휙
오잉?
휙
찾았어.
저 구름이야!
색깔까지 달라.
척
아니, 저건!
우르르쾅쾅
먹구름이잖아.
먹구름이 온다는 건
비가 올 거라는 거야.
도망가자!
같이 가!
후다닥
후다닥

각, 직각

- 한 점에서 그은 두 반직선으로 이루어진 도형을 각이라고 합니다.
- 종이를 반듯하게 두 번 접었을 때 생기는 각을 직각이라고 합니다.

각을 알아볼까요?

각 ㄱㄴㄷ / 각 ㄷㄴㄱ

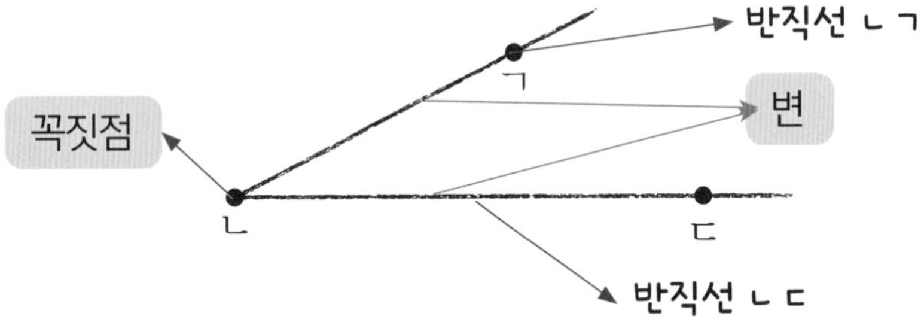

한 점에서 다른 방향으로 두 반직선을 그었을 때 그려지는 도형을 각이라고 해요.
각에서 두 반직선이 만나는 점을 꼭짓점이라 하고 이때 두 반직선을 변이라고 해요.

세 점을 이용하여 각을 그려 볼까요?

각 ㄱㄴㄷ

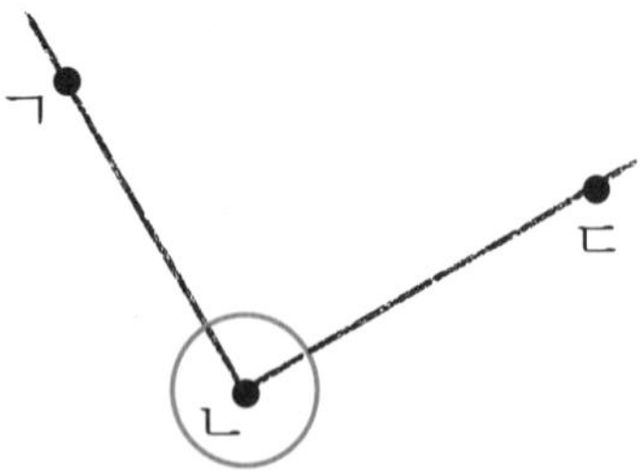

각 ㄱㄷㄴ

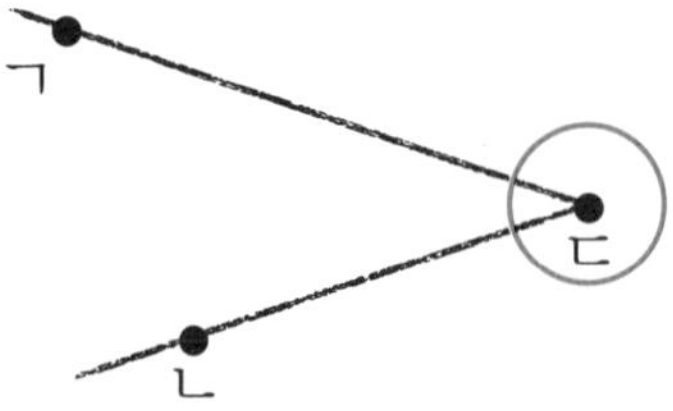

각 ㄷㄱㄴ

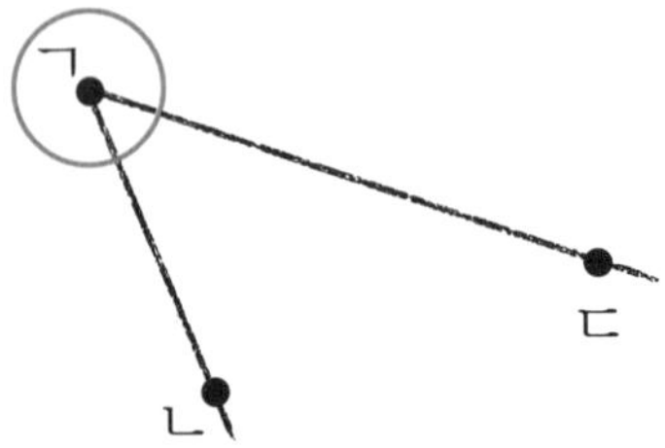

꼭짓점이 두 반직선이 만나는 점이 되도록 그려요.

직각을 알아볼까요?

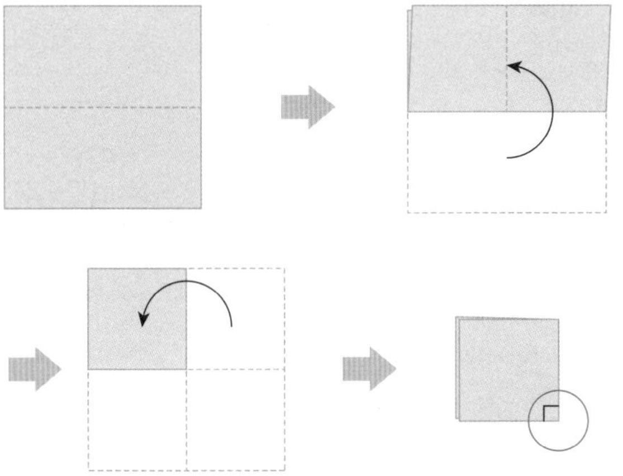

색종이를 반듯하게 반을 접고,
또 반으로 접어 봐!
그때 네 귀퉁이에 생기는
각이 바로 직각이야!

그림과 같이 종이를 반듯하게 두 번 접었을 때 생기는 각을 직각이라고 해요.

ㄱ
ㄴ
ㄷ
ㄱ
ㄴ
ㄷ

직각 ㄱㄴㄷ을 나타낼 때는 꼭짓점 ㄴ에 ∟ 표시를 해요.

직각 삼각자에는 이름에서
알 수 있듯이 직각이 있지!
어느 부분인지 표시해 볼까?

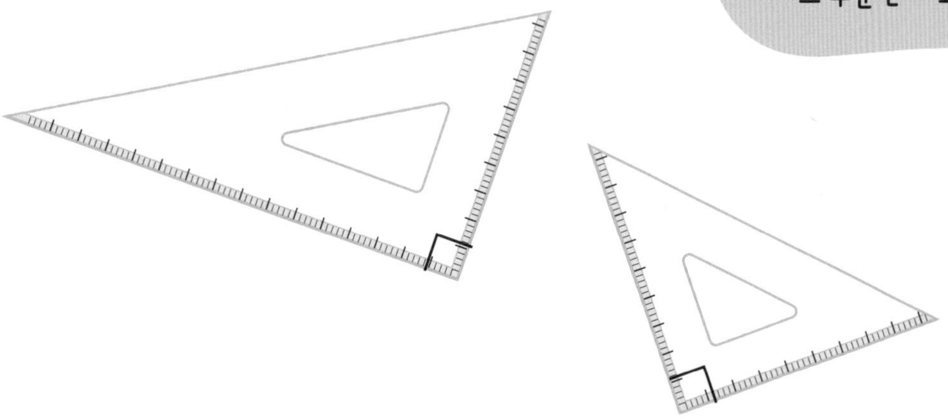

03 직각삼각형

체로야,
뭐 하고 있어?
토리야~
앗!
그건 칠교판이잖아?
척
응.
칠교판의 도형을
관찰 중이었어.
휙
도형을
관찰 중이었다고?

● 무엇을 배울까요? 분류 활동으로 직각삼각형을 알 수 있게 합니다. 여러 가지 직각삼각형을 만들고 그릴 수 있으며 생활 주변에서 직각삼각형을 찾을 수 있게 합니다.

● 언제 배울까요? 초등학교 3학년 1학기 평면도형 / 3학년 2학기 원 / 4학년 1학기 평면도형의 이동 단원에서 배워요.

응. 그중에서도 이 삼각형 도형들만 보고 있었어.
척
삼각형 도형만? 이유가 뭐야?
궁금
삼각형 도형들의 공통점이 있는 것 같은데 그게 뭔지 알쏭달쏭해.
끙
그렇구나. 그럼 내가 한번 찾아볼게.
응!
방긋

우선 삼각형의
모든 면이 3개야.
맞아.
그건 나도 이미 알고 있어.
다른 공통점은 없을까?
다른 공통점?
음…
나도 알 것 같은데,
그러게 말이야.
모두 꼭짓점이
3개인 것도
똑같고,
곰곰
곰곰
꼭짓점?

그래. 알겠어!
토리야, 삼각형의 꼭짓점을 봐!
앗! 그렇구나.
나도 알겠어.
탁
칠교판의 삼각형들은
모두 한 각이 직각인~
90°
90°
90°
90°
90°
바로
직각삼각형이야.
활짝
히히~
궁금증이 풀렸으니
이제 우리
씨익
칠교판의
삼각형으로 재미있게 도형을
만들면서 놀자!
응!

직각삼각형

▶ 한 각이 직각인 삼각형을 직각삼각형이라고 합니다.

곧은 선 3개로 둘러싸인 모양을 삼각형이라고 해요.
삼각형에는 3개의 변과 3개의 꼭짓점, 3개의 각이 있어요.

삼각형을 두 종류로 분류해 볼까요?

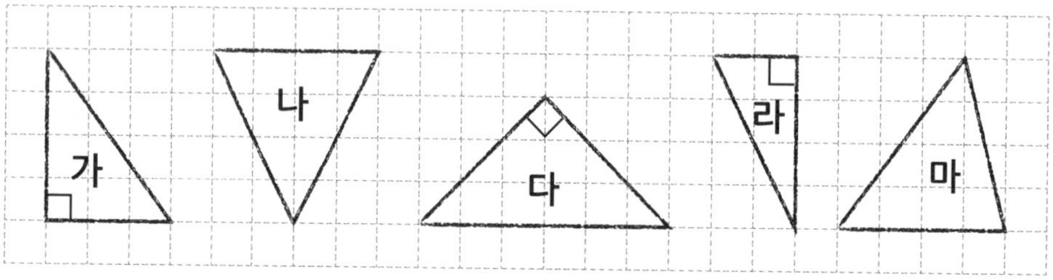

직각의 수	없음	1개
기호	나, 마	가, 다, 라

직각이 있는 삼각형과 직각이 없는 삼각형으로 분류할 수 있어요.
가, **다**, **라**와 같이 한 각이 직각인 삼각형을 직각삼각형이라고 해요.

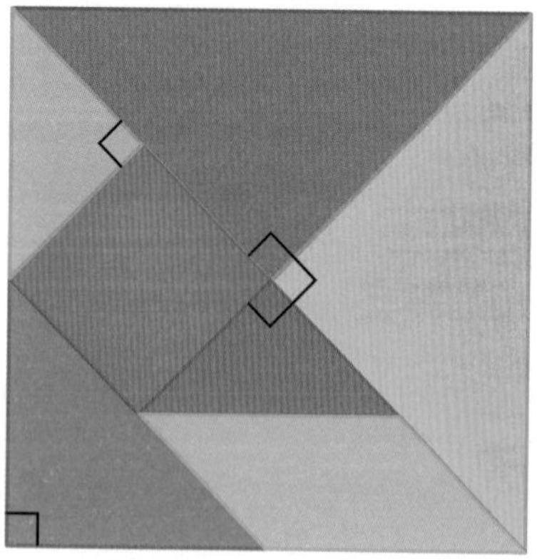

7개의 조각으로 이루어진 칠교판에서 볼 수 있는 삼각형은 모두 직각삼각형이에요.

직각삼각형을 그려 볼까요?

도형판에 고무줄을 걸어서 직각삼각형을 만들 수 있어요.

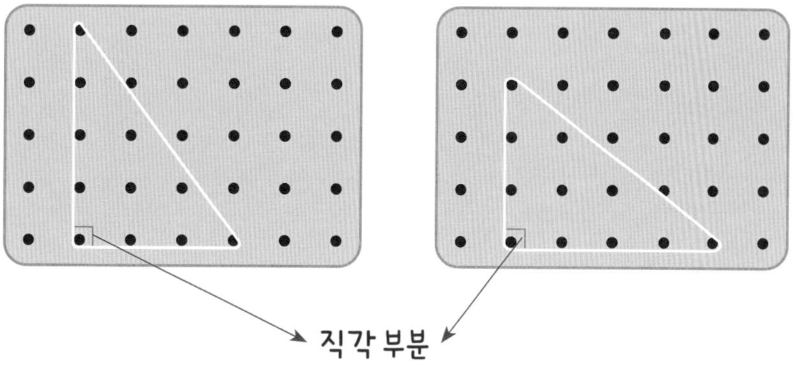
직각 부분

도형판에서 만들어 본 직각삼각형을 점 종이에 자를 사용하여 곧은 선을 그어서 그릴 수 있어요. 점과 점을 이은 선분은 직각을 그리기 편리해요.

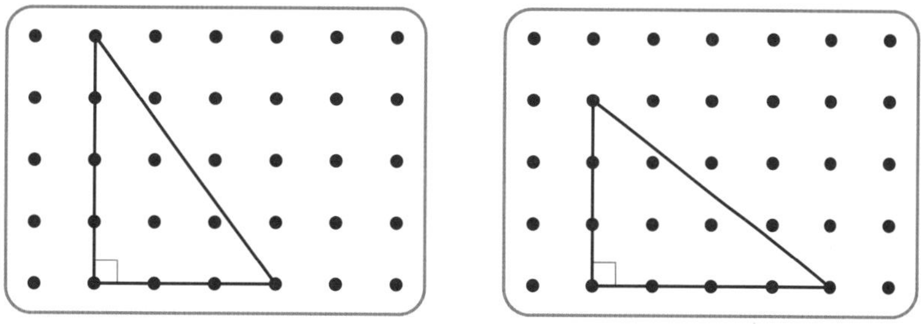

직각 삼각자를 이용하면 직각 부분을 대고 그릴 수 있어서 직각삼각형을 그리기 쉬워요.

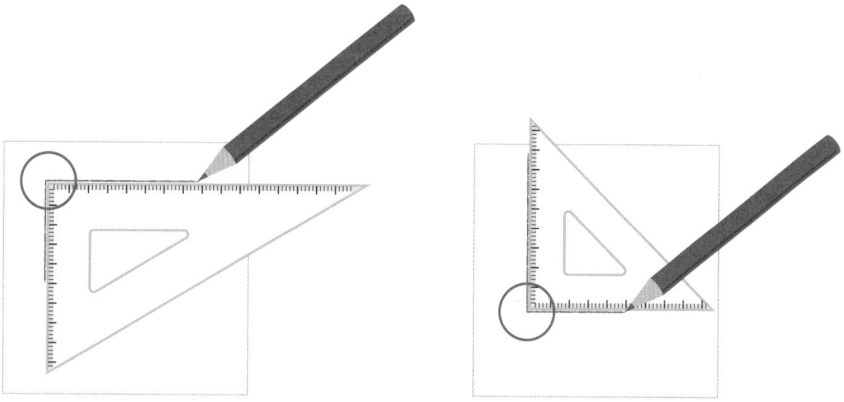

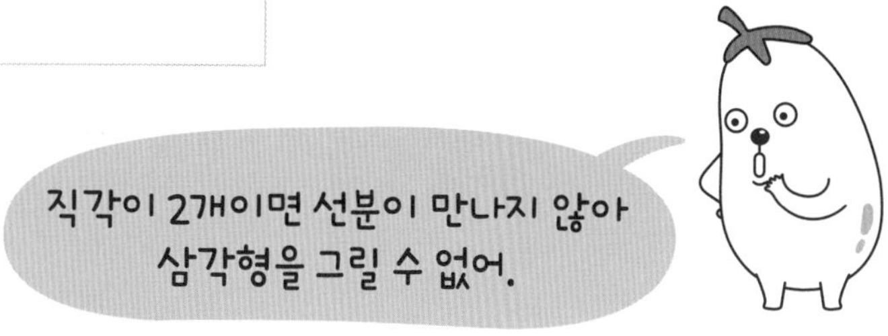
직각이 2개이면 선분이 만나지 않아
삼각형을 그릴 수 없어.

04 직사각형, 정사각형

우아~ 배찌야,
초콜릿이 엄청 많네.
히히~
내가 그동안 아껴 먹으면서
모은 거야.
방긋
종류도
엄청 다양해.
씨익
오~
우아~
정말이야.
척

● 무엇을 배울까요? 분류 활동으로 직사각형과 정사각형을 알 수 있게 합니다.
여러 가지 직사각형과 정사각형을 만들고 그릴 수 있게 합니다.
생활 주변에서 직사각형과 정사각형을 찾을 수 있게 합니다.

● 언제 배울까요? 초등학교 3학년 1학기 평면도형 / 3학년 2학기 원 / 4학년 1학기 평면도형의 이동 단원에서 배워요.

초콜릿 모양도 엄청 다양해.
휙
휙
방긋
특히 사각형 모양의 초콜릿이 많은 것 같아.
그러네. 저 사각형들은 전부 정사각형들이야.
정사각형?
깜짝
응! 저 초콜릿을 한번 봐.

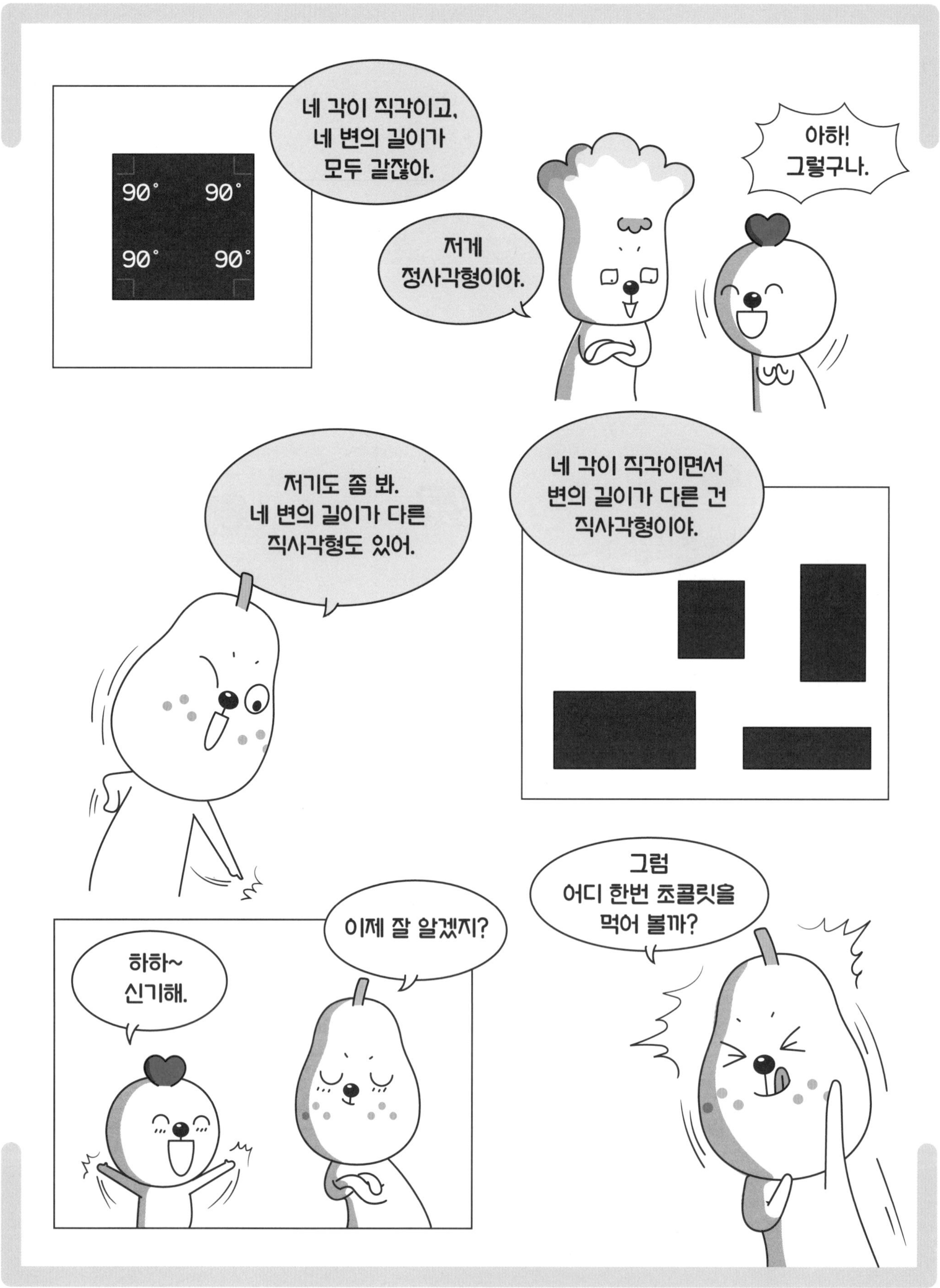
90° 90° 90° 90°
네 각이 직각이고, 네 변의 길이가 모두 같잖아.
저게 정사각형이야.
아하! 그렇구나.
저기도 좀 봐. 네 변의 길이가 다른 직사각형도 있어.
네 각이 직각이면서 변의 길이가 다른 건 직사각형이야.
이제 잘 알겠지?
하하~ 신기해.
그럼 어디 한번 초콜릿을 먹어 볼까?

엥?
방금 전까지 있던 내 초콜릿들이 어디로 사라졌지?
뜨헉
배찌야, 그러고 보니 사라진 게 또 있어.
또 있다고?
방금까지 있던 쵸배도 없어졌어.
척
흠… 그건!
쵸배가 가져갔단 소리잖아!
버럭
내 초콜릿 내 놔! 이놈아!
후다다다다

직사각형, 정사각형

- 네 각이 모두 직각인 사각형을 직사각형이라고 합니다.
- 네 각이 모두 직각이고 네 변의 길이가 모두 같은 사각형을 정사각형이라고 합니다.

곧은 선 4개로 둘러싸인 모양을 사각형이라고 해요.
사각형에는 4개의 변과 4개의 꼭짓점, 4개의 각이 있어요.

사각형을 직각의 수로 분류해 볼까요?

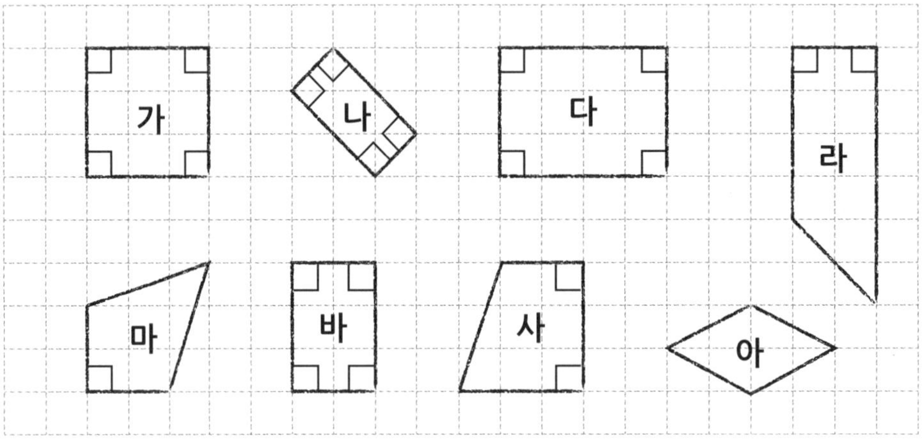

직각의 수	없음	1개	2개	3개	4개
기호	아	마	라, 사		가, 나, 다, 바

가, **나**, **다**, **바**와 같이 네 각이 직각인 사각형을 직사각형이라고 해요.
변의 길이에 상관없이 네 각이 모두 직각이면 직사각형이에요.

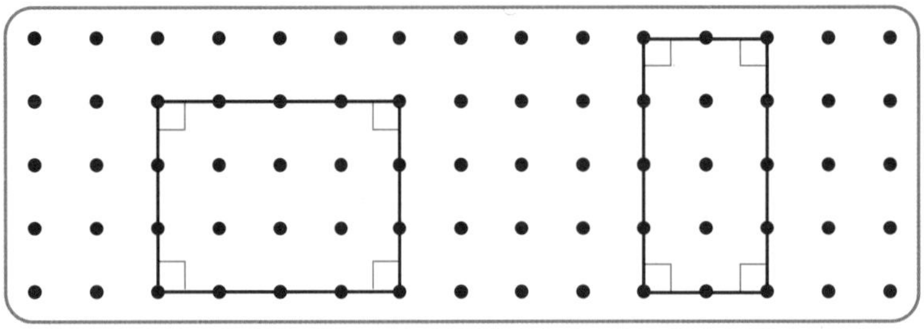

사각형을 두 가지 기준으로 분류해 볼까요?

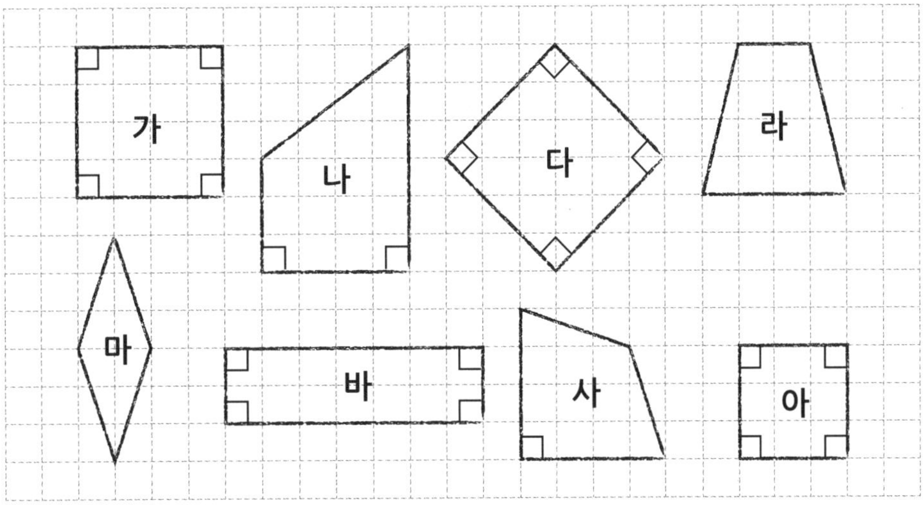
가
나
다
라
마
바
사
아

분류 기준: 직각의 수

직각이 4개인 사각형	직각이 4개가 아닌 사각형
가, 다, 바, 아	나, 라, 마, 사

분류 기준: 변의 길이

변의 길이가 모두 같은 사각형	변의 길이가 다른 사각형
가, 다, 마, 아	나, 라, 바, 사

가, **다**, **아**와 같이 네 각이 직각이고 네 변의 길이가 모두 같은 사각형을 정사각형이라고 해요.

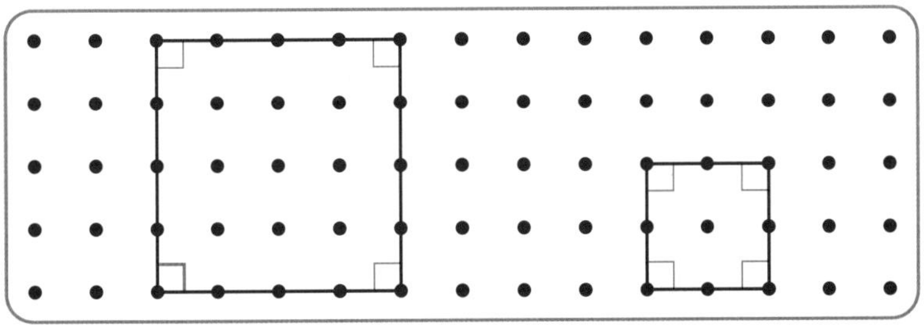

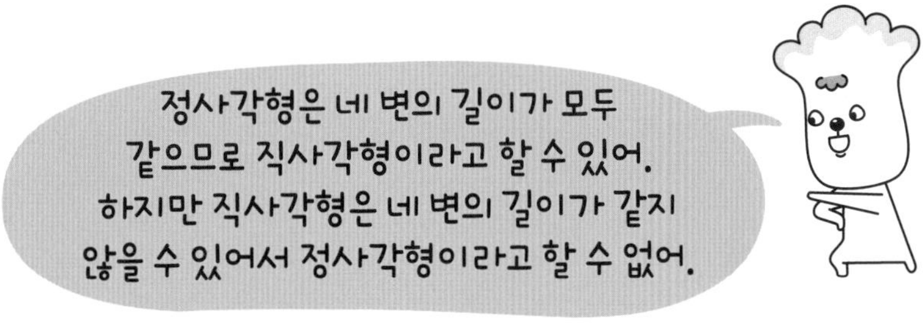
정사각형은 네 변의 길이가 모두 같으므로 직사각형이라고 할 수 있어. 하지만 직사각형은 네 변의 길이가 같지 않을 수 있어서 정사각형이라고 할 수 없어.

05 원의 중심, 반지름, 지름

얘들아, 운동장에서 뭐 해?
배찌 왔구나.
총 총
지금 재미있는 놀이하려고 준비 중이야.
우아! 정말? 나도 할래.
벌쩍

- 무엇을 배울까요? 원의 중심, 반지름, 지름을 알아보게 합니다.
  수학적 추론 활동으로 원의 반지름의 성질을 찾아보게 합니다.
  주변에서 원이 사용되는 상황을 알고 원의 중심과 반지름, 지름을 찾아보게 합니다.
- 언제 배울까요? 초등학교 3학년 1학기 평면도형 / 3학년 2학기 원 /
  4학년 1학기 평면도형의 이동 단원에서 배워요.

좋아, 같이하자. 배찌야.
방긋
하지만 놀이를 하기 전에 준비를 해야 해.
찡긋
준비?
응. 우선 바닥에 큰 원을 그려야 해.
척
큰 원? 그런데 큰 원을 어떻게 그리지?
긁적
긁적

히히~
방법이 있지.
씨익
짜~잔!
이 도구를 사용해서
만들 거야.
척
오잉?
그게 뭐야?
끈으로
묶은 막대 두 개로
원을 그릴 수 있어.
우선 배찌가
막대 하나를 바닥에
꽂고 서 있어.

응, 알았어.
거기가 바로 원의 중심이 될 거야.
그리고 이제 내가 팽팽하게 끈을 당길게.
짜악
이 끈의 길이가 바로 원의 반지름이 되는 거야.
우아! 그렇구나.
짝
막대를 바닥에 꽂고 돌리면~

오~
봐!
원이 되었지?
우아! 대단해.
토리는 정말 똑똑하구나.
자!
이제 원도 다 그렸고,
재미있는 놀이만 하면
되겠군.
그런데 얘들아,
어떤 놀이길래
원을 그린 거야?
방긋
그게 말이야.
씨익
원 안에 있는 사람이
술래가 되어서
척

원 밖의 사람을 잡으면
되는 놀이야.
그렇구나!
그럼 원 안에 있는 사람이
술래…
척
잠깐.
원 안에 있는 사람?
멈칫
그건 나잖아!
뜨헉
우리 도망갈 테니
원 안에 있다가
30초 세고 잡아~
맞아. 킥킥~
끄응…
왠지 오늘도
당한 느낌이군.

원의 중심, 반지름, 지름

- 누름 못과 띠 종이로 원을 그릴 때 누름 못이 꽂혔던 점 ㅇ을 원의 중심이라고 합니다.
- 원의 중심 ㅇ과 원 위의 한 점을 이은 선분을 원의 반지름, 원 위의 두 점을 이은 선분이 원의 중심 ㅇ을 지날 때, 이 선분을 원의 지름이라고 합니다.

동그란 모양 중에서 찌그러지지 않은 동그란 모양을 원이라고 해요.

여러 가지 방법으로 원을 그려 볼까요?

여러 가지 방법으로
그릴 수 있어!

방법 1 원 모양의 물건을 대고 원을 그려요.

방법 2 두 막대를 줄로 연결하여 하나의 막대를 고정한 채 다른 막대를 돌려서 원을 그려요.

방법 3 자로 같은 거리를 재어 점을 찍은 후, 그 점들을 연결하여 원을 그려요.

방법 4 누름 못으로 고정한 띠 종이에 구멍을 낸 후, 그 구멍에 연필을 넣어 원을 그려요.

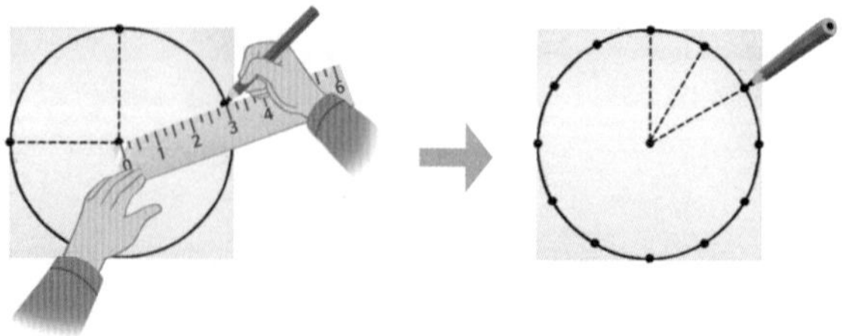

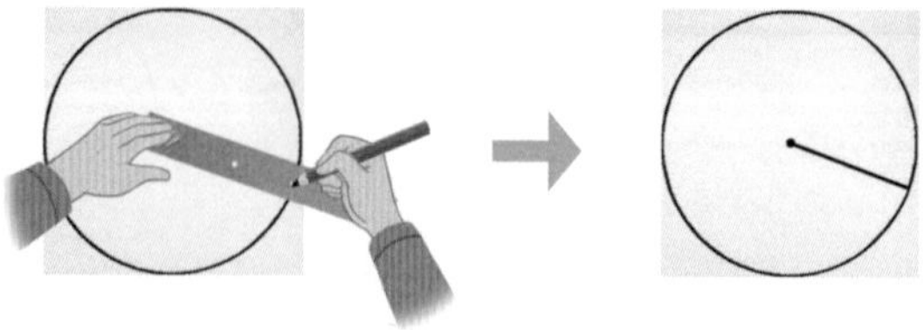

원의 중심, 반지름, 지름을 알아볼까요?

누름 못과 띠 종이를 이용하여 원을 그렸을 때, 누름 못이 꽂힌 점(원의 중심)에서 원 위의 한 점까지의 길이(반지름)는 모두 같아요.

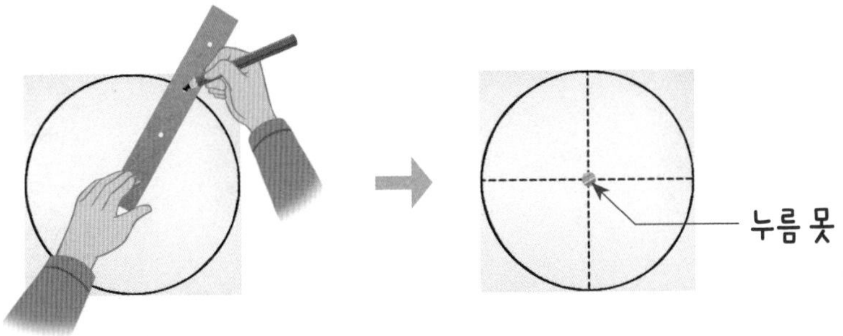

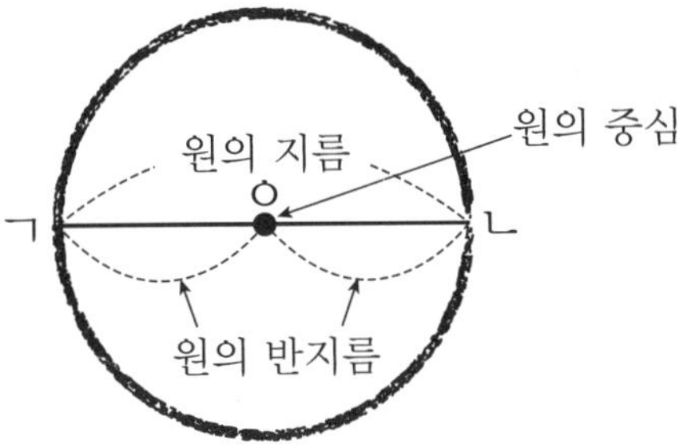

원의 중심: 원을 그릴 때에 누름 못이 꽂혔던 점
원의 반지름: 원의 중심과 원 위의 한 점을 이은 선분
원의 지름: 원 위의 두 점을 이은 선분 중 원의 중심을 지나는 선분

원 모양의 물건에서 원의 중심, 원의 반지름, 원의 지름을 찾아볼 수 있어요.

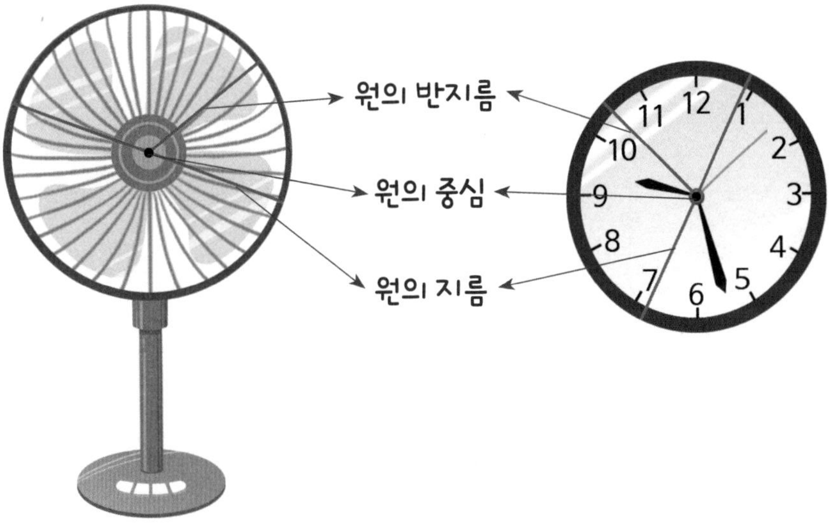

06 원의 성질, 원의 지름과 반지름의 관계

얘들아,
저기 벽을 좀 봐.
휙
앗!
이건 자전거잖아.
깜짝
누가 여기 잠깐
세워 놨나 봐.
자전거가
예쁘게 생겼네.
방긋

● 무엇을 배울까요? 원을 똑같이 둘로 나누는 선분, 원 안에 그을 수 있는 가장 긴 선분이 지름인지 알아보게 합니다. 원 안에 그을 수 있는 지름은 무수히 많다는 것을 알아보게 합니다. 원의 지름과 반지름을 측정하여 그 사이의 관계를 알아보게 합니다.

● 언제 배울까요? 초등학교 3학년 1학기 평면도형 / 3학년 2학기 원 / 4학년 1학기 평면도형의 이동 단원에서 배워요.

앗! 얘들아, 저 바퀴 좀 봐.
바퀴?
응. 우리 오늘 원에 대해서 배웠잖아.
찡긋
아, 참! 그랬었지.
저기 바퀴 모양이 원이야.

응.
그리고 저 바퀴의 가운데가
바로 원의 중심이야.
저 바퀴의
가운데를 지나는
지지 막대를 봐.
맞아.
저 선이
원의 중심을 일직선으로
지나니까
그럼 저게 원의 지름이
되겠구나.
맞아. 그리고
원의 중심을 지나는 선분은
무척 많아.
짜악
히히! 맞아.
그것도 오늘 배웠지.
쵸배는
기억력이
참 좋구나.

히히~ 내가 기억력이 좀 좋긴 하지.
그나저나 누가 이렇게 예쁜 자전거를 세워 놓았을까?
그런데 어디서 많이 보던 자전거인데?
잠깐, 저건!
쵸배 네 자전거잖아.
뜨헉! 아까 배 아파서 화장실 간다고 여기 세워 놨어.
한참 찾았네. 히히~
으이구~ 자기 자전거도 못 알아보다니.
기억력 좋다고 한 말 취소야.

원의 성질, 원의 지름과 반지름의 관계

- 원의 중심에서 원 위의 한 점까지의 길이는 모두 같습니다.
- 원의 지름은 원의 반지름의 2배입니다.

원에서 찾을 수 있는 선분을 살펴볼까요?

원 모양의 종이를 둘로 똑같이 나누어지도록 여러 방향으로 반으로 겹쳐 접었다 펼쳐 보면 접었을 때 생기는 선분들이 만나는 점을 찾을 수 있어요.

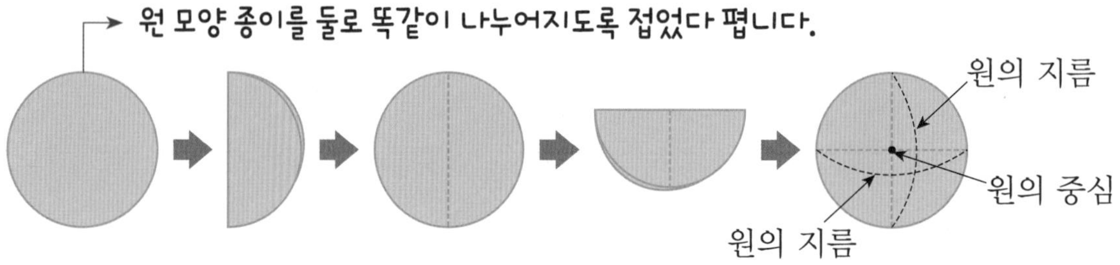

원 모양 종이를 둘로 똑같이 나누어지도록 접었다 폅니다.
원의 지름
원의 중심
원의 지름

이 선분들이 만나는 점이 바로 원의 중심이에요.
또, 반으로 접었다 펼쳤을 때 생기는 선분은 원의 지름이에요.

원 안에 여러 선분을 그었을 때 길이가 가장 긴 선분을 찾아보면 원의 중심을 지나는 선분의 길이가 가장 긴 것을 알 수 있어요.
이 선분이 바로 원의 지름이에요.

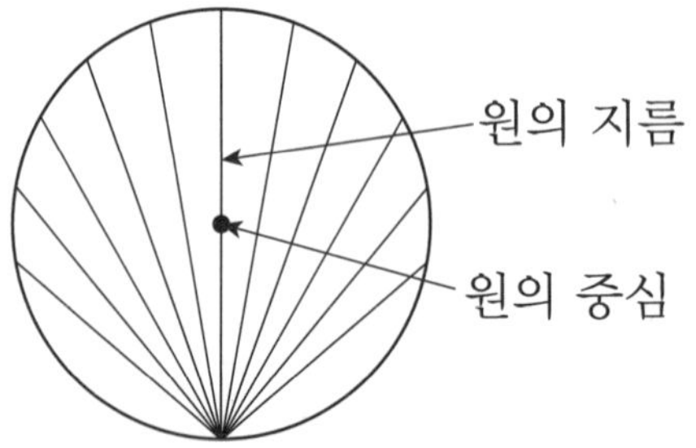

원의 지름
원의 중심

원 안에서 길이가 가장 긴 선분은 원의 지름이야.

지름은 1개만 그을 수 있을까요?

원의 중심을 지나는 선분은 무수히 많이 그을 수 있어요.

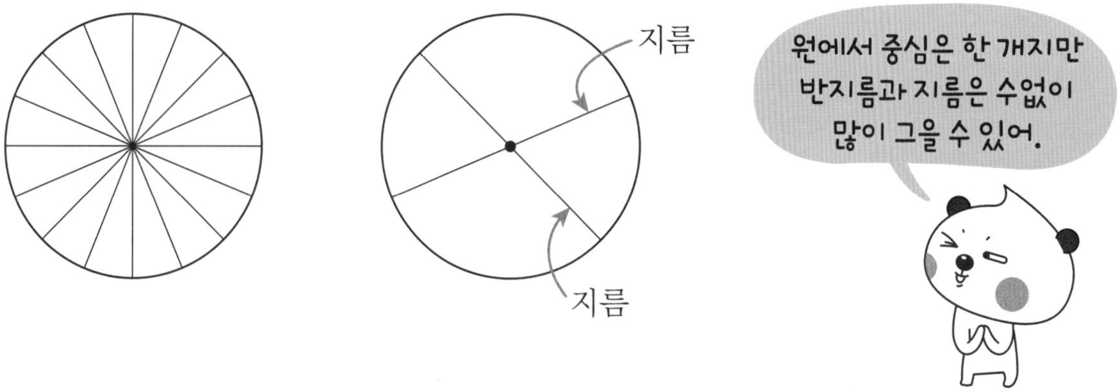
지름
지름
원에서 중심은 한 개지만
반지름과 지름은 수없이
많이 그을 수 있어.

원의 지름과 반지름은 어떤 관계가 있을까요?

원 안에 그을 수 있는 선분 중 길이가 가장 긴 선분은 원의 중심을 지나는 가장 긴 선분인 지름에요.
반지름은 이름에서도 알 수 있듯이 '지름의 반'이에요.

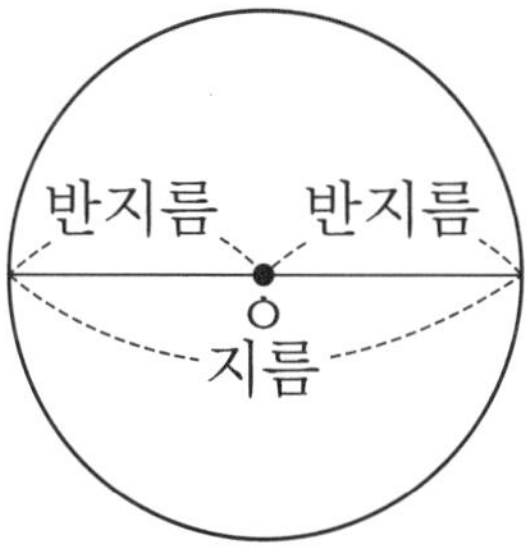
반지름
반지름
지름

(원의 지름)=(원의 반지름)×2

→ 반지름은 지름의 반이므로
(원의 반지름)=(원의 지름)÷2예요.

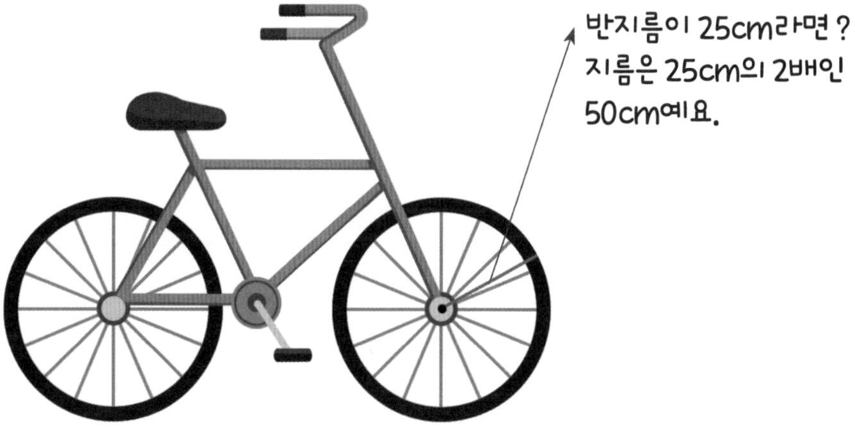
반지름이 25cm라면?
지름은 25cm의 2배인
50cm예요.

07 원을 이용하여 여러 가지 모양 그리기

끄응.
가징아,
왜 그렇게 울상이야?
토리구나.
지금 그림을 그리는
중인데 그리기가
너무 어려워서…
그림?
무슨 그림을
그리고 있길래?
궁금

● 무엇을 배울까요? 컴퍼스를 이용하여 조건에 맞는 원을 그려 보게 합니다. 원의 성질을 이용한 여러 가지 모양을 보고 원을 그리는 방법을 찾아 그려 보게 합니다. 규칙에 따라 원을 이용한 무늬를 그려 보게 합니다.

● 언제 배울까요? 초등학교 3학년 1학기 평면도형 / 3학년 2학기 원 / 4학년 1학기 평면도형의 이동 단원에서 배워요.

과녁을 그리고 있는데 원 그리기가 너무 어려워.
히히~ 손으로 원을 그리기는 어려워.
하지만 컴퍼스를 이용하면 쉽게 그릴 수 있어.
척
아, 참! 그렇지. 컴퍼스를 사용하면 된다고 했는데 깜빡했어.
화들짝

나도 컴퍼스를 가지고 있고든.
척
컴퍼스를 사용해서 한번 그려 볼게.
우선 가장 큰 원을 그리고~
반지름의 길이를 줄여서 작은 원을 몇 개 더 그려 준 뒤~
색칠까지해서 과녁을 완성했어.
짜잔~
히히~ 어때? 컴퍼스를 사용하니까 쉽고 재미있지?

응, 히히~
이제 그럼 화살을
그려 볼까?
그래!
멈칫
앗!
끄응.
시무룩
엥?
휙
이번엔 또 왜
시무룩 해 있는
거야?
으이구~
원을 못 그린 게 아니라
그림 자체를
못 그리는 거였구나.
긁적
화살도 그리기가
너무 어렵거든.
끄응.
긁적

원을 이용하여 여러 가지 모양 그리기

▶ 컴퍼스와 자를 이용하면 원을 정확하게 그릴 수 있습니다.

컴퍼스를 사용하여 반지름이 2cm인 원을 그려 볼까요?

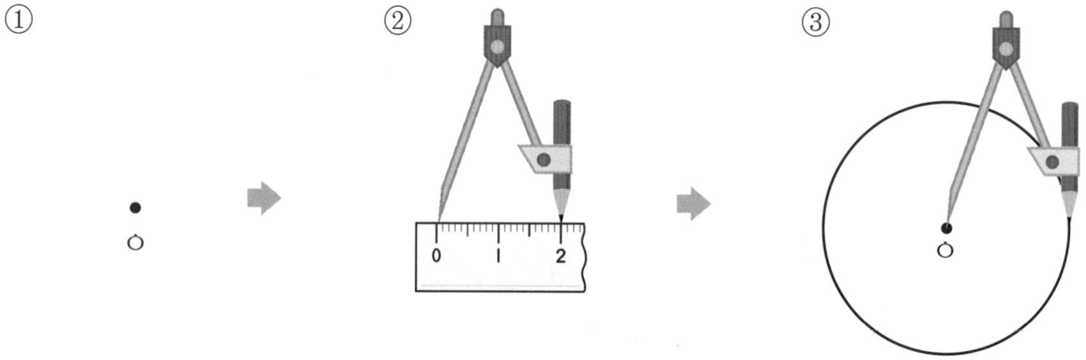

원의 중심이 되는 점을 정합니다.

컴퍼스를 원의 반지름만큼 벌립니다.

컴퍼스의 침을 점 ㅇ에 꽂고 원을 그립니다.

한 칸이 1cm인 모눈을 이용하면 자 없이 원을 그릴 수 있어요.

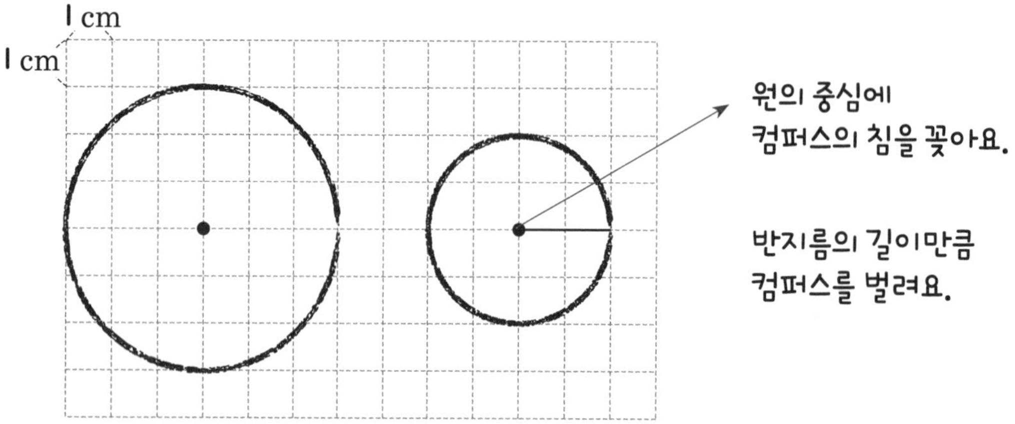

반지름이 3cm인 원

반지름이 2cm인 원

원을 이용하여 여러 가지 모양을 그려 볼까요?

과녁처럼 원의 중심을 옮기지 않고, 반지름의 길이를 1칸씩 늘려가며 그린 모양이에요.

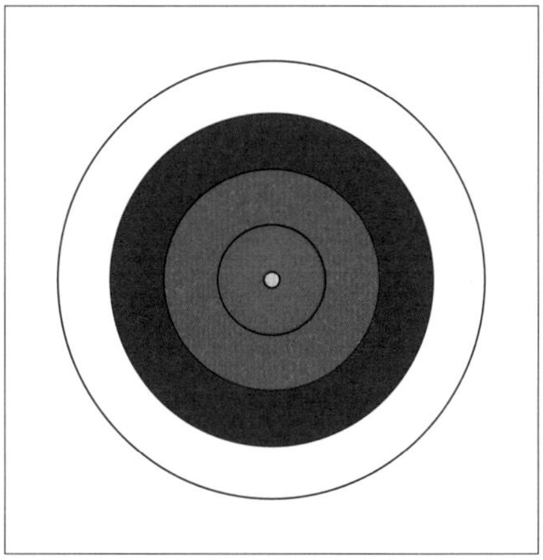

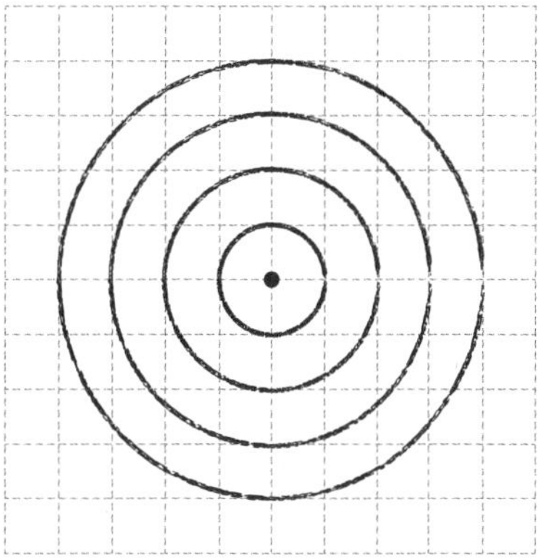

원의 중심이
모두 같고
반지름이
모두 달라!

원의 중심을 오른쪽으로 2칸씩 옮기고,
반지름의 길이를 같게 그린 모양이에요.

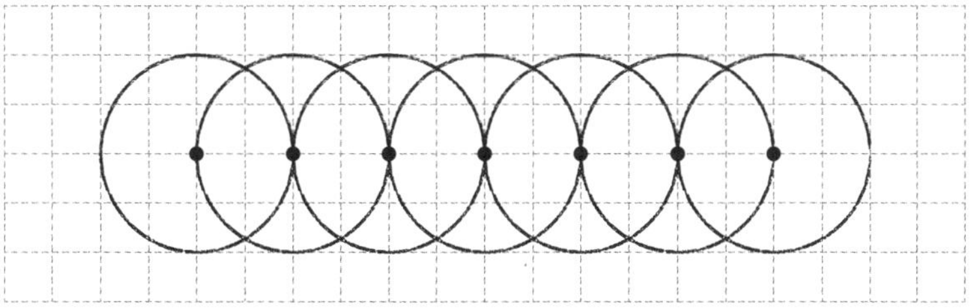

원의 중심이
반지름만큼 이동하고
반지름이 모두 같다.

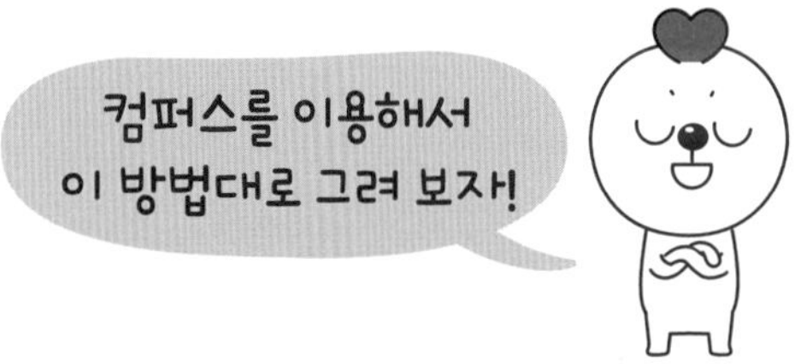
컴퍼스를 이용해서
이 방법대로 그려 보자!

어떻게 그린 모양인지 알아볼까요?

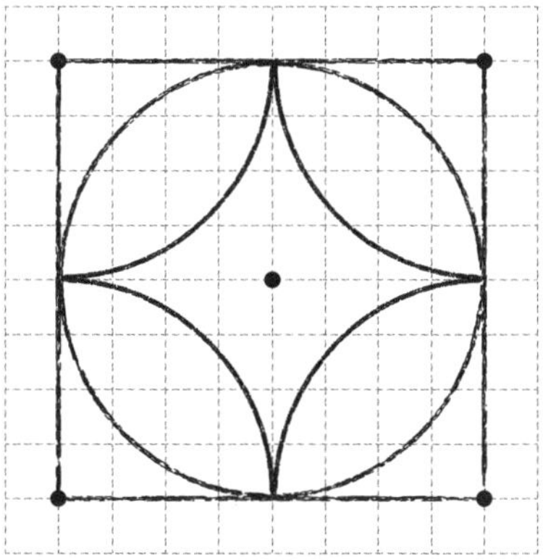

① 한 변이 모눈 8칸인 정사각형을 그려요.

② 정사각형의 한 가운데를 원의 중심으로 하고, 반지름이 모눈 4칸인 원을 1개 그려요.

③ 정사각형의 네 꼭짓점을 각각 원의 중심으로 하고 반지름이 모눈 4칸인 원의 일부분을 4개 그려요.

08 평면도형 알기

배찌야,
그 벽시계가 이번에
새로 산 거구나.
히히~
예뻐.
방긋
응~ 신기하지?
시계가
네모난 모양이야.
척
그러네~
보통은 원 모양인데
사각형이구나.
자~
이제 시계 약도 끼워 넣었으니
벽에 걸어 볼까?
척

● 무엇을 배울까요? 구체물(모양 조각)이나 평면도형을 위쪽, 아래쪽, 왼쪽, 오른쪽 방향으로 밀고 변화를 이해하게 합니다. 구체물(모양 조각)이나 평면도형을 제시한 방향으로 정해진 거리만큼 밀기 한 도형을 그려 보게 합니다.

● 언제 배울까요? 초등학교 3학년 1학기 평면도형 / 3학년 2학기 원 / 4학년 1학기 평면도형의 이동 단원에서 배워요.

여기가 좋겠어.
척
체로야, 여기 위치 어때?
음…
거긴 위치가 너무 낮아.
갸우뚱
정말?
내가 위치를 알려 줄 테니 시계를 옮겨 봐.

응, 알았어.
어디로 옮길까?
배찌야, 거기서 위쪽으로 조금 올려 봐.
여기?
척
휙
흠…
거기도 아닌 것 같아.
거기서 왼쪽으로 조금 더 옮겨야겠어.
휙
그… 그럼 여기?
척
휙
휴~ 힘들어.

거기서
조금 더 밑으로.
여기?
끙차
거기서
오른쪽으로 옮겨!
척
여기?
헉
맞아, 거기야!
거기가
제일 좋아.
활짝
헉
척
헉
휴~
드디어 걸었네.
엥? 잠깐!
근데 이 자리는…
내가 처음
걸었던 자리잖아!
미안~
도형 위치가 변하는 게
재미있어서 그만.

평면도형 밀기

▶ 평면도형을 위쪽, 아래쪽, 왼쪽, 오른쪽으로 밀면 모양과 크기는 바뀌지 않고 위치만 변합니다.

그림을 위쪽으로 조금 더 옮겨 볼까요?

??

그림을 위쪽으로 밀면 그림의 크기와 모양은 바뀌지 않지만 위치가 변해요.

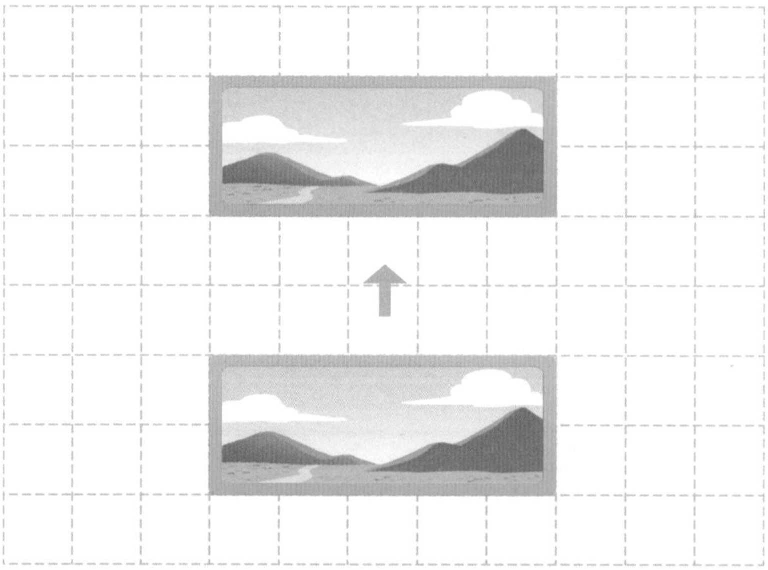

위로 민다고 그림이
커지는 것은 아니야!

도형을 정확한 위치로 밀어 볼까요?

아래 도형을 위쪽과 오른쪽, 아래쪽과 왼쪽으로 6 cm 밀어 보면 다음과 같아요.

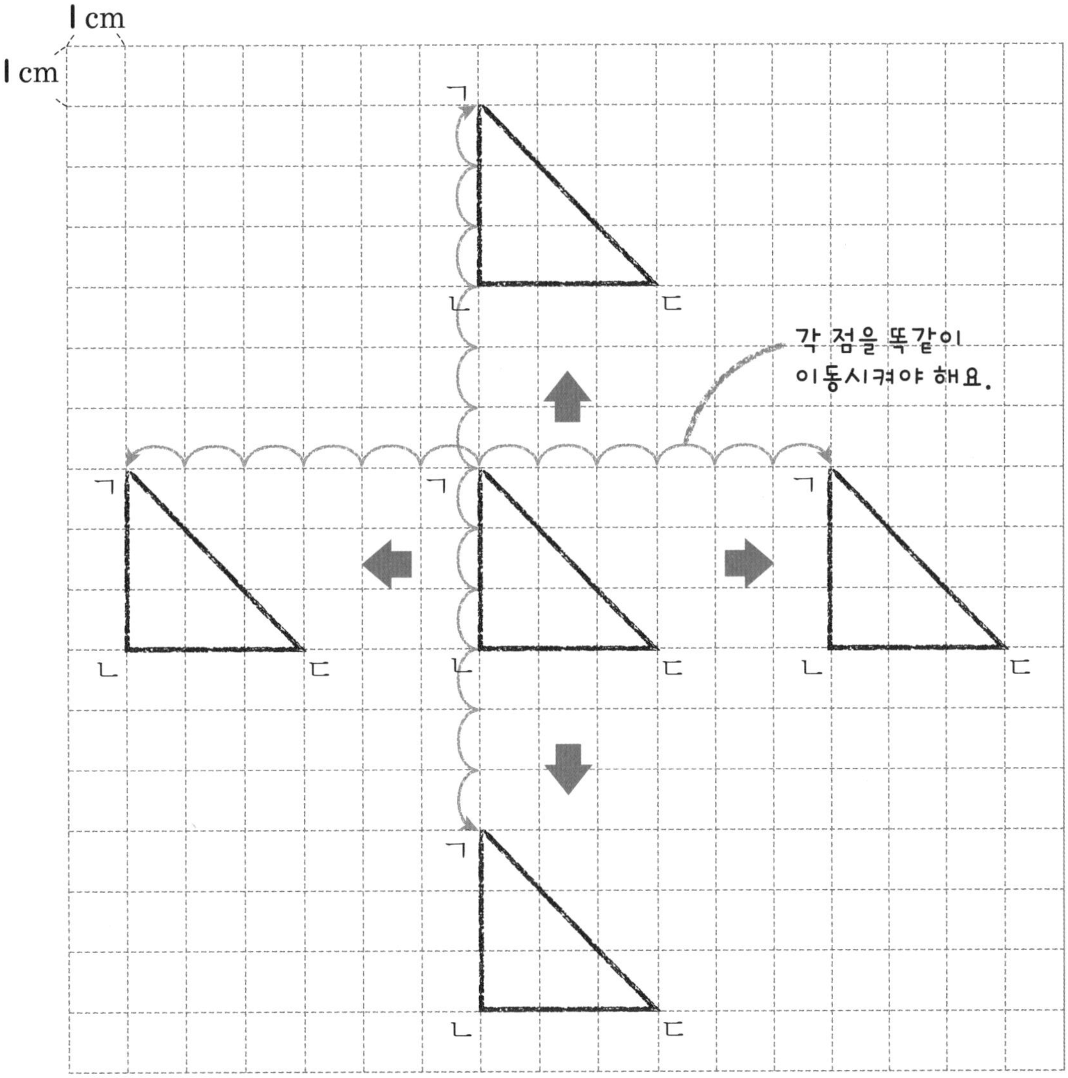

1 cm
1 cm
ㄱ
ㄴ
ㄷ
각 점을 똑같이
이동시켜야 해요.

삼각형 ㄱㄴㄷ을 오른쪽으로 6 cm 밀 때는
변 ㄱㄴ을 기준으로
오른쪽으로 6 cm 밀면 돼요.

삼각형 ㄱㄴㄷ을 위쪽으로 6 cm 밀 때는
변 ㄴㄷ을 기준으로
위쪽으로 6 cm 밀면 돼요.

평면도형을 밀면
민 방향으로
위치만 바뀌는구나!

09 평면도형 뒤집기

자,
다들 투명 필름 종이를 가지고 왔지?
응!
휙
오늘은 투명 필름 종이에 그림을 그릴 거야.
척!
그런데 왜 스케치북이 아니라 투명 필름 종이에다가 그림을 그리는 거지?
그건 그림을 그려 보면 알게 될 거야.

- 무엇을 배울까요? 구체물(모양 조각)이나 평면도형을 위쪽, 아래쪽, 왼쪽, 오른쪽 방향으로 뒤집고 변화를 이해하게 합니다. 구체물(모양 조각)이나 평면도형을 제시한 방향으로 정해진 거리만큼 뒤집기 한 도형을 그려 보게 합니다.
- 언제 배울까요? 초등학교 3학년 1학기 평면도형 / 3학년 2학기 원 / 4학년 1학기 평면도형의 이동 단원에서 배워요.

정말?
좋아! 멋진 그림을 그려 주마.
나도!
쓱싹
쓱싹
쓱싹
쓱싹
다 그렸다.
좋아. 그럼 다들 어떤 그림을 그렸는지 한번 볼까?
나부터 보여 줄게.
번쩍

짠!
나는 하늘을 나는
비행기를 그렸어.
우아~
정말 멋있어.
척
방긋
자~ 그럼 이제
왜 투명 필름 종이에
그리라고 했는지
이유를 보여 줄게.
토리가
그린 그림을
한번 뒤집어 봐.
뒤집으라고?
휙
샤샤
자~
오른쪽으로 날고 있던 비행기의
그림이 반대가 되었지?
우아~ 정말이네.
반대로 날고 있는
비행기가 되었어.

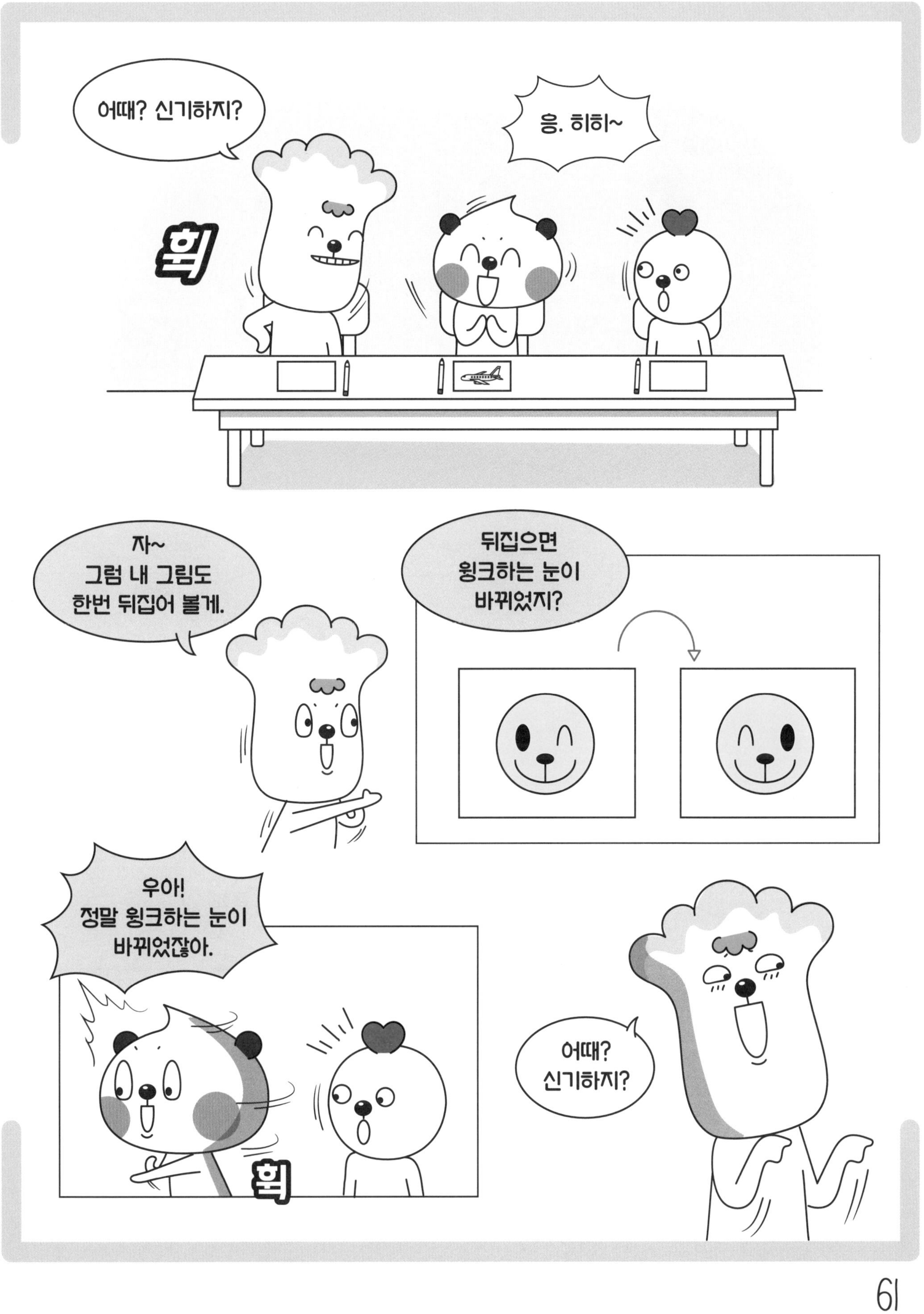
어때? 신기하지?
휙
응. 히히~
자~
그럼 내 그림도
한번 뒤집어 볼게.
뒤집으면
윙크하는 눈이
바뀌었지?
우아!
정말 윙크하는 눈이
바뀌었잖아.
휙
어때?
신기하지?

응. 투명 필름 종이에 그리라고 한 이유를 알겠어.
씨익
거짓말하지마!
척
엥? 체로야, 왜 그래?
거짓말이라니?
내 그림은 뒤집어도 똑같아.
척
말도 안 돼. 네가 잘못 뒤집었겠지.
맞아. 너도 방금 봤잖아.
좋아. 그럼 체로 그림을 내가 뒤집어 볼게!

체로의 그림이 저기 있구나.
휙
뜨헉!
깜짝
왜 그래? 쵸배야. 정말 체로의 말이 맞는 거야?
응.
뒤집어도 똑같아.
왜냐하면 원을 그렸으니까! 원은 어떻게 뒤집어도 똑같아.
그리고 그림을 그리랬더니 덩그러니 원 하나를 그리니?
킥킥~ 체로다워.

평면도형 뒤집기

▶ 평면도형을 위쪽이나 아래쪽으로 뒤집으면 도형의 위쪽과 아래쪽이 바뀌고 왼쪽이나 오른쪽으로 뒤집으면 도형의 왼쪽과 오른쪽이 바뀝니다.

옆으로 뒤집어 볼까요?

투명 필름 위에 웃는 모습의
얼굴을 그려서 뒤집어 봐!

그림을 왼쪽으로 뒤집으면 그림의 위와 아래는 변하지 않지만 왼쪽과 오른쪽이 바뀌어요.

왼쪽으로 뒤집기
오른쪽으로 뒤집기

왼쪽으로 뒤집은 모양과 오른쪽으로 뒤집은 모양은 같아요.

도형을 뒤집어 볼까요?

도형 위에 비치는 종이를 대고 그려서 뒤집어 보며 확인해 볼 수 있어요.

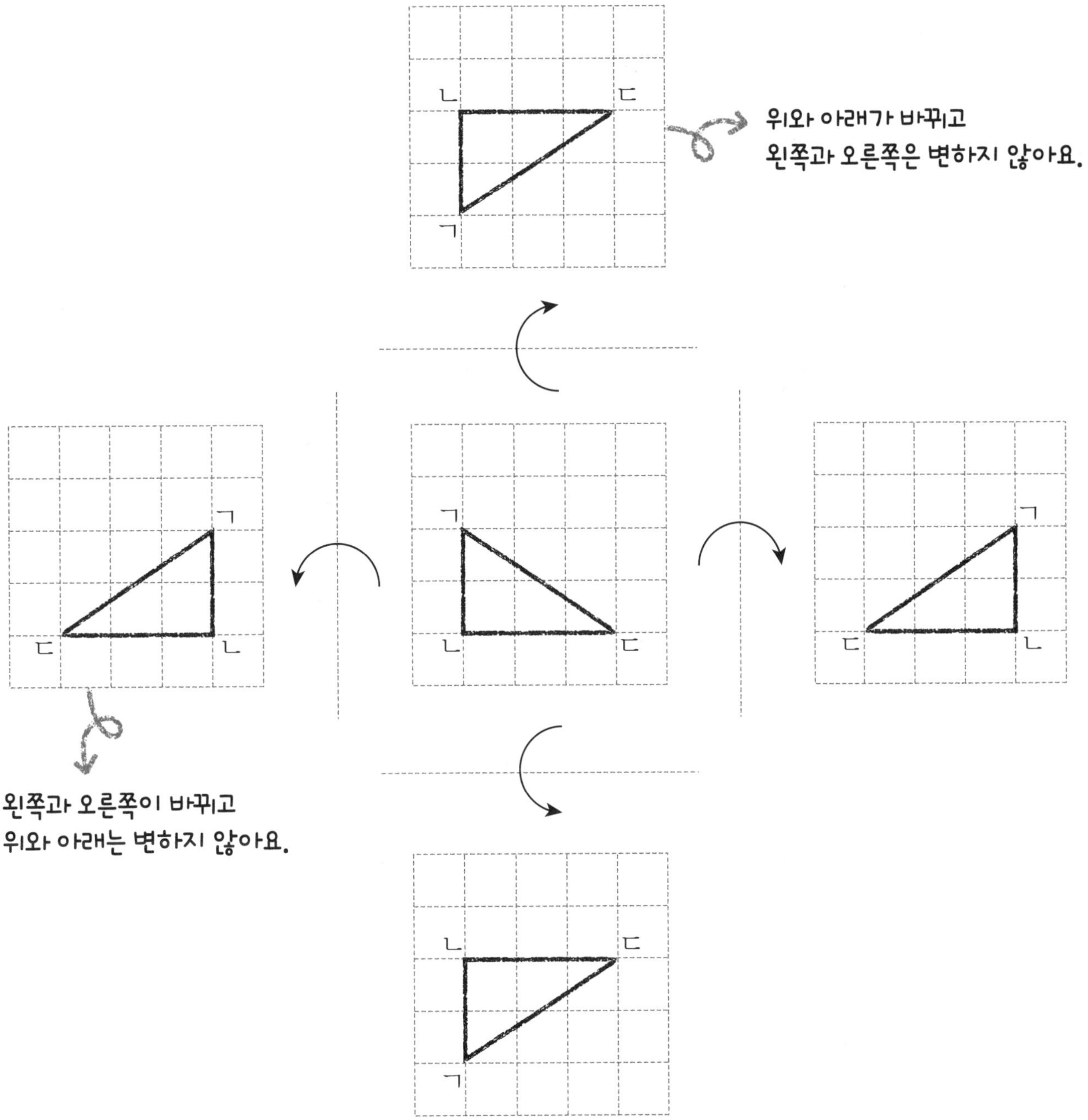
ㄱ
ㄴ
ㄷ
위와 아래가 바뀌고
왼쪽과 오른쪽은 변하지 않아요.
왼쪽과 오른쪽이 바뀌고
위와 아래는 변하지 않아요.

도형을 같은 방향으로 짝수 번 뒤집은 모양은
처음 도형과 같아요.

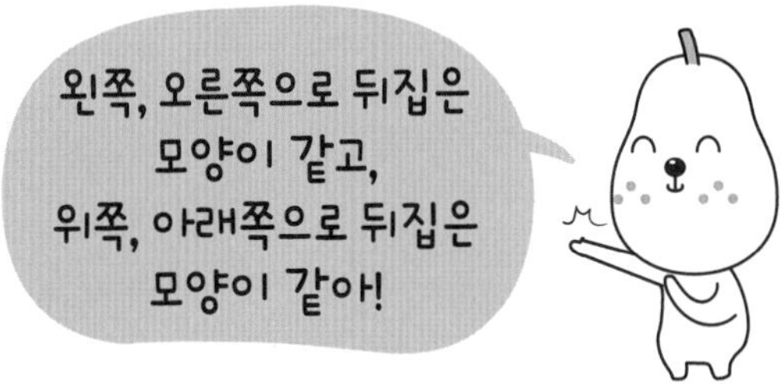
왼쪽, 오른쪽으로 뒤집은
모양이 같고,
위쪽, 아래쪽으로 뒤집은
모양이 같아!

10 평면도형 돌리기

토리야,
내가 색종이로
화살표를 만들었어.
화살표?
응. 이것 봐.
착!
정말이네~
그런데 화살표는
왜 만든 거야?

● 무엇을 배울까요? 구체물(모양 조각)이나 평면도형을 시계 방향과 시계 반대 방향으로 90°, 180°, 270°, 360°만큼 돌리고 변화를 이해하게 합니다. 구체물(모양 조각)이나 평면도형을 시계 방향으로 90°만큼과 시계 반대 방향으로 270°만큼 돌리기 한 도형의 변화를 추측하고 비교하게 합니다

● 언제 배울까요? 초등학교 3학년 1학기 평면도형 / 3학년 2학기 원 / 4학년 1학기 평면 도형의 이동 단원에서 배워요.

자~ 잘 봐.
이제 이 화살표를
돌려 볼게.
오잉?
척!
시계 방향으로
90도로 돌리면~
앗! 화살표 색종이가
가리키는 곳이 바뀌었어.
히히~
이번엔 시계 반대 방향으로
90도를 돌리면!
오옷!
깜짝

이번에는 반대쪽을
가리키잖아.
이번엔
시계 방향으로 90도씩
2번 돌려 보면 어떻게 될까?
음.
알겠어!
그럼 밑을 가리키는
화살표가 될 거야.
히히~ 맞았어.
이렇게 도형을 돌리면
모양도 바뀌는 걸
확인해 본 거야.
히히~
그렇구나.
앗! 잠깐만
기다려 봐~

이렇게
네가 만든 화살표에
색종이를 붙여 주면~
뚝딱
사사삭
뚝딱
짠~
우아~
창문을 붙이니까
집이 되었잖아.
이걸
돌려 보면~
누워 있는 집.
거꾸로
있는 집.
반대로
누운 집이
되잖아.
하하~
이렇게 돌려 가면서
도형을 보는 것도
정말 재미있구나.
방긋
히히~
또 색종이로 도형을
만들어서 돌려 보자.
응!
번쩍
활짝

평면도형 돌리기

- 평면도형을 시계 방향으로 90°씩 돌려가며 변하는 모양을 살펴봅니다.
- 시계 반대 방향으로 90°씩 돌려가며 변하는 모습을 그려 보고 시계 방향으로 돌렸을 때와 비교해 봅니다.

시계 방향으로 90°, 시계 반대 방향으로 90°로 돌려 볼까요?

시계 반대 방향으로 90° 돌리기

90°

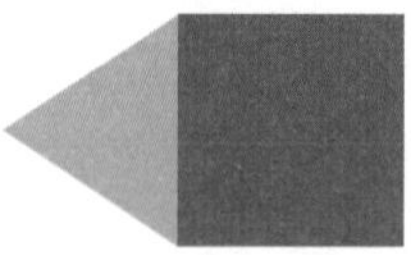

위쪽이 왼쪽으로 바뀌어요.

시계 방향으로 90° 돌리기

90°

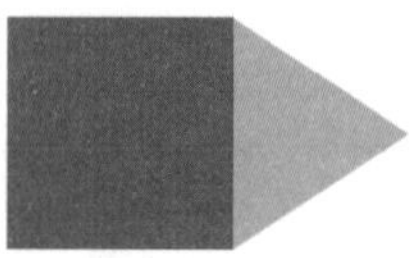

위쪽이 오른쪽으로 바뀌어요.

도형을 돌려 볼까요?

도형 위에 비치는 종이를 대고 그려서 돌려 보며 확인해 볼 수 있습니다.

180° → 90°의 2배
270° → 90°의 3배
360° → 90°의 4배

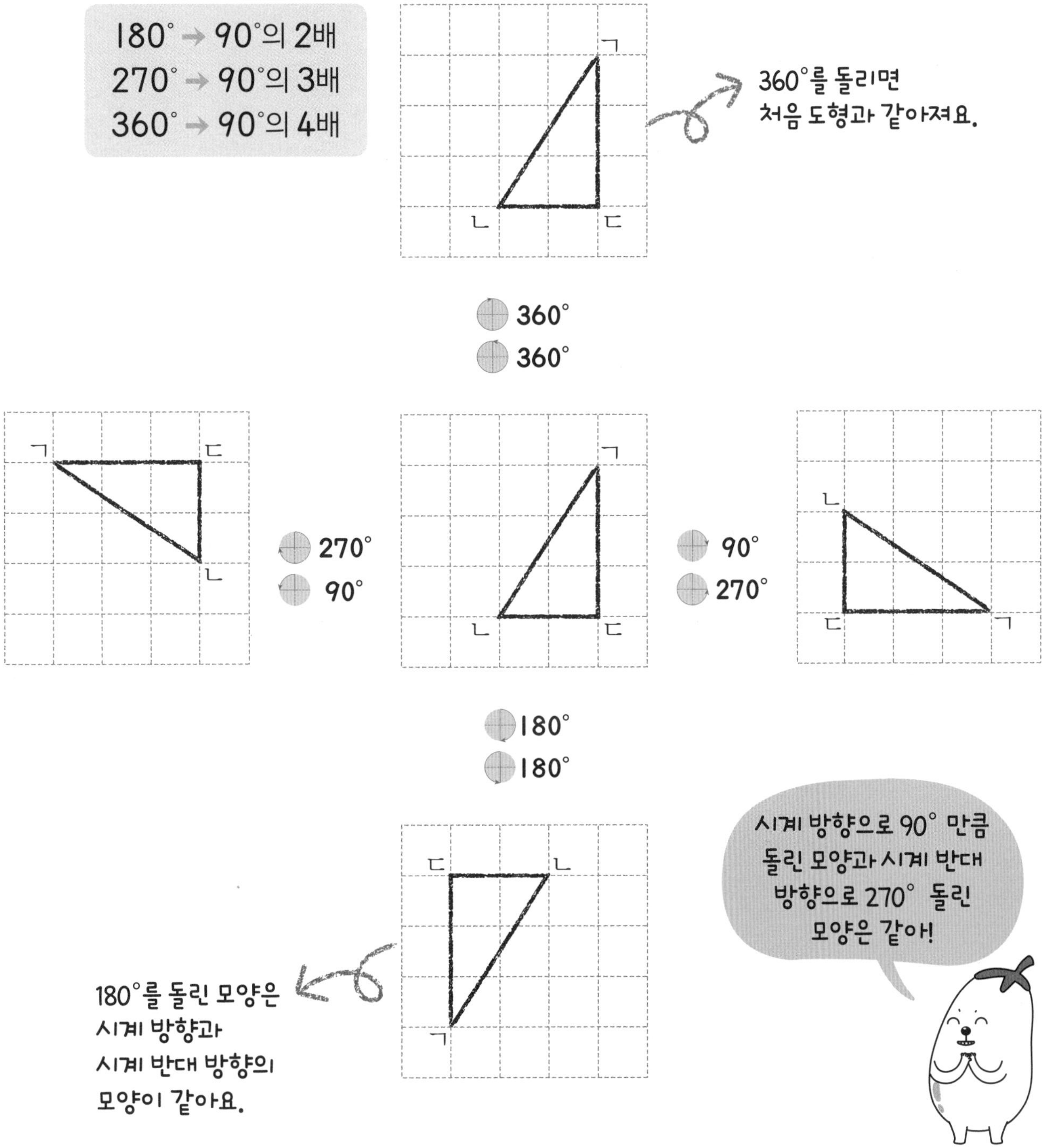

ㄱ
ㄴ
ㄷ
360°를 돌리면 처음 도형과 같아져요.
360°
360°
270°
90°
90°
270°
180°
180°
180°를 돌린 모양은 시계 방향과 시계 반대 방향의 모양이 같아요.
시계 방향으로 90° 만큼 돌린 모양과 시계 반대 방향으로 270° 돌린 모양은 같아!

도형을 시계 방향으로 돌리면 도형의 위쪽이
오른쪽 → 아래쪽 → 왼쪽 → 위쪽으로 바뀌어요.

11 무늬 꾸미기

얘들아, 여기가
소풍 장소야.
우아~
여긴 들판이
아주 넓어.
히히~
바람도 엄청
시원해.

우아~
그런데 저기 저 큰 건물은
뭐야?
어디?
휙

앗!
저건 풍차야.

● 무엇을 배울까요? 생활 속에서 무늬의 규칙을 찾아 설명하고 무늬를 완성하게 합니다.
평면도형을 이동하여 규칙적인 무늬를 꾸미고 설명하게 합니다.

● 언제 배울까요? 초등학교 3학년 1학기 평면도형 / 3학년 2학기 원 /
4학년 1학기 평면도형의 이동 단원에서 배워요.

풍차?
응. 저건 바람을 이용해서 우리 생활에 필요한 힘을 얻는 기계야.
그렇구나~
방긋
우아~ 저 앞의 날개들 좀 봐.
척
똑같은 모양의 날개들이 윙~윙~ 돌아가고 있어~
윙
윙
윙
윙

오~
정말이네?
그러고 보니 저 날개들도 직사각형의 모양들로 4개잖아.
척
앗! 그러네.
4개의 직사각형 모양이 90도로 돌아가면서 저런 모양이 만들어진 것 같아.
90°
90°
90°
90°
우아~
날개들이 점점 빨리 돌아가.
날개들이 빨리 돌아간다는 건 그만큼 바람이 강하게 부는 거야.
하하~
맞아.
활짝

그렇구나~
그런데 말이야…
엥?
지금 날개가 너무 빨리 돌아가.
부우웅
윙
윙
부우웅
부우웅
윙
윙
부우웅
그 이유는 바로!
바람이 엄청 강하게 불잖아.
휘이이잉
휘이이잉
흐이이익!
소풍가다가 하늘로 날아가겠어.
얼른 집에 가자.
휘이이잉
휘이이잉
휘이이잉

무늬 꾸미기

▶ 평면도형을 밀기, 뒤집기, 돌리기를 하면서 규칙적인 무늬를 만들 수 있습니다.

밀기를 이용해서 무늬를 꾸며 볼까요?

주어진 모양을 오른쪽으로 밀고 윗줄을 아래쪽으로 밀어서 무늬를 만들었어요.

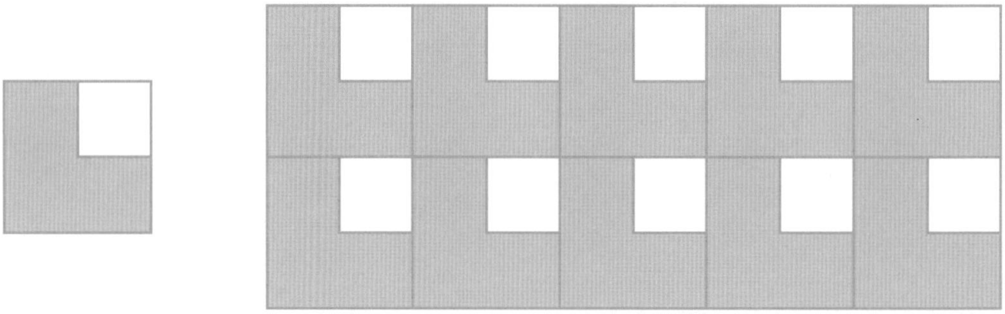

모양을 밀기, 뒤집기, 돌리기 하여
규칙적인 무늬를 만들 수 있어.

뒤집기를 이용해서 무늬를 꾸며 볼까요?

주어진 모양을 오른쪽으로 뒤집고 윗줄을 아래쪽으로 뒤집어서 무늬를 만들었어요.

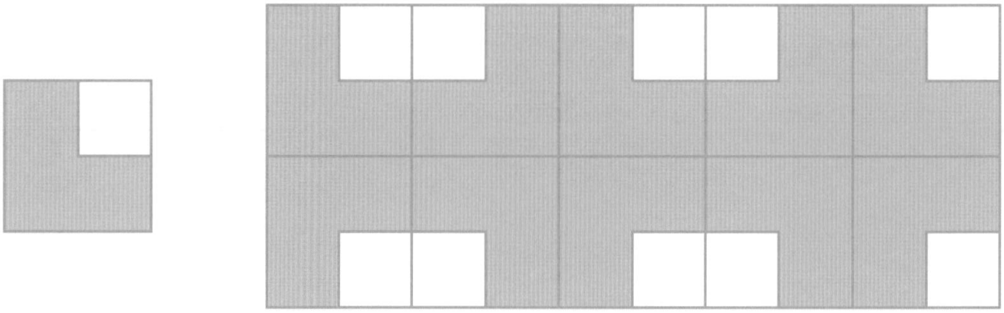

돌리기를 이용해서 무늬를 꾸며 볼까요?

주어진 모양을 시계 방향으로 90°씩 돌려 가며 옆으로 놓고 윗줄의 모양을 시계 반대 방향으로 90°씩 돌려서 무늬를 만들었어요.

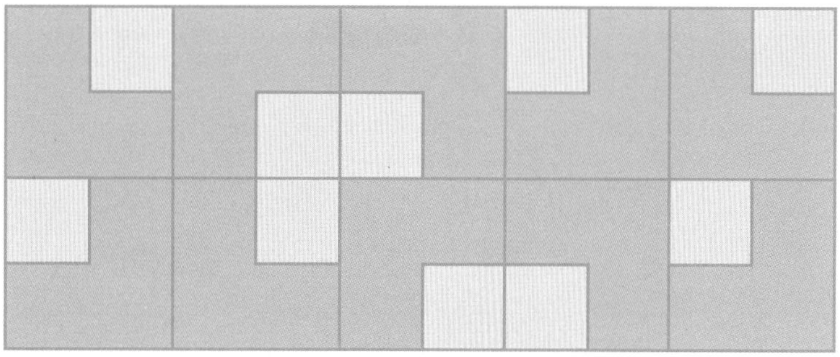

어떻게 이동해서 만든 무늬인지 방법을 찾아볼까요?

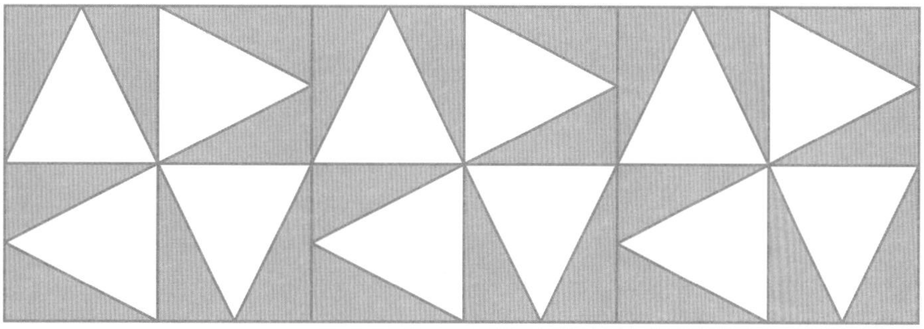

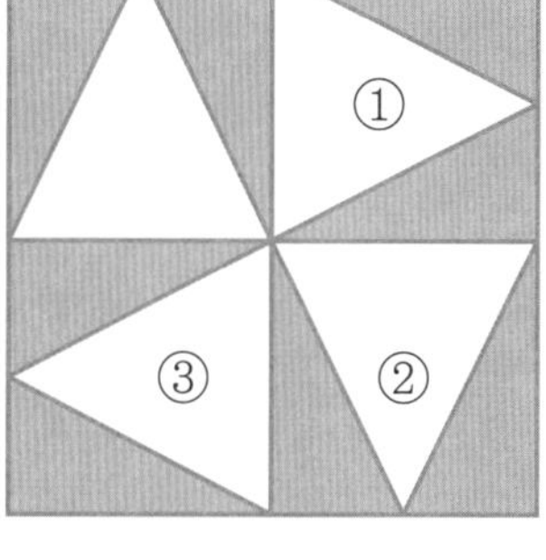
①
③
②

주어진 첫번째 모양을
① 시계 방향으로 90° 돌린 것을 오른쪽에 놓고,
② 180° 돌린 것을 그 아래,
③ 270° 돌린 것을 왼쪽 옆에 놓아 만든 무늬를
④ 오른쪽으로 밀어서 무늬를 만들었어요.

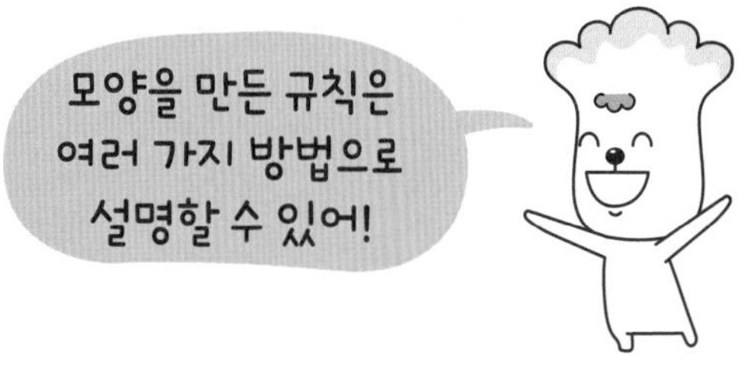
모양을 만든 규칙은
여러 가지 방법으로
설명할 수 있어!

01 각의 크기 비교

흥!
내가 너보다
더 잘해.
덤벼랏!
엥?
너희들 뭐 하고
있어?

지금 누가 더 다리를
크게 벌리는지
겨루는 중이야.
마침 잘 왔어.
가징아.
그래.
누가 더 다리를
크게 벌리는지
심판을 봐 줘.

● 무엇을 배울까요? 직관적 비교, 직접 비교, 간접 비교, 임의 단위를 통해 각의 크기를 비교하게 합니다. 실생활에서 여러 가지 각의 크기를 비교하게 합니다.

● 언제 배울까요? 초등학교 4학년 1학기 각도 단원에서 배워요.

좋아!
누가 더 많이 벌리는지
내가 심판을 볼게.
나부터 할게.
얍! 어때?
척!
척!
흥! 나도다.
척!
척!
가징아.
우리 둘 중에서 누가 더
많이 찢었어?

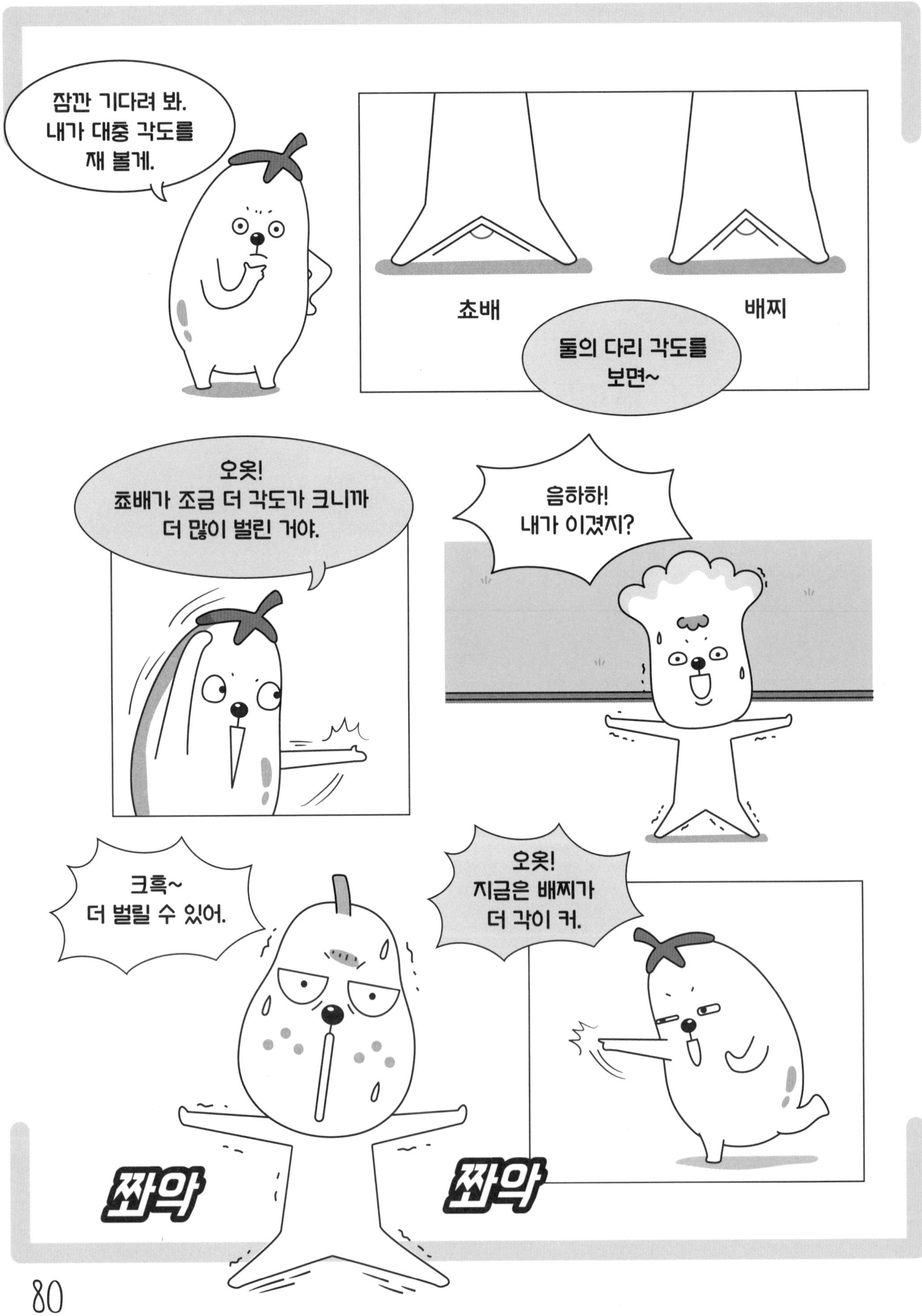

잠깐 기다려 봐. 내가 대충 각도를 재 볼게.
쵸배
배찌
둘의 다리 각도를 보면~
오옷! 쵸배가 조금 더 각도가 크니까 더 많이 벌린 거야.
음하하! 내가 이겼지?
크흑~ 더 벌릴 수 있어.
오옷! 지금은 배찌가 더 각이 커.
쫘악
쫘악

나도
질 수 없다!
나도야!
크읍!
짜악
짜악
짜악
짜악
끄으으으…
끄으으으…
부들
부들
부들
퍽!
짜악
끄아아악!
내 가랑이!
킥킥! 가랑이
찢어지는 줄도 모르고
서로 이기려고 할 때부터
알아봤어.

각의 크기 비교

▶ 각이 벌어진 정도를 비교해서 더 많이 벌어진 쪽의 각의 크기가 '크다', 더 적게 벌어진 쪽의 각의 크기가 '작다'로 나타냅니다.

각을 찾아 크기를 비교해 볼까요?

각의 벌어진 정도를 각의 크기라고 해요.

한 점에서 그은
두 반직선으로 이루어진
도형을 각이라고 해.

① ② ③

가장 많이 벌어진 각은 ③번 새의 부리예요.
①번 각의 크기가 가장 작고, ③번 각의 크기가 가장 커요.

> 각의 크기는 변의 길이와 관계없이 두 변이 벌어진 정도에 따라 비교합니다.

직접 겹쳐 보고 각의 크기를 비교해 볼까요?

투명 종이를 이용해서 하나의 각을 대고 그린 다음 비교할 다른 각에 겹쳐 보고 크기를 비교할 수 있어요.

겹쳐서 비교할 때는
한 쪽 반직선이 겹치도록
놓아야 해.

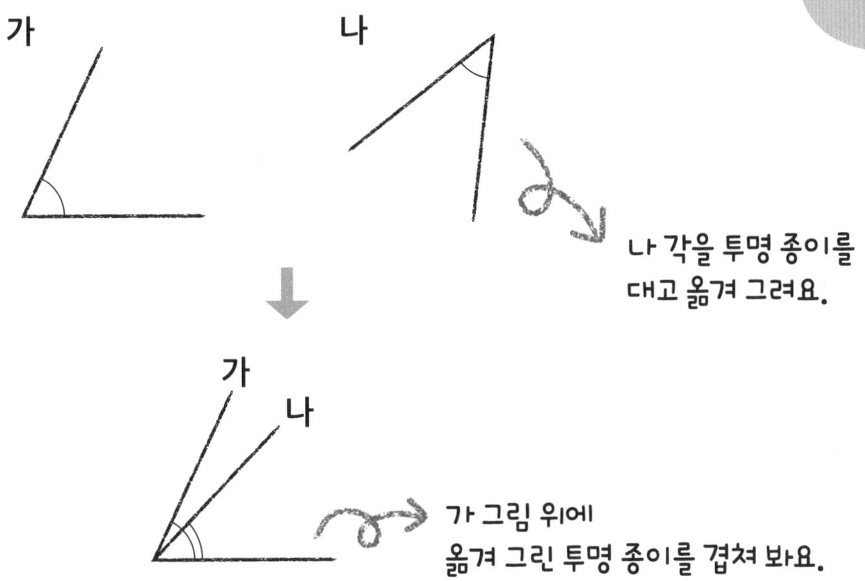

가
나
나 각을 투명 종이를
대고 옮겨 그려요.
가
나
가 그림 위에
옮겨 그린 투명 종이를 겹쳐 봐요.

가 그림의 각에 남는 부분이 있으므로 **가** 각의 크기가 **나** 각의 크기보다 더 커요.

기준이 되는 각을 정해 각의 크기를 비교해 볼까요?

기준이 되는 각 몇 개로 만들 수 있는지로 비교할 수 있어요.

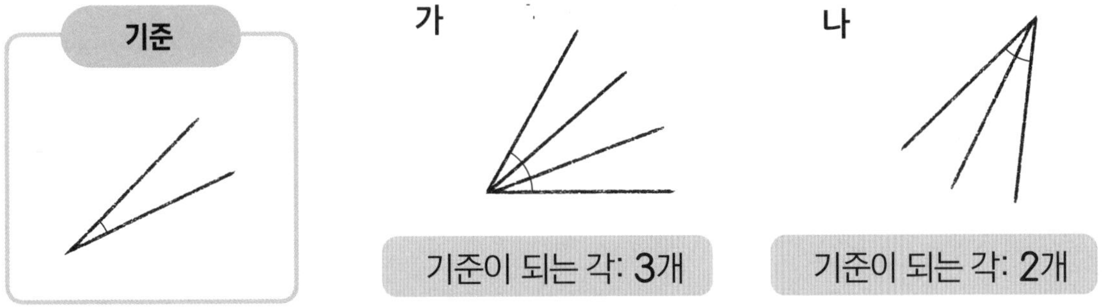

기준
가
나
기준이 되는 각: 3개
기준이 되는 각: 2개

기준이 되는 각의 수가 많은 **가** 각의 크기가 **나** 각의 크기보다 더 커요.

02 각의 크기 재기

토리야,
집에 있었구나~
응, 체로야.
무슨 일이야?
혹시
집에 각도기 있어?
응.
서랍 안에 있을 거야.
뒤적
뒤적
그럼 잠시 빌려도
될까?

● 무엇을 배울까요? 각도의 뜻을 알고 각도의 단위인 도(°)를 알게 합니다.
각도기의 이용법을 알고 45°, 90°, 180°, 360° 등을 측정하고 읽는 방법을 알게 합니다. 각도기를 이용하여 실생활에서 각도를 재어 보게 합니다.

● 언제 배울까요? 초등학교 4학년 1학기 각도 단원에서 배워요.

자~ 여기 있어. 각도기는 어디에다가 쓰게?
척!
고마워. 각을 잴 게 있는데 집에 각도기가 없지 뭐야~
뭘 재려고?
궁금
궁금
돌을 재 보려고.
돌?

응.
집에 가고 있었는데
길에 돌이 있는 거야.
근데
정말 신기한
돌이었어.
정말?
어떤 돌이길래?
짠!
이것 봐!
우아!
돌이 삼각형이잖아.
응! 그것보다
이 각을 봐! 직각,
즉 90도 같아 보여.
정말이네.
각이 몇 도인지
한번 재 보자.
이렇게
맞춰서 재면~
90

뜨헉!
정말 90도잖아.
음하하하!
내가 이 세상에서 가장
신기한 돌을 가지게
되었어.
우아~
이런 돌을 발견하다니.
정말 대단해.
얘들아~
엥?
가징아,
넌 또 무슨 일이야?
내가
오다가 길에서
별 모양 돌을
주웠어.
뜨헉!
말도 안 돼!
주변에
삼각형 돌 모양은
넘쳐 나던데~
끄응…

각의 크기 재기

- 각의 크기를 각도라고 합니다.
- 직각을 똑같이 90으로 나눈 것 중 하나를 1도라 하고, 1°라고 씁니다.

직각의 크기는 90°예요.

각의 크기를 재는 데 사용하는 도구인 각도기를 살펴볼까요?

원을 반으로 자른 모양으로 생겼어요.
0부터 180까지의 숫자가 시계 방향과 시계 반대 방향으로 써 있어요.

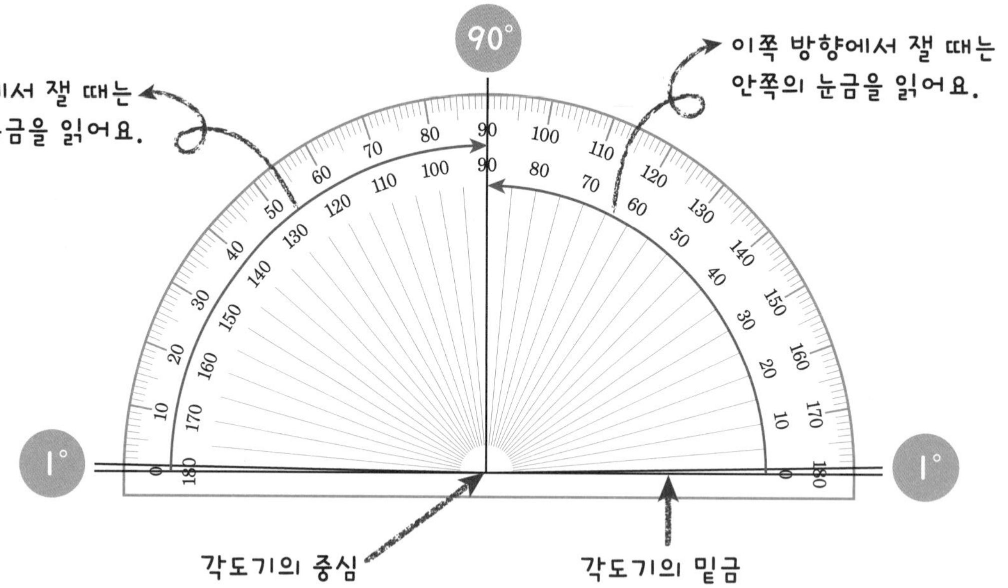

90°
이쪽 방향에서 잴 때는 바깥쪽의 눈금을 읽어요.
이쪽 방향에서 잴 때는 안쪽의 눈금을 읽어요.
1°
1°
각도기의 중심
각도기의 밑금

원 모양으로 생긴 각도기도 있어!

시계 방향의 시작 부분과 시계 반대 방향의 시작 부분을 연결한 직선 부분을 각도기의 밑금이라고 해요.
각도기의 밑금과 90° 를 나타내는 선이 만나는 부분을 각도기의 중심이라고 해요.

각도기 사용법을 알아볼까요?

- 각도기의 중심과 각의 꼭짓점을 맞춥니다.
- 각도기의 밑금과 각의 한 변을 맞춥니다.
- 각도를 읽을 때는 각도기의 밑금과 각의 한 변이 만난 쪽의 눈금에서 시작하여 각의 나머지 변이 각도기의 눈금과 만나는 부분을 읽습니다.

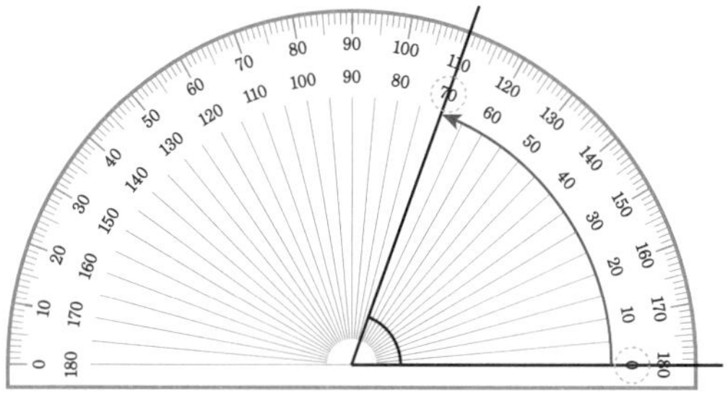

각의 한 변과 각도기의 밑금이 만나는 선이 안쪽 눈금이므로 각의 나머지 변이 각도기의 눈금과 만나는 부분의 안쪽 눈금을 읽으면 70°예요.

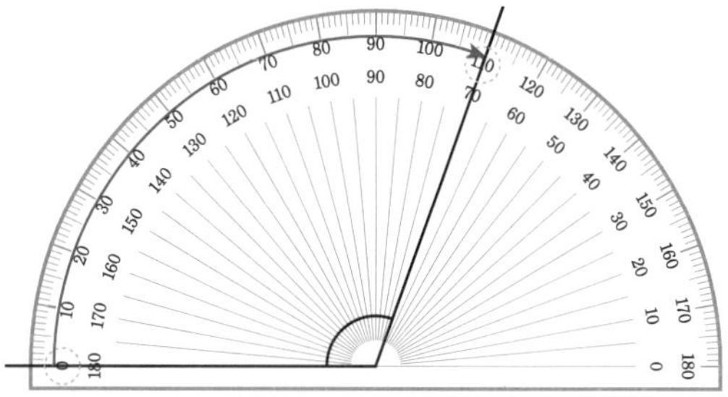

각의 한 변과 각도기의 밑금이 만나는 선이 바깥쪽 눈금이므로 각의 나머지 변이 각도기의 눈금과 만나는 부분의 바깥쪽 눈금을 읽으면 110°예요.

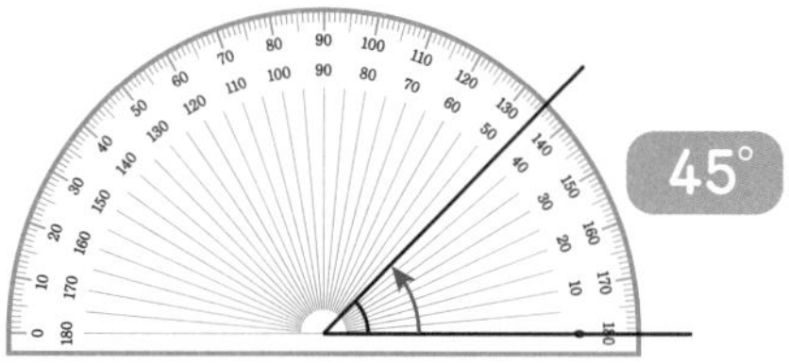

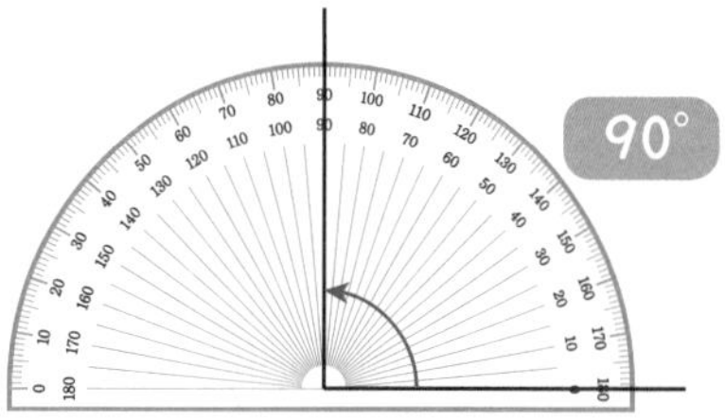

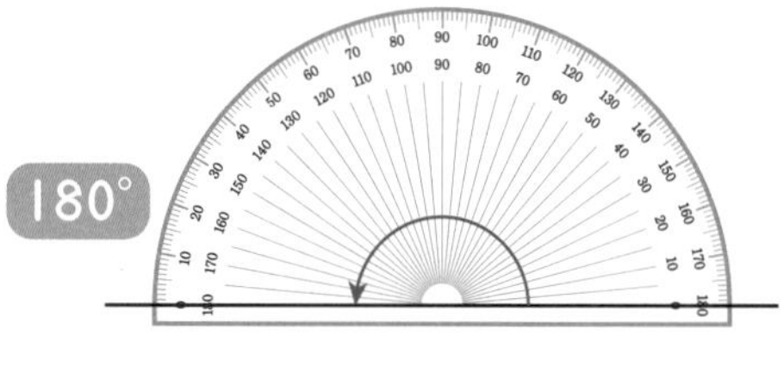

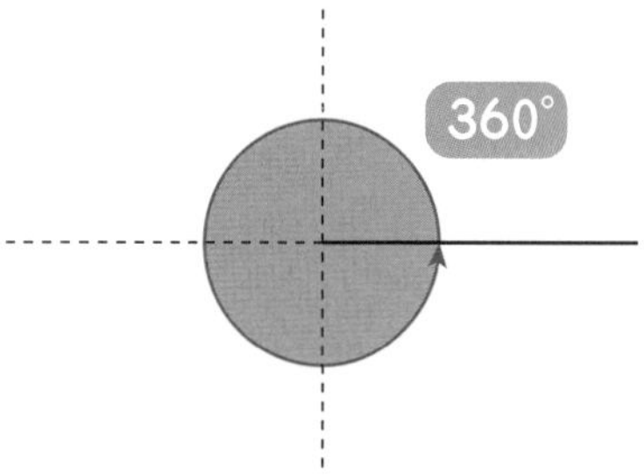

03 크기가 주어진 각 그리기

그림을 그리고 있구나. 쵸배야.
어서 와. 가징아.

무슨 그림을 그리고 있어?
대포를 그리고 있어.
우아~ 멋지겠는걸?

● 무엇을 배울까요? 각도기와 자를 이용하여 각도가 90 ° 인 각을 그리게 합니다.
각도기와 자를 이용하여 여러 가지 각도의 각을 그리게 합니다.

● 언제 배울까요? 초등학교 4학년 1학기 각도 단원에서 배워요.

대포의 각도까지 맞춰서 그릴 거야.
각도까지?
응. 그럼 더 실감 날 거야.
대포의 각도가 40도 위로 향해서 발사되는 걸 그릴 거야.
40°
그걸 어떻게 맞춰서 그리지?
바로 이 각도기를 이용해서!
척!

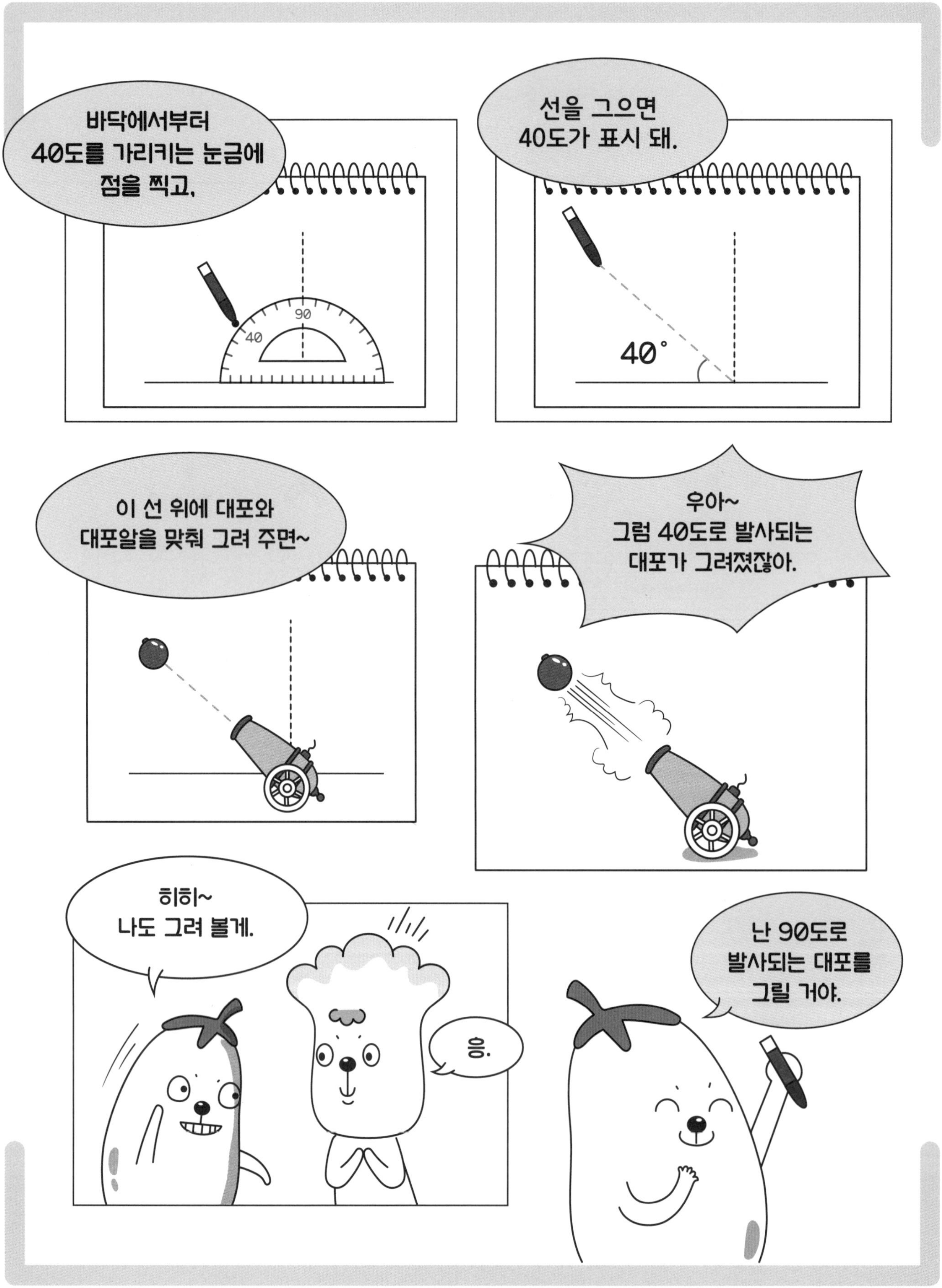

바닥에서부터 40도를 가리키는 눈금에 점을 찍고,
90
40
선을 그으면 40도가 표시 돼.
40°
이 선 위에 대포와 대포알을 맞춰 그려 주면~
우아~ 그럼 40도로 발사되는 대포가 그려졌잖아.
히히~ 나도 그려 볼게.
응.
난 90도로 발사되는 대포를 그릴 거야.

바닥에서부터 90도를 가리키는 눈금에 점을 찍고,
90
40
선을 그은 다음 그 지점으로 대포가 향하게 그리면~
쓱싹
쓱싹
쓱싹
짠
다 그렸다. 어때?
근데 가징아,
응?
그렇게 쏘면 대포가 제자리로 떨어지지 않을까?
그러네. 90도로 쏘는 대포는 없지. 히히~

크기가 주어진 각 그리기

▸ 자와 각도기를 이용하여 크기가 주어진 각을 그릴 수 있습니다.

각도가 90°인 각 ㄱㄴㄷ을 그려 볼까요?

① 자를 사용하여 각의 한 변 ㄴㄷ을 그립니다.

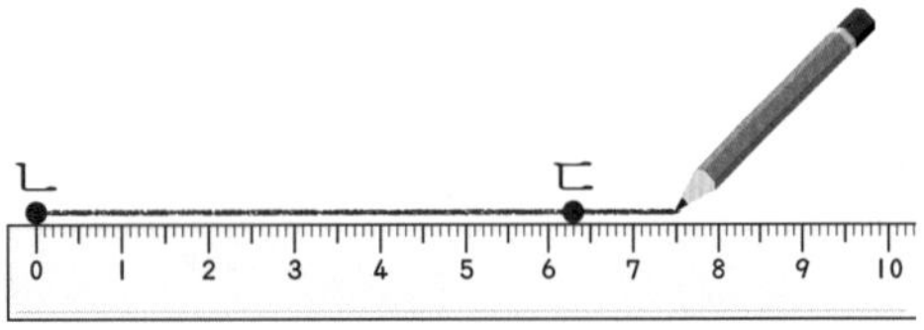

② 각도기의 중심과 점 ㄴ을 맞추고, 각도기의 밑금과 각의 한 변인 ㄴㄷ을 맞춥니다.

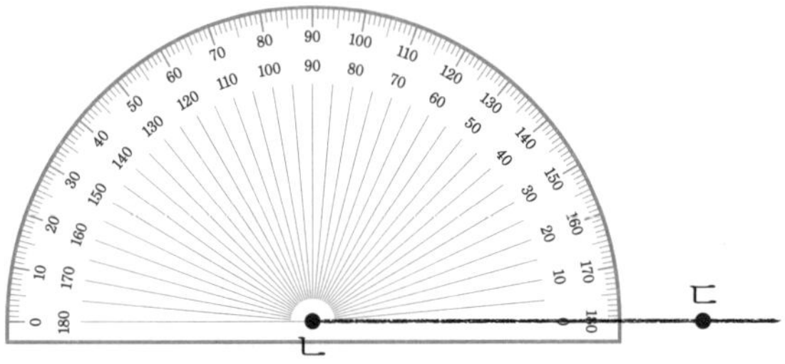

③ 각도기의 밑금에서 시작하여 각도가 90°가 되는 눈금에 점 ㄱ을 표시합니다.

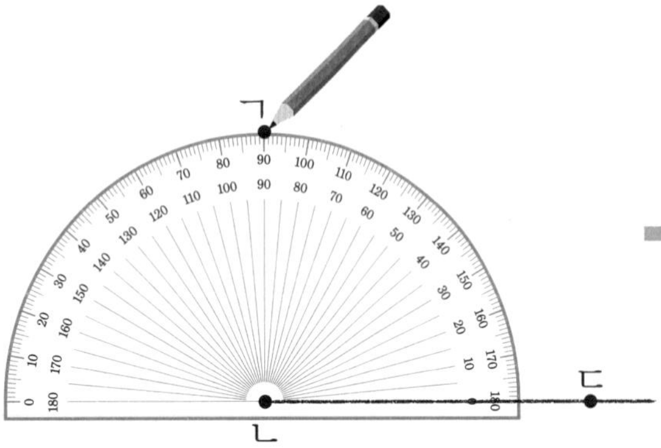

④ 각도기를 떼고, 자를 이용하여 변 ㄱㄴ을 그어 각도가 90°인 각 ㄱㄴㄷ을 완성합니다.

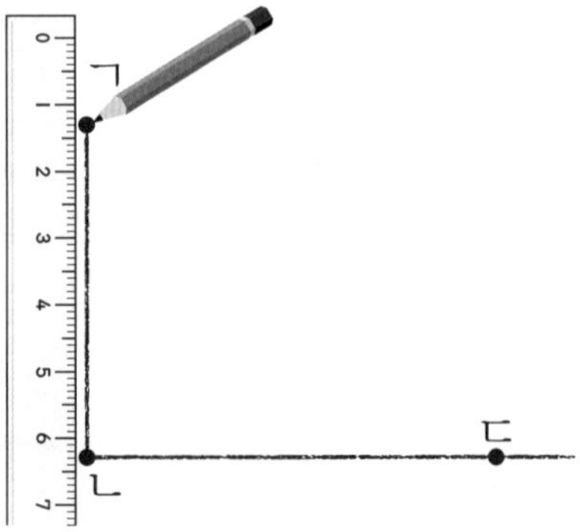

여러 각도를 그려 볼까요?

45°

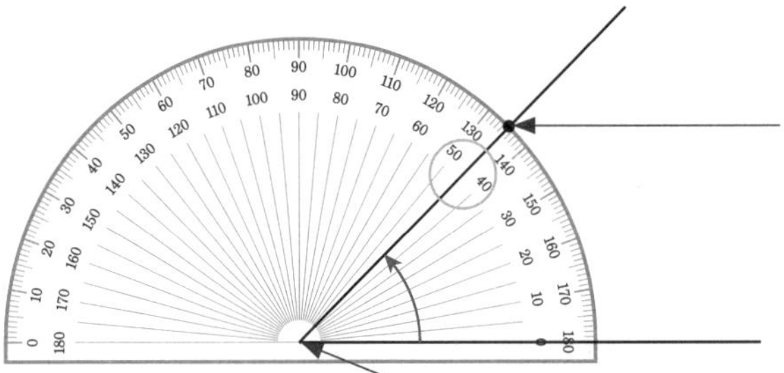

45°를 가리키는 눈금에 맞춰
점을 찍고 중심과 이어 줘요.
안쪽 눈금을 읽어 줘요.

변의 끝을 각도기의 중심에 맞추고
변에 각도기의 밑금이 겹치도록 맞추어요.

100°

주어진 선분을 한 변으로 하는 각을 그리므로 각도기의 밑금과 주어진 변을 맞춰 줘.

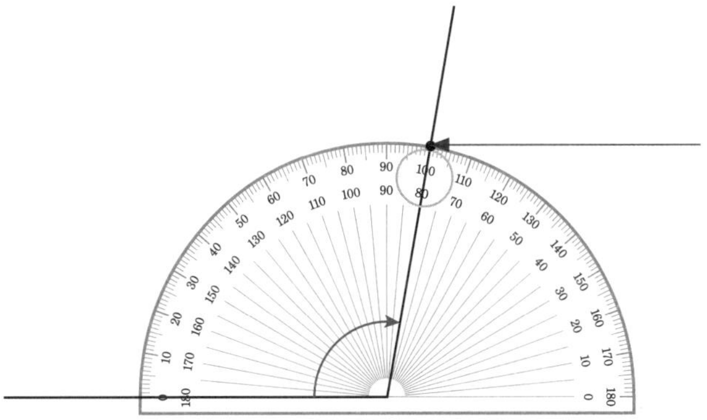

100°를 가리키는 눈금에 맞춰
점을 찍고 중심과 이어 줘요.
바깥쪽 눈금을 읽어 줘요.

60°

60°를 가리키는 눈금에 맞춰
점을 찍고 중심과 이어 줘요.
안쪽 눈금을 읽어 줘요.

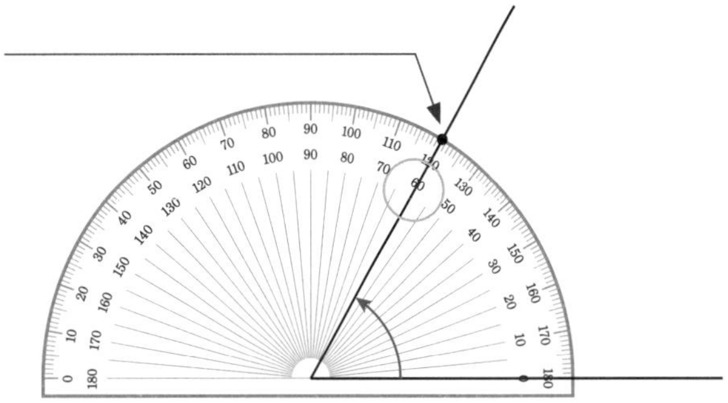

04 예각, 둔각

빨리 가자.
시간이 빠듯해.
응. 곧 있으면
수학 시험 시간이지?
응.
이번 수학 시험은
꼭 백점 받을 거야!
앗! 토리야.
저기 시계가 있어.
척!
그러네.
잠깐!

- 무엇을 배울까요? 각과 비교하는 활동을 통하여 직각보다 작은 각과 직각보다 큰 각을 구별하게 합니다. 도형 시계를 이용하여 예각, 직각, 둔각을 만들어 보게 합니다.
- 언제 배울까요? 초등학교 4학년 1학기 각도 단원에서 배워요.

우리 수학 시험 공부를 해 볼까?
시험 공부?
여기서 어떻게 공부를 해?
바로 이 시계를 보고 공부할 수 있어.
척
자~ 시계의 분침과 시침을 잘 봐.

지금
벌어진 각도의 크기가
90도보다 더 작잖아.
앗! 알겠어. 각의 크기가
0도보다 크고 90도보다 작은 건
예각이라고 해.
맞아.
그럼 만약 시계가
9시 20분을 가리킨다면?
음…
9시 20분이면~
각이 90도보다 크고
180도보다 작으니까
그건
둔각이라고 해.
번쩍

맞았어! 이야~ 쵸배도 공부 열심히 했구나.
응. 히히~
우리 꼭 100점 맞자.
응. 시계를 보면서 공부할 수 있다는 게 참 좋았어.
만족
만족
잠깐! 근데 지금 시계가 2시 30분을 가리키고 있는 거지?
응. 저건 예각일까? 둔각일까?
휙
그게 아니라 우리 시험 시간이 2시 30분이야. 지각이다!
흐이익! 빨리 가자.
100점이 아니라 0점 맞게 생겼잖아.

예각, 둔각

- 각도가 0°보다 크고 직각(90°)보다 작은 각을 예각이라고 합니다.
- 각도가 직각(90°)보다 크고 180°보다 작은 각을 둔각이라고 합니다.

여러 각을 90°를 기준으로 분류해 볼까요?

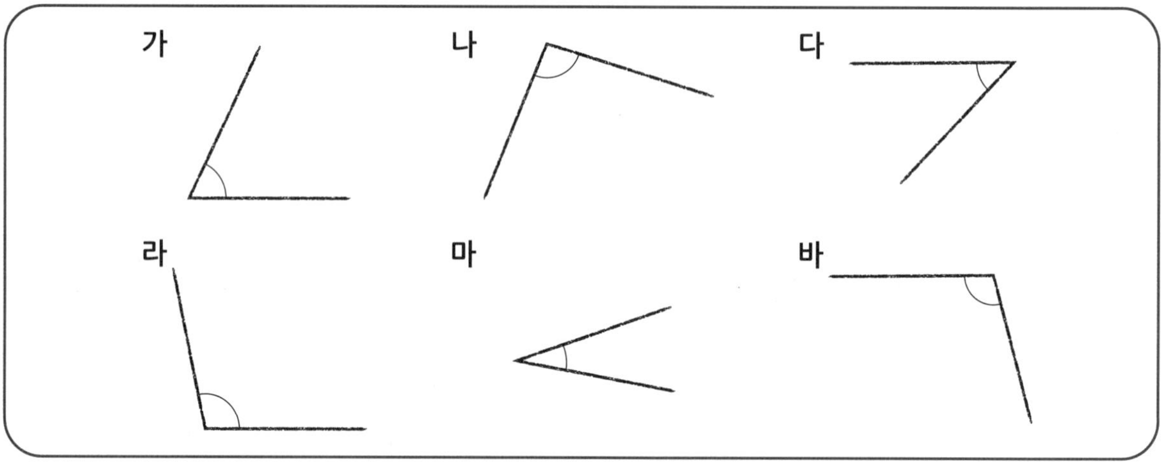

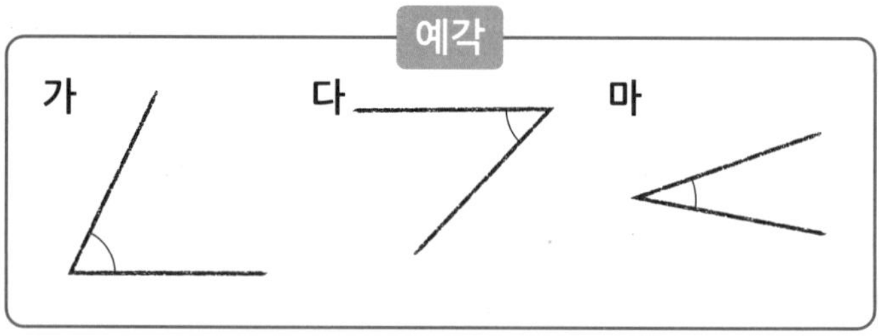

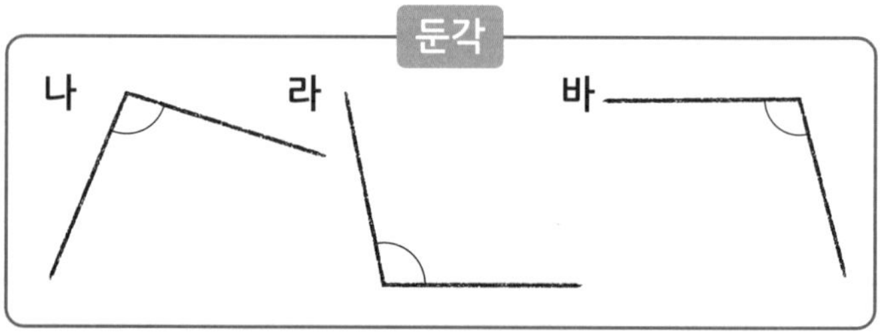

각의 크기는 90°를 기준으로 0°보다 크고 90°보다 작은 각을 예각, 90°보다 크고 180°보다 작은 각을 둔각이라고 해요.

모형 시계의 긴바늘과 짧은바늘이 이루는 작은 쪽의 각을 살펴볼까요?

두 시곗바늘이 이루는 각은 직각이에요.

3시

9시

6시는 180°, 12시는
360°가 되겠구나?

3시나 9시보다 작은 각이
예각이니까, 1시, 2시, 10시,
11시가 만드는 각은 예각이네!

두 시곗바늘이 이루는 각은 예각이에요.

2시

10시

3시나 9시보다 큰 각이
둔각이니까, 4시, 5시, 7시,
8시가 만드는 각은 둔각이네!

두 시곗바늘이 이루는 각은 둔각이에요.

4시

8시

05 각도의 합과 차

좀 쉬었다 가자.
휴~ 힘들어.
헉
헉
헉
헉
헉
응. 나도 너무 힘들어.
헉
헉
헉
이 오르막길은 경사가 아주 가파르네.
맞아. 하지만 토리네 집에 가려면 이 오르막길을 올라가야 해.

● 무엇을 배울까요? 두 각의 합을 어림하고 두 각을 모아 보는 활동을 통해 각도의 합을 구하는 방법을 알게 합니다. 두 각의 차를 어림하고 두 각을 겹쳐 보는 활동을 통해 각도의 차를 구하는 방법을 알게 합니다.

● 언제 배울까요? 초등학교 4학년 1학기 각도 단원에서 배워요.

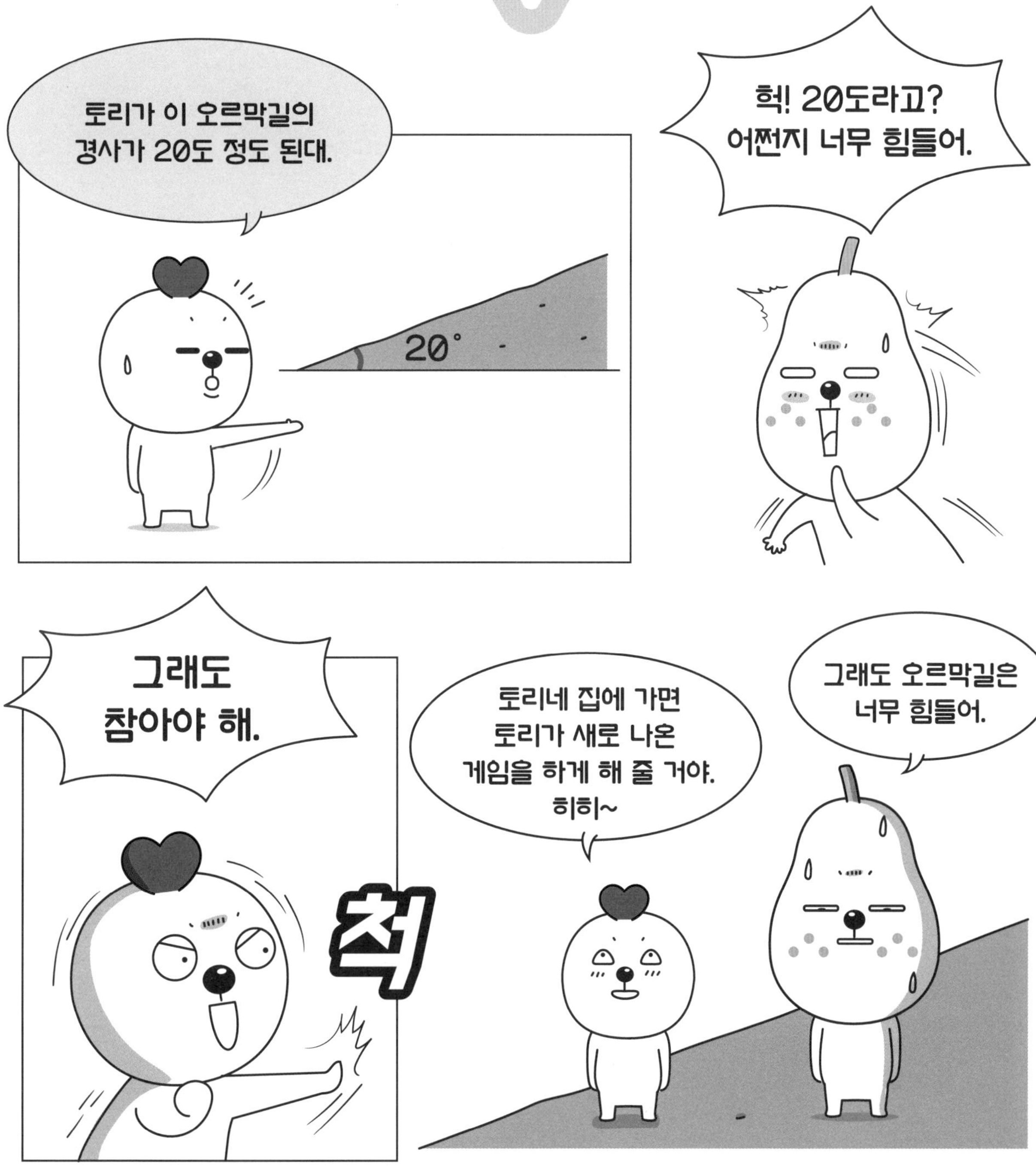
토리가 이 오르막길의 경사가 20도 정도 된대.
20°
헉! 20도라고? 어쩌지 너무 힘들어.
그래도 참아야 해.
척
토리네 집에 가면 토리가 새로 나온 게임을 하게 해 줄 거야. 히히~
그래도 오르막길은 너무 힘들어.

토리가 지금은 그나마 다행이라고 했어.
다행이라고? 왜?
원래는 이 오르막길의 경사가 지금보다 17도나 더 높았대.
뭐라고?
여기서 17도나 더 높았으면 몇 도였다는 거야?
20도에 17도를 더하면~
17°
20°
컥! 37도였다는 소리잖아.
뜨헉

맞아. 어마어마하게 경사가 높았어.
그러게~ 다행이라 생각하고 얼른 올라가자.
드디어 오르막길을 다 올라왔어.
헉
헉
헉
얼른 토리네에 가자!
토리네 집
501호
토리 내일까지 시골 가서 집에 없어.
뭐라고요?
우리는 왜 그 높은 오르막길을 올라왔을까?
흑흑
흑흑

각도의 합과 차

▶ 각도의 합은 자연수의 덧셈과 같은 방법으로 계산한 다음 °를 붙입니다.
▶ 각도의 차는 자연수의 뺄셈과 같은 방법으로 계산한 다음 °를 붙입니다.

각도의 합은 어떻게 구할까요?

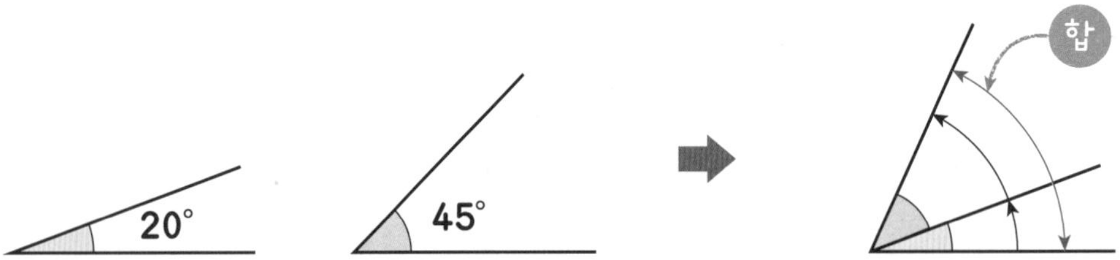

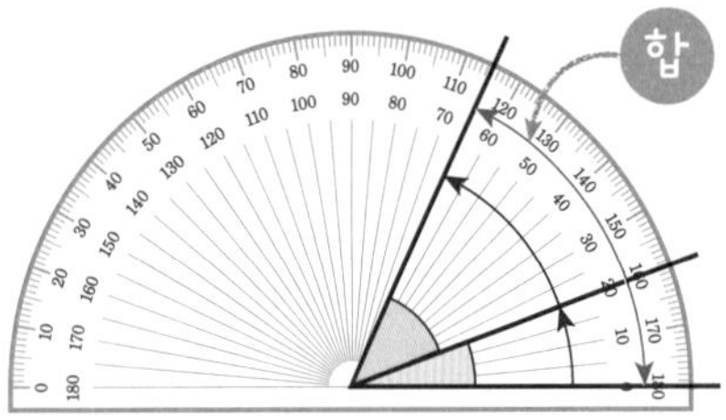

두 각의 합은 얼마쯤 될지 어림해 보고
이어 붙인 각의 크기를 재어 확인해 봐요.

두 각을 이어 붙일 때는
각의 꼭짓점과 한 변이 겹치도록
붙여야 해요.

각도의 덧셈, 길이의 덧셈, 들이의 덧셈,
무게의 덧셈도 단위만 다를 뿐
모두 자연수의 덧셈과 같은 방법이야!

그림 없이 각도의 합을 구해 볼까요?

각도기로 재어 보지 않고 계산을 통해 각도의 합을 알 수 있어요.

$$20^\circ+45^\circ=65^\circ$$

20+45=65로 자연수의 덧셈을 한 다음 ° 단위를 붙여 줘요.

㉮ 예 $84^\circ+75^\circ=(84+75)^\circ=159^\circ$

각도의 차는 어떻게 구할까요?

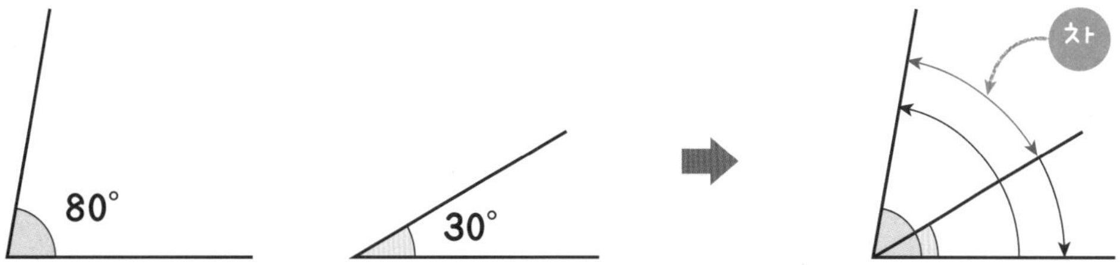
80°
30°
차

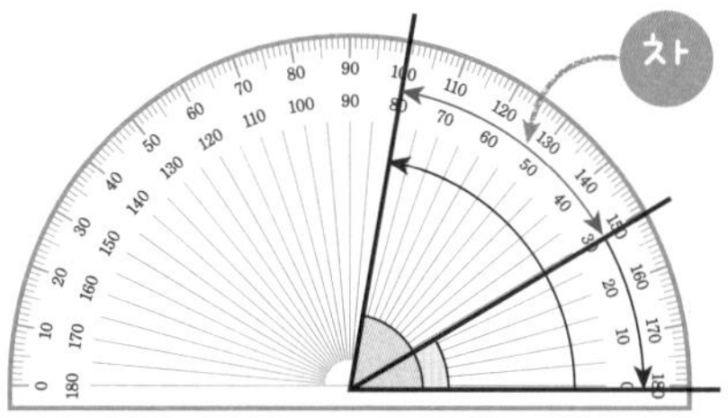
차

두 각을 겹쳐 놓을 때는
각의 꼭짓점과 한 변이 겹치도록
놓아야 해요.

두 각의 차가 얼마쯤 될지 어림해 보고
겹쳐 놓은 두 각에서 남는 부분의 크기를 재어
확인해 봐요.

각도의 뺄셈, 길이의 뺄셈, 들이의 뺄셈,
무게의 뺄셈도 단위만 다를 뿐
모두 자연수의 뺄셈과 같은 방법이야!

그림 없이 각도의 차를 구해 볼까요?

각도기로 재어 보지 않고 계산을 통해 각도의 차를 알 수 있어요.

$$80^\circ-30^\circ=50^\circ$$

$80-30=50$으로 자연수의 뺄셈을 한 다음 ° 단위를 붙여 줘요.

㉱ $155^\circ-45^\circ=(155-45)^\circ=110^\circ$

06 삼각형의 세 각의 크기의 합

오잉?
토리가 색종이를
오리고 있네~
히힛.
싹둑
싹둑
싹둑
토리야,
색종이로 뭘 만들고
있는 거야?
지금
다양한 삼각형 모양을
만들고 있어.
착
삼각형?
궁금

● 무엇을 배울까요? 여러 가지 활동을 통해 삼각형의 세 각의 크기의 합이 180° 임을 추론하여 알게 합니다.
삼각형의 세 각의 크기의 합이 180° 가 되는 이유를 설명해 보게 합니다.

● 언제 배울까요? 초등학교 4학년 1학기 각도 단원에서 배워요.

응~ 오늘 학교에서 각도에 대해 배웠잖아.
그래서 직접 배운 걸 확인해 보려고.
오잉?
척
색종이를 오려서 배운 걸 확인한다고?
궁금
어떤 걸 확인하는 거야?
응.
궁금

오늘 수학 시간에 모든 삼각형의 세 각의 합은 180도로 똑같다고 배웠거든.
의심
의심
정말? 모든 삼각형이 똑같다고?
응. 사실 나도 믿지 못했거든. 그래서 직접 확인해 보려고.
자~ 한번 확인해 보자.
90°
60°
30°
이 삼각형부터 세 각을 재 보면 30도, 80도, 60도로 합은 180도야.
다음 이 삼각형은 120도, 42도, 18도로 합은 180도야.
120°
42°
18°
오~ 이 삼각형을 재 보자.
60도, 60도, 60도로 이것도 180도야.
60°
60°
60°

우아~ 정말 모양도 다른 삼각형들이 세 각의 합은 똑같잖아.
정말 신기해.
아, 참! 그런데 우리 집엔 왠일이야?
아~ 어제 색종이 접기하려고 너희 집에 놔 두고 간 색종이를 가지러 왔어.
잠깐.
설마 그 색종이들은!
척
뜨헉! 내 색종이!
히히~ 난 또 네가 나한테 선물한 줄 알았지.
삼각형으로 색종이 접어야 할 판이군.
긁적
긁적

삼각형의 세 각의 크기의 합

▶ 삼각형의 세 각의 크기의 합은 180°입니다.

삼각형의 세 각의 크기를 각도기로 재어 볼까요?

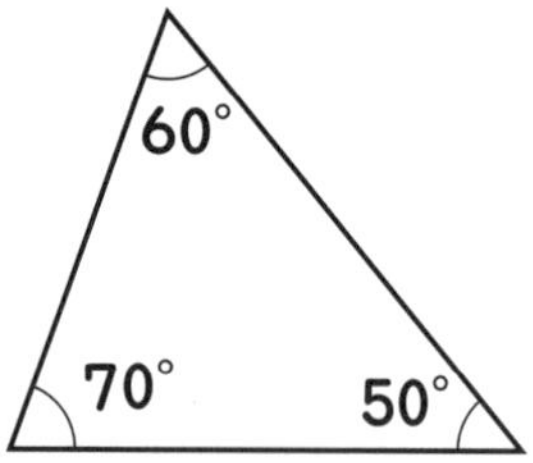

(세 각의 크기의 합)=60°+70°+50°=180°

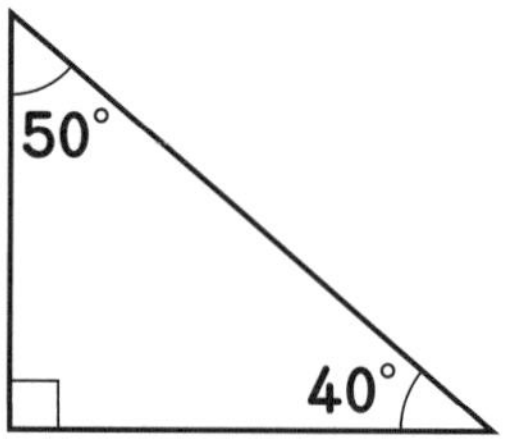

(세 각의 크기의 합)=50°+90°+40°=180°

모양과 크기가 달라도 삼각형의 세 각의 크기의 합은 180°예요.

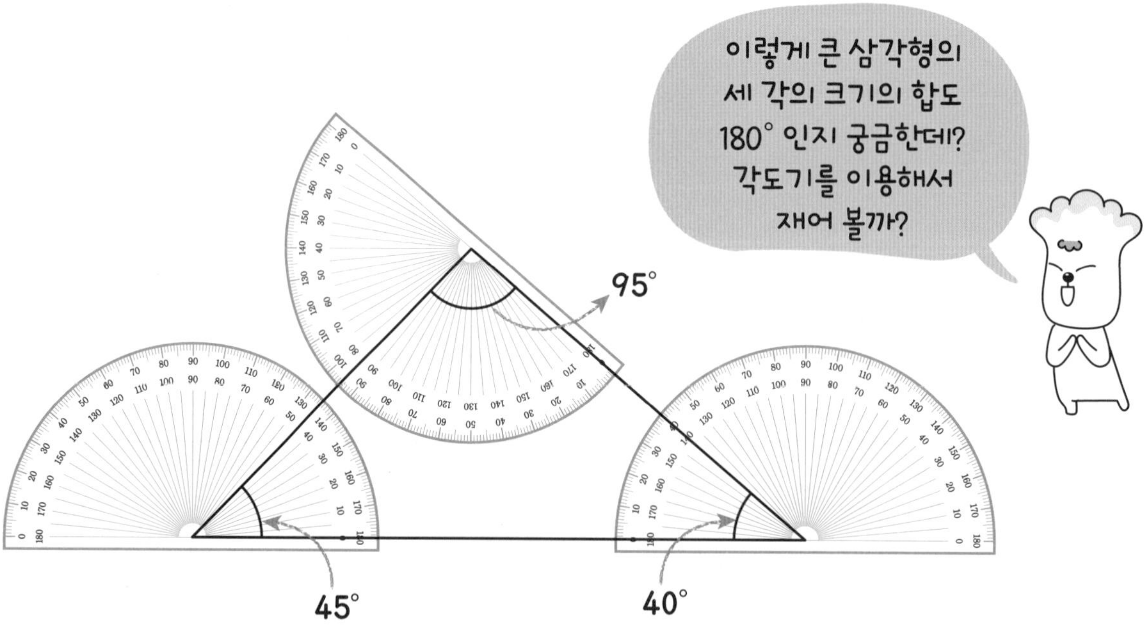

삼각형을 그려서 세 각의 크기의 합을 알아볼까요?

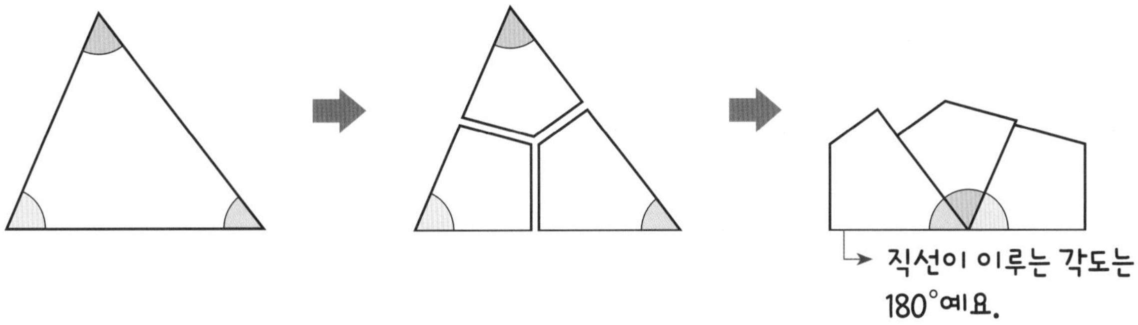

직선이 이루는 각도는 180°예요.

삼각형을 세 조각으로 잘라 세 꼭짓점이 한 점에 모이도록 이어 붙이면 직선 위에 꼭 맞춰져요. 삼각형의 세각의 크기의 합은 180°예요.

삼각형을 접어서 세 각의 크기의 합이 180°라는 것을 확인할 수 있어요.

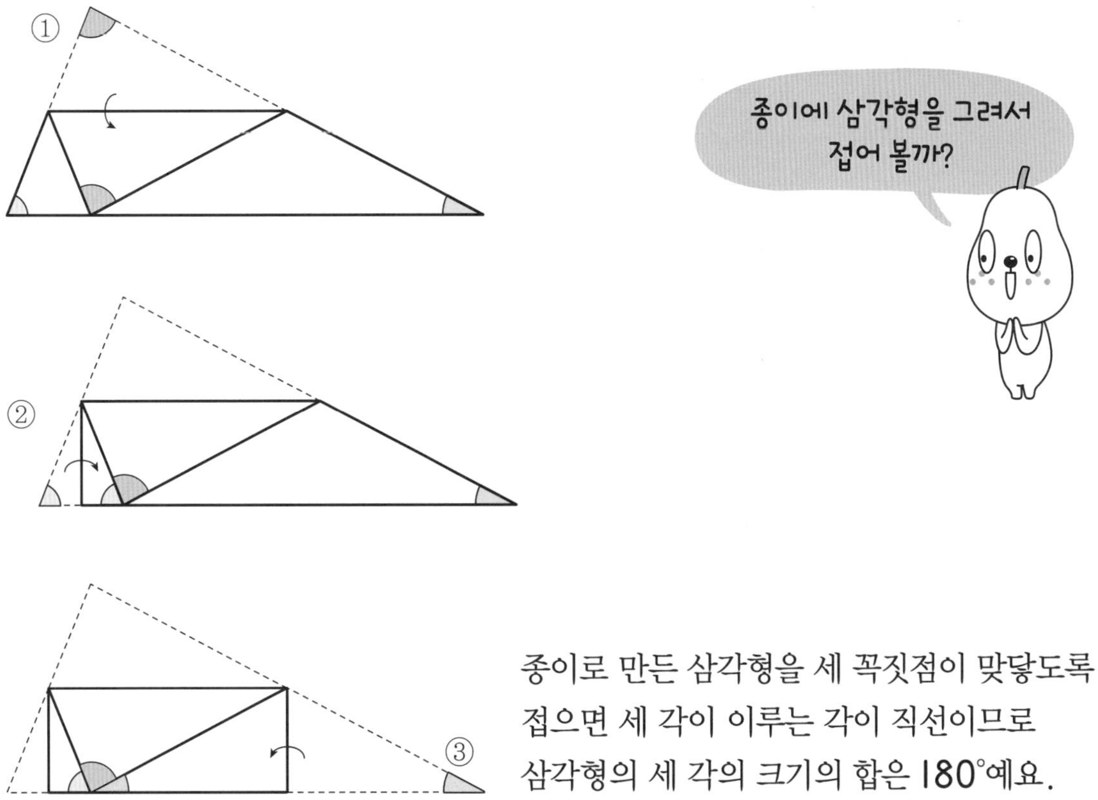

①
②
③
종이에 삼각형을 그려서 접어 볼까?

종이로 만든 삼각형을 세 꼭짓점이 맞닿도록 접으면 세 각이 이루는 각이 직선이므로 삼각형의 세 각의 크기의 합은 180°예요.

07 사각형의 네 각의 크기의 합

좋아!
어차피 이렇게 된 거
색종이로 다른 것도
한번 재어 보자.
다른 것?
응.
어쩌면
사각형도 삼각형처럼
네 각의 합이 같지
않을까?
척
오~ 궁금해.
그럼 사각형을
만들어서 재어 보자.

● 무엇을 배울까요? 여러 가지 활동을 통해 사각형의 네 각의 크기의 합이 360° 임을 추론하여 알게 합니다. 사각형의 네 각의 크기의 합이 360° 가 되는 이유를 설명해 보게 합니다.

● 언제 배울까요? 초등학교 4학년 1학기 각도 단원에서 배워요.

조금만 기다려. 내가 다양한 사각형을 만들게.
싹둑
싹둑
싹둑
싹둑
자~ 이렇게 다양한 사각형을 만들었으니, 이제 한번 재어 보자.
이 사각형부터 재어 보면~
합은 360도야.
60°
135°
90°
75°
그렇다면 이 사각형은~
이 사각형의 합도 360도야.
38°
142°
142°
38°

마지막으로 이 사각형도 재 보자.
역시 이 사각형도 마찬가지야.
87°
134°
73°
66°
우아~ 정말 사각형도 네 각의 합이 모두 똑같잖아.
히히~ 이렇게 직접 재어 보니까 더 재미있게 배울 수 있구나.
응. 그런데 이렇게 색종이 한 통을 다 써 버렸네.
아까워.
시무룩
다 방법이 있지!
방법?

그래! 우리 도형으로 물체 만들기도 배웠잖아.
번쩍
그렇지. 참!
뚝딱
스케치북에 다양한 세모와 네모를 붙이면~
사사삭
뚝딱
짜잔!
척
멋진 작품을 만들 수 있어.
맞아! 히히~
수학이 점점 재미있어져!
만세
만세

사각형의 네 각의 크기의 합

▸ 사각형의 네 각의 크기의 합은 360°입니다.

사각형의 네 각의 크기를 각도기로 재어 볼까요?

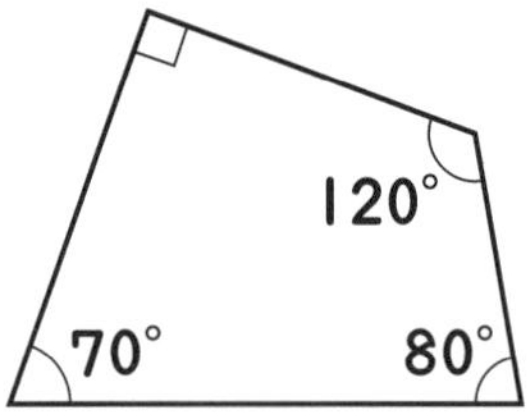

(네 각의 크기의 합)=90°+70°+80°+120°=360°

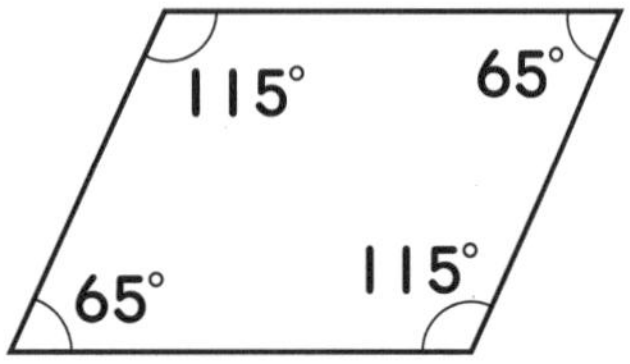

(네 각의 크기의 합)=115°+65°+115°+65°=360°

모양과 크기가 달라도 사각형의 네 각의 크기의 합은 360°예요.

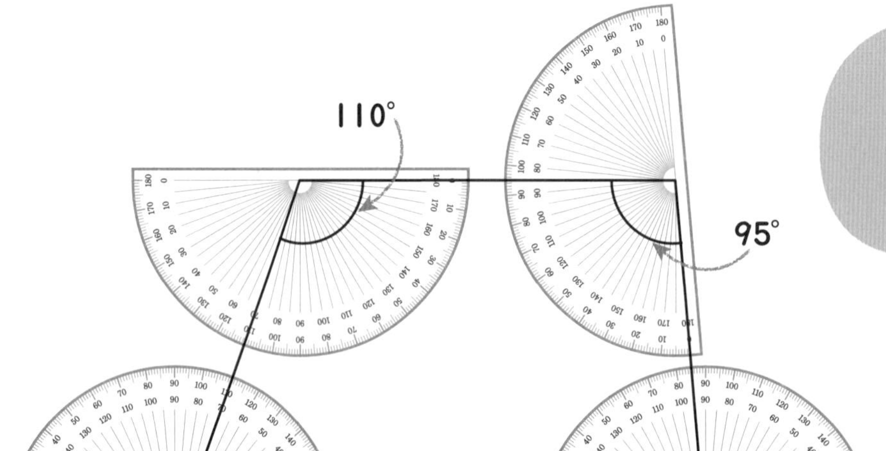

사각형을 그려서 네 각의 크기의 합을 알아볼까요?

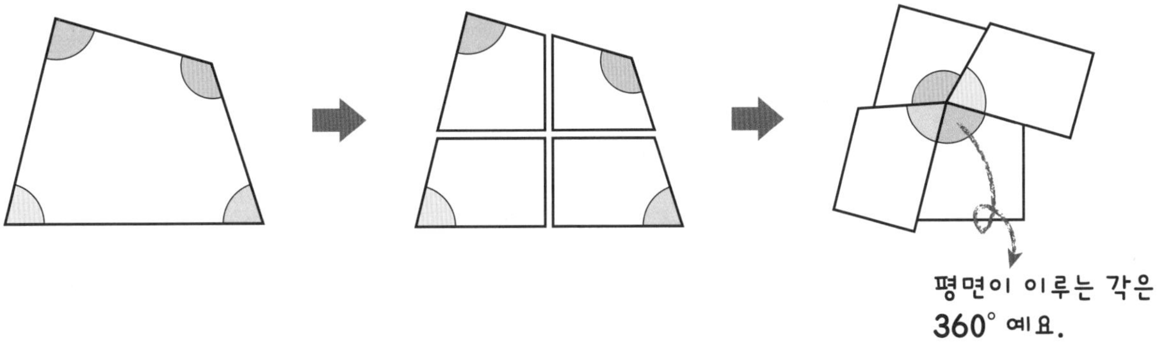

사각형을 네 조각으로 잘라 네 꼭짓점이 한 점에 모이도록 이어 붙이면 빈틈없이 꼭 맞춰져요. 사각형의 네 각의 크기의 합은 360°예요.

사각형을 삼각형 2개로 나누어
네 각의 크기의 합이 360°라는 것을
확인할 수 있어요.

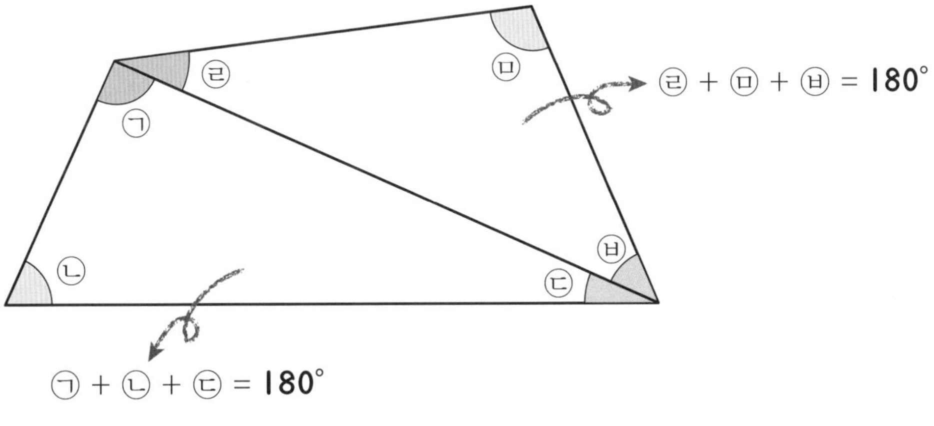

사각형의 네 각은 두 삼각형의 세 각을 모두 더한 것과 같아요.
사각형을 삼각형 2개로 나눌 때 꼭짓점을 이어 나눠야 해요.

★ 마법처럼 술술 풀리는 단계별 연산 교재 ★
이젠 연산왕
연산에서 문장제까지
한 권으로 끝내기
지루할 틈이 없어요
- 친숙한 생활 소재들의 시각화 연산
- 칭찬 스티커로 학습 동기 부여
학습 관리가 편해요
- 5일 동안, 하루 3쪽 분량으로
매일 체크 가능
- 주별 반복 학습 문제 제공
수학의 기초는
이젠 연산왕으로 충분해요
- 유아부터 초등까지 단계별 완벽마스터
P1 P2 P3 A B C
자세한 단계
진도 연산
이젠 연산왕
빠른 학기
드릴 연산
쌍둥이
연산노트
재미있는
만화수학교과서
이젠 꼭 필요한
초등수학
우리 만나요!!
도서 관련 질문도
학습 고민도
다양한 소식도
인스타그램에서
만날 수 있어요.
낱권 8,000원 | 세트 48,000원
이젠교육
EZEN EDUCATION

시작하면 끝까지 보는

이젠 꼭 필요한 초등수학 시리즈

초등 1학년 | 초등 2학년 | 초등 3학년 | 초등 4학년

의 책이에요!

제 품 명: 3학년에게 꼭 필요한 도형
제조자명: 이젠교육
제조국명: 대한민국
제조년월: 판권에 별도 표기
사용학년: 8세 이상

※ KC마크는 이 제품이 공통안전기준에 적합하였음을 의미합니다.

값 16,000원 (2권 세트)
63410
9 791190 880688
ISBN 979-11-90880-68-8

이젠수학연구소 지음

새 교과서 반영

3학년에게 꼭 필요한

도형

수학 익힘책

이젠교육
EZEN EDUCATION

이젠수학연구소 지음
이젠수학연구소는 유아에서 초중고까지 학생들이 수학의 바른길을 찾아낼 수 있도록 수학 학습법을 연구하는 이젠교육의 수학 연구소입니다. 수학 실력은 하루아침에 완성되지 않으며, 다양한 경험을 통해 발달합니다. 그길에 친구가 되고자 노력합니다.

3학년에게 꼭 필요한 도형 (수학 익힘책)

초판 1쇄 발행 | 2022년 1월 10일

지 은 이 이젠수학연구소
펴 낸 이 임요병
펴 낸 곳 ㈜이젠교육
출판등록 제 2020-000073호
주 소 서울시 영등포구 양평로 22길 21
코오롱디지털타워 404호
전 화 (02)324-1600
팩 스 (031)941-9611
인스타그램 @ezeneducation
블 로 그 http://blog.naver.com/ezeneducation

@이젠교육
ISBN 979-11-90880-68-8

3학년에게 꼭 필요한

도형

[수학 익힘책]

구성과 특징

- **3학년에게 꼭 필요한 수학 익힘책**

수학 교육 트랜드에 맞게 수학 교육과정을
영역별 중요 단원으로 모아 계통 학습이 가능한
혼공 시대에 꼭 필요한 수학 테마 학습법입니다.

주제별 4쪽 기초 학력 강화!

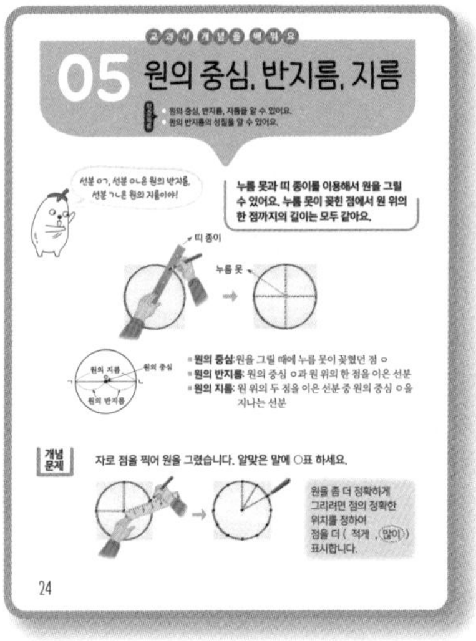

교과서 개념을 배워요
05 원의 중심, 반지름, 지름
누름 못과 띠 종이를 이용해서 원을 그릴 수 있어요. 누름 못이 꽂힌 점에서 원 위의 한 점까지의 길이는 모두 같아요.
띠 종이
누름 못
원의 중심: 원을 그릴 때에 누름 못이 꽂혔던 점 ㅇ
원의 반지름: 원의 중심 ㅇ과 원 위의 한 점을 이은 선분
원의 지름: 원 위의 두 점을 이은 선분 중 원의 중심 ㅇ을 지나는 선분
개념 문제
자로 점을 찍어 원을 그렸습니다. 알맞은 말에 ○표 하세요.
24

1 개념을 배워요

키워드 개념 학습으로 그림과
구조화된 개념 설명을
캐릭터를 이용하여 재미있게
이해하는 습관을 길러요!

2 문제로 개념을 확인해요

다양한 활동 학습으로
정확하고 빠르게 푸는 습관을 길러요!

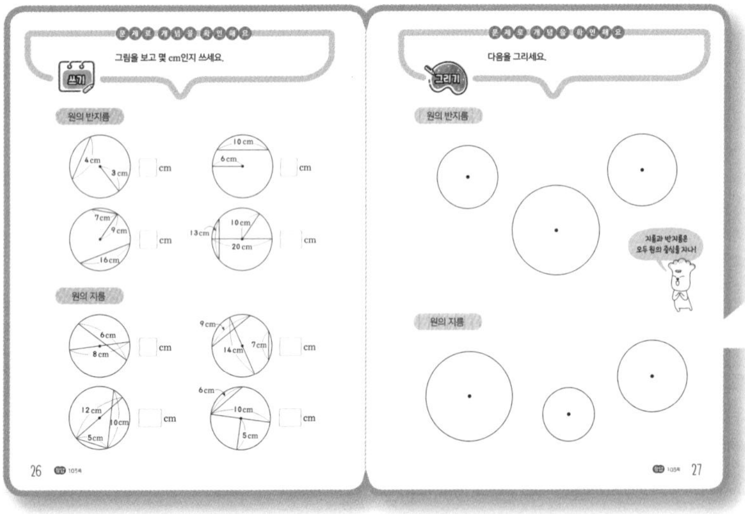

문제로 개념을 확인해요
그림을 보고 몇 cm인지 쓰세요.
쓰기
원의 반지름
원의 지름
다음을 그리세요.
그리기
원의 반지름
원의 지름
26
27

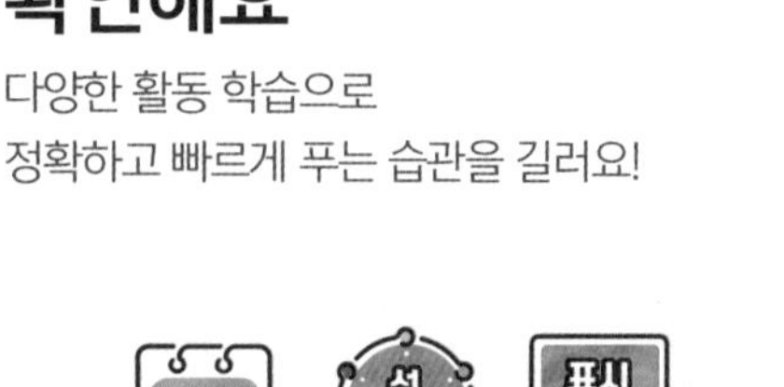

쓰기
선 잇기
표시 하기
그리기
색칠 하기
연결 하기
계산 하기

단원별 기초 문장제, 마무리 정리 학습!

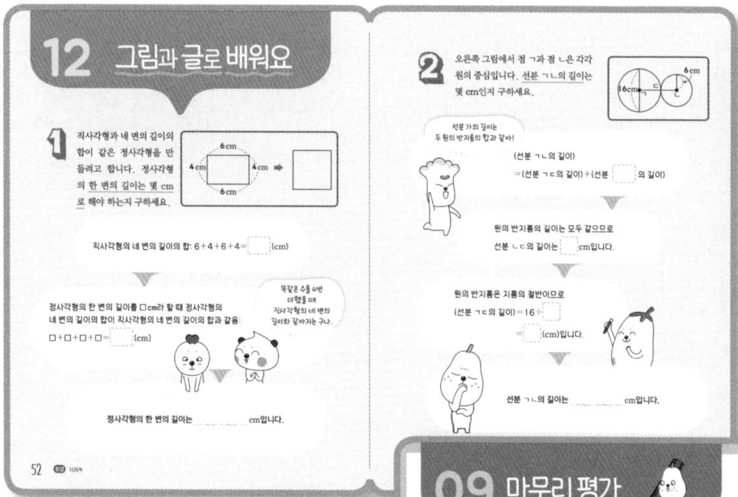

3

그림과 글로 배워요

그림을 이용한 문장제로 사고를 통해
해결하는 습관을 길러요!

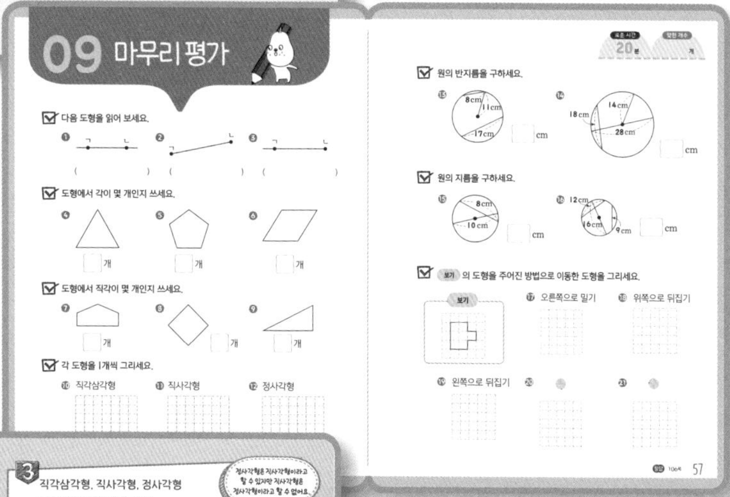

4

마무리 평가

자신의 학업 성취도를 평가해요!

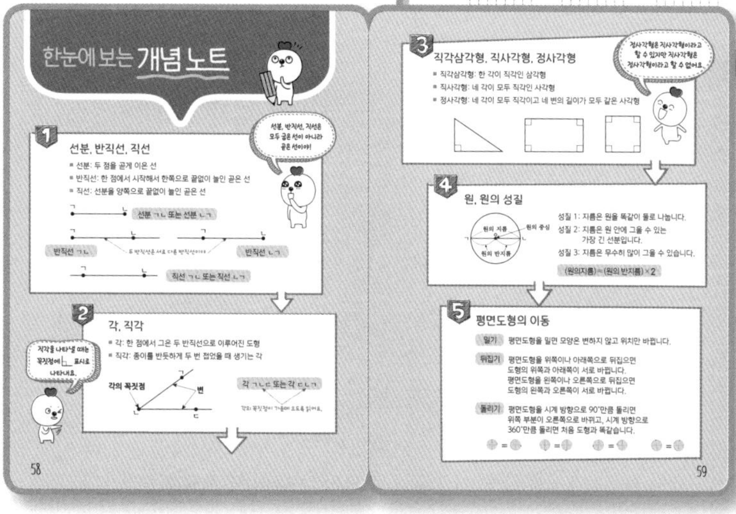

5

한눈에 보는 개념 노트

계통별로 핵심 개념을 정리해요!

차례

3학년에게 꼭 필요한
도형

1. 평면도형

구분	단원명	내용
3학년 1학기	평면도형	• 선분, 직선, 반직선, 각, 직각을 알고 구별할 수 있습니다. • 삼각형과 사각형에 대한 분류 활동을 통하여 직각삼각형, 직사각형, 정사각형을 이해할 수 있습니다.
3학년 2학기	원	• 원의 중심, 반지름, 지름을 알고, 그 관계를 이해합니다. • 컴퍼스를 이용하여 여러 가지 크기의 원을 그릴 수 있습니다.
4학년 1학기	평면도형의 이동	• 평면도형의 밀기, 뒤집기, 돌리기 활동을 통하여 그 변화를 이해합니다.

2. 각도

구분	단원명	내용
4학년 1학기	각도	• 각과 직각을 이해하고, 직각과 비교하는 활동을 통하여 예각과 둔각을 구별할 수 있습니다. • 각의 크기의 단위인 1도를 알고, 각도기를 이용하여 각의 크기를 측정하고 어림할 수 있습니다. • 주어진 각도와 크기가 같은 각을 그릴 수 있습니다. • 여러 가지 방법으로 삼각형과 사각형의 내각으 크기의 합을 추론하고, 자신의 추론 과정을 설명할 수 있습니다.

1. 평면도형

지도 가이드

평면도형 3학년 1학기

1. 선, 반직선, 직선을 구분할 수 있습니다.
2. 각과 직각을 알고, 직각삼각형, 직사각형, 정사각형을 그릴 수 있습니다.

원 3학년 2학기

1. 원의 구성 요소를 알고, 원의 성질을 이해합니다.

평면도형의 이동 4학년 1학기

1. 평면도형을 밀기, 뒤집기, 돌리기 할 수 있습니다.

학습 계획표

번호	쪽수	공부한 날	성취도
01	8~11쪽	월 일	🙂 😐 🙁
02	12~15쪽	월 일	🙂 😐 🙁
03	16~19쪽	월 일	🙂 😐 🙁
04	20~23쪽	월 일	🙂 😐 🙁
05	24~27쪽	월 일	🙂 😐 🙁
06	28~31쪽	월 일	🙂 😐 🙁
07	32~35쪽	월 일	🙂 😐 🙁
08	36~39쪽	월 일	🙂 😐 🙁
09	40~43쪽	월 일	🙂 😐 🙁
10	44~47쪽	월 일	🙂 😐 🙁
11	48~51쪽	월 일	🙂 😐 🙁
12	52~55쪽	월 일	🙂 😐 🙁
13	56~57쪽	월 일	🙂 😐 🙁

교과서 개념을 배워요

01 선분, 반직선, 직선

학습목표 • 선분, 반직선, 직선을 구분할 수 있어요.

선에는 굽은 선과 곧은 선이 있어요.

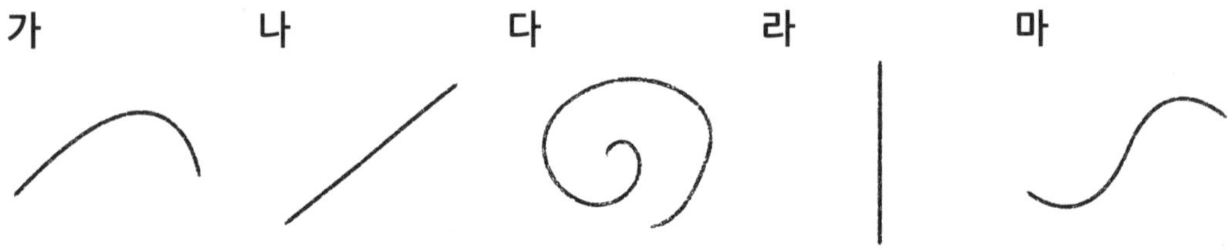

굽은 선	곧은 선
가, 다, 마	나, 라

두 점을 곧게 이은 선을 **선분**이라고 합니다.
점 ㄱ과 점 ㄴ을 이은 선분을 선분 ㄱㄴ 또는 선분 ㄴㄱ이라고 해요.

한 점에서 시작해서 한쪽으로 끝없이 늘인 곧은 선을 **반직선**이라고 합니다.

점 ㄱ에서 시작하여 점 ㄴ을 지나는 반직선을 반직선 ㄱㄴ이라고 해요.

점 ㄴ에서 시작하여 점 ㄱ을 지나는 반직선을 반직선 ㄴㄱ이라고 해요.

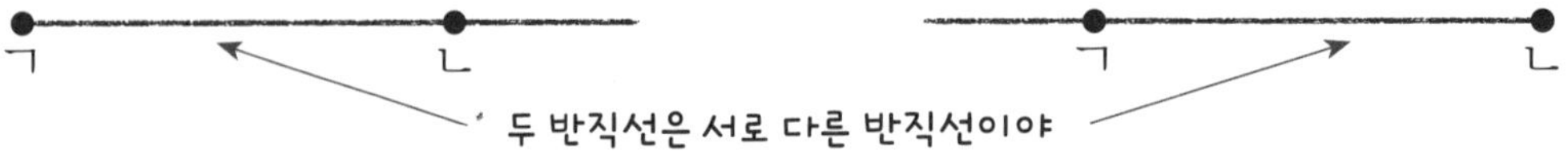

선분을 양쪽으로 끝없이 늘인 곧은 선을 **직선**이라고 합니다.
점 ㄱ과 점 ㄴ을 지나는 직선을 직선 ㄱㄴ 또는 직선 ㄴㄱ이라고 해요.

문제로 개념을 확인해요

표시하기

선분 ○표, 반직선에 △표, 직선에 □표 하세요.

(　　　　　　)

(　　　　　　)

(　　　　　　)

(　　　　　　)

(　　　　　　)

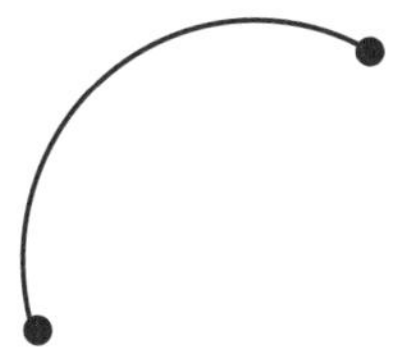

(　　　　　　)

(　　　　　　)

(　　　　　　)

(　　　　　　)

(　　　　　　)

(　　　　　　)

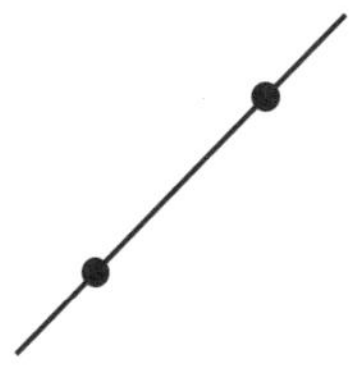

(　　　　　　)

정답 102쪽

문제로 개념을 확인해요

선 잇기

도형을 바르게 읽은 것을 찾아 선으로 이으세요.

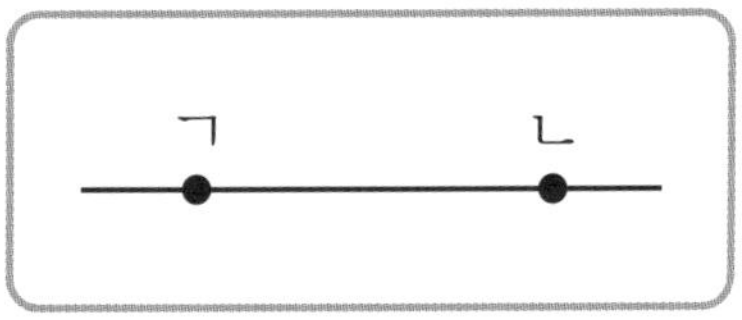

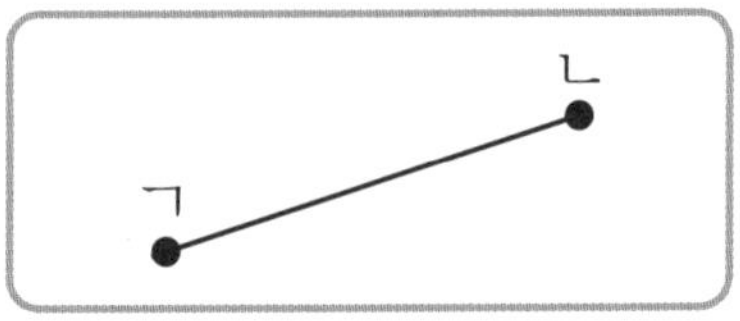

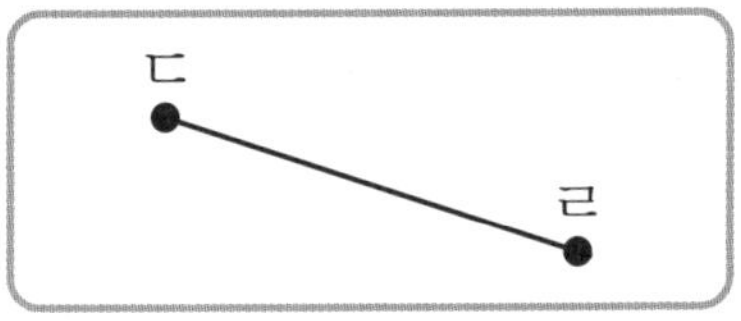

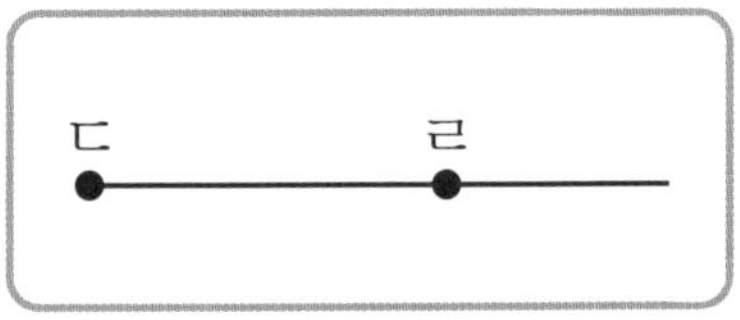

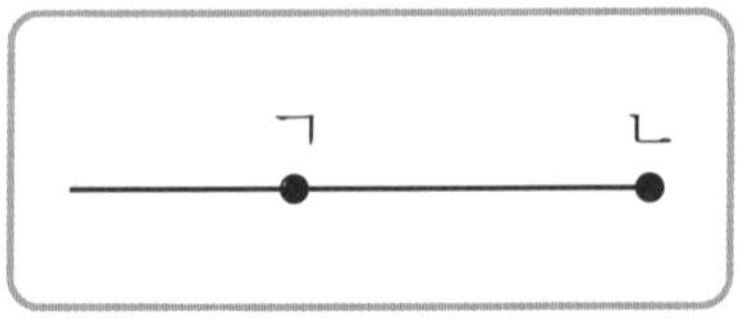

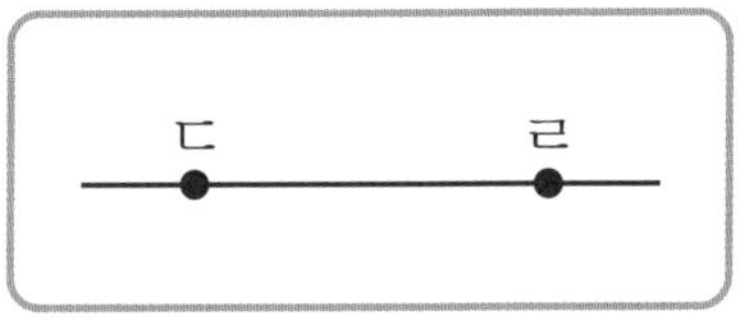

- 선분 ㄱㄴ
- 직선 ㄴㄱ
- 직선 ㄹㄷ
- 반직선 ㄴㄱ
- 선분 ㄷㄹ
- 반직선 ㄷㄹ

정답 102쪽

문제로 개념을 확인해요

그리기

선분, 반직선, 직선을 그어 보세요.

직선 ㄱㄴ	선분 ㄷㄹ	선분 ㅁㄷ	선분 ㅅㅂ
선분 ㅂㅇ	반직선 ㅍㅌ	반직선 ㅍㅎ	선분 ㅋㅈ

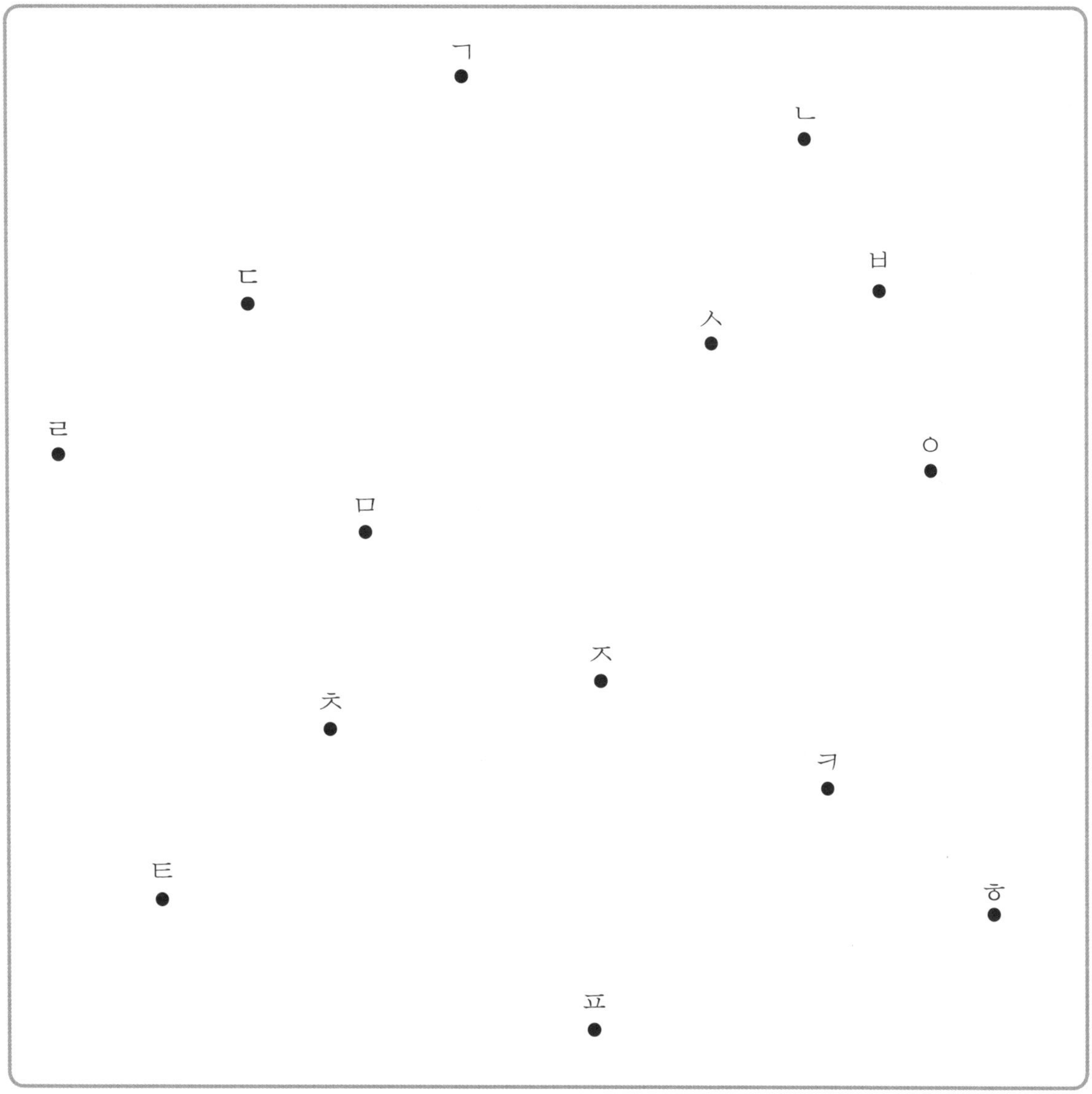

정답 102쪽

교과서 개념을 배워요

02 각, 직각

학습목표
- 각의 구성 요소를 알고, 각과 직각을 그릴 수 있어요.
- 생활 주변에서 직각을 찾을 수 있어요.

각의 꼭짓점이
가운데 오도록 읽어.

한 점에서 그은 두 반직선으로 이루어진 도형을 각이라고 해요.

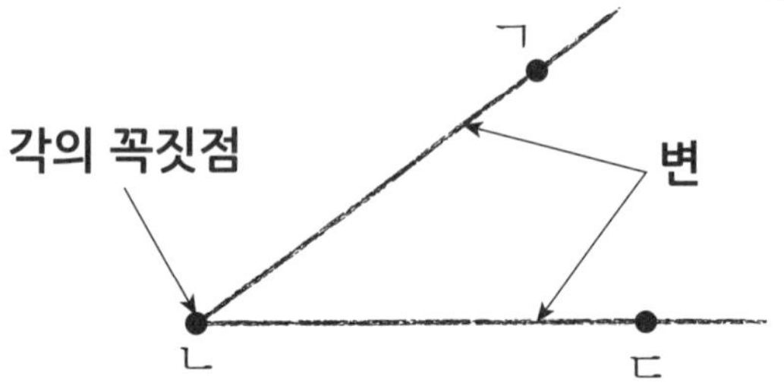

반직선 ㄴㄱ과 반직선 ㄴㄷ을 각의 **변**이라 하고, 이 변을 변 ㄴㄱ과 변 ㄴㄷ이라고 합니다.

읽기 각 ㄱㄴㄷ 또는 각 ㄷㄴㄱ

그림과 같이 종이를 두 번 접어 만든 각을 본 떠 그려 보면 곧은 선 2개로 이루어진 각이 생깁니다.

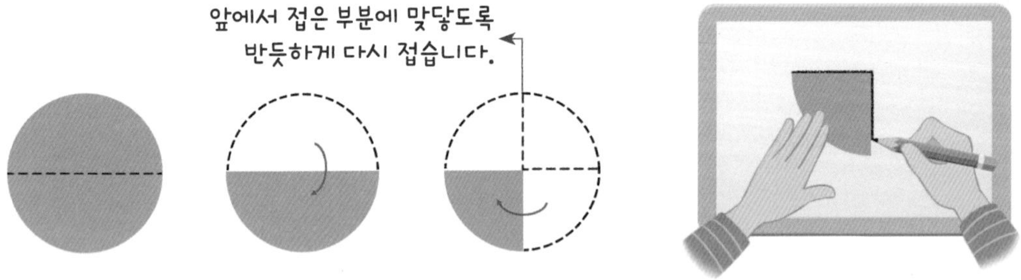

이렇게 종이를 반듯하게 두 번 접었을 때 생기는 각을 **직각**이라고 합니다.

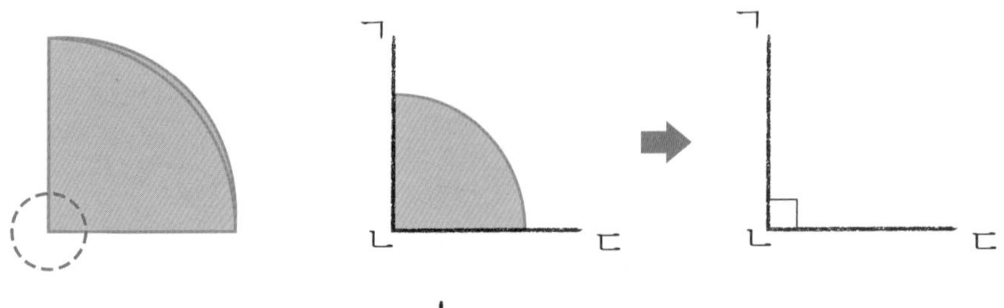

직각을 나타낼 때에는 꼭짓점에 ⌞ 표시로 나타냅니다.

문제로 개념을 확인해요

표시하기

알맞게 표시하세요.

❶ 각에 ○표 하세요.

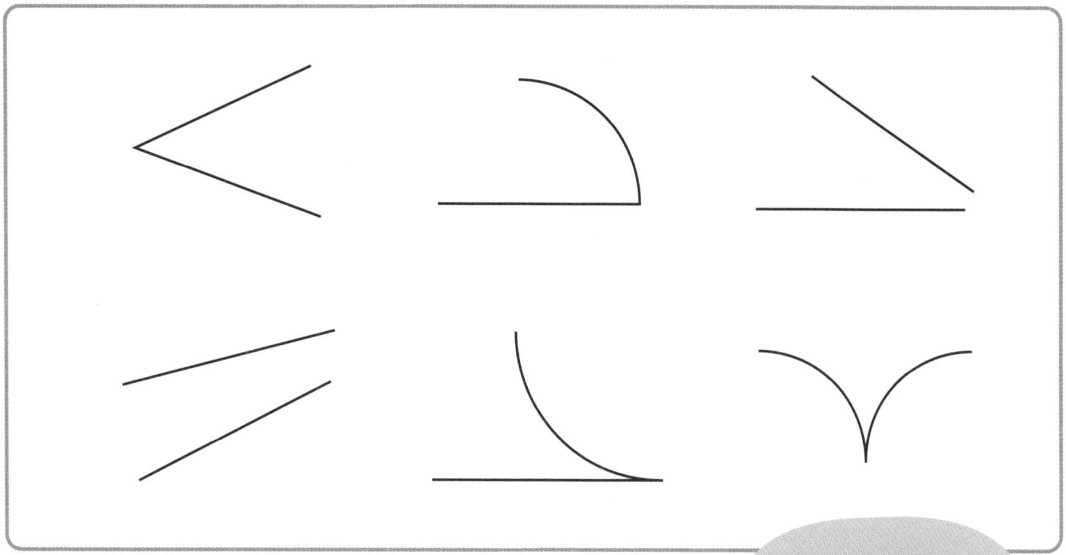

각은 두 반직선이
한 점에서 만나서
생기는 도형이야.

❷ 직각에 ⌞ 로 표시하세요.

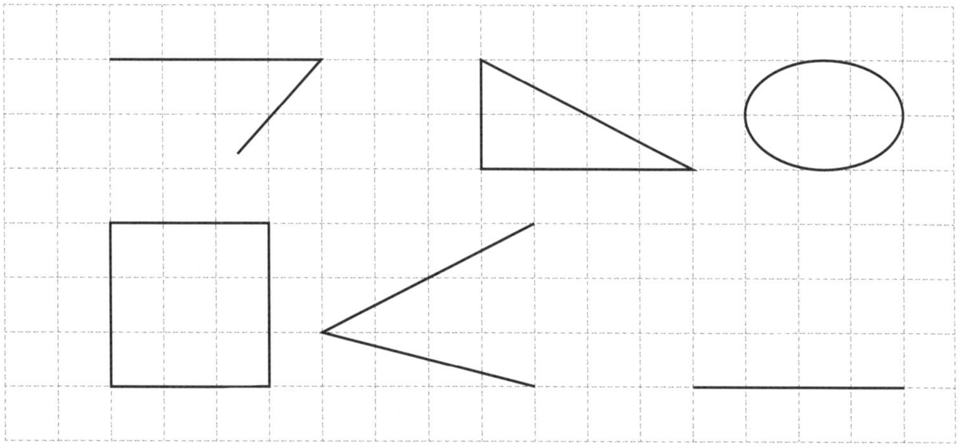

정답 102쪽

문제로 개념을 확인해요

쓰기

모두 몇 개인지 쓰세요.

❶ 각이 모두 몇 개인지 쓰세요.

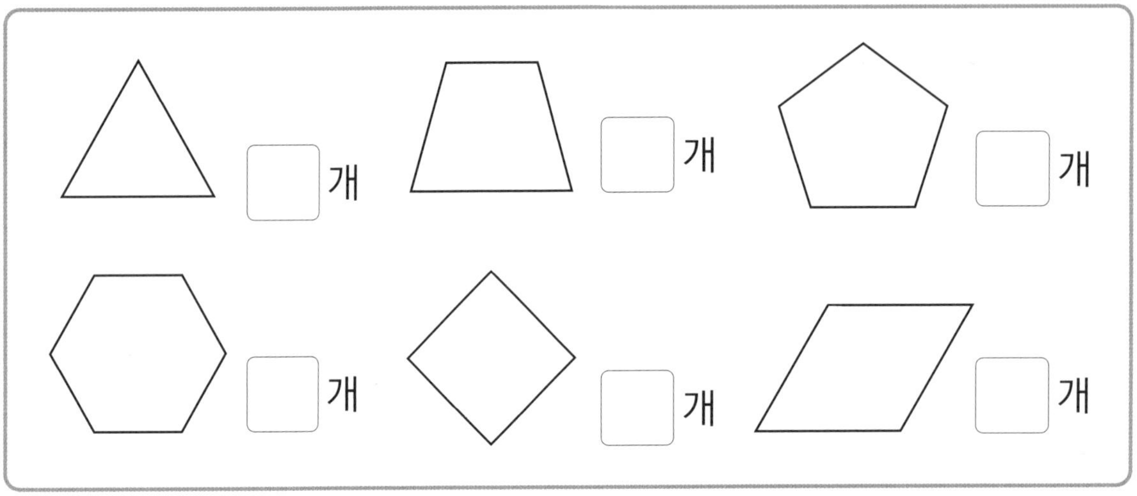

❷ 직각이 모두 몇 개인지 쓰세요.

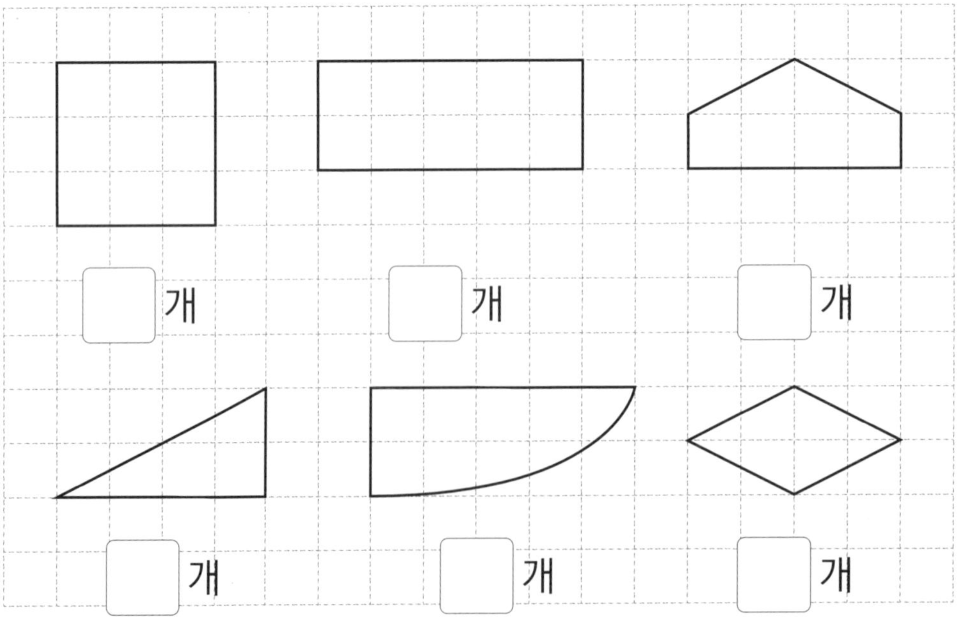

정답 102쪽

문제로 개념을 확인해요

그리기 각을 그려 보세요.

❶ 각을 그려 보세요.

각 ㄱㄴㄷ　　각 ㅁㅂㅅ　　각 ㅇㅈㅊ　　각 ㅋㅌㅍ

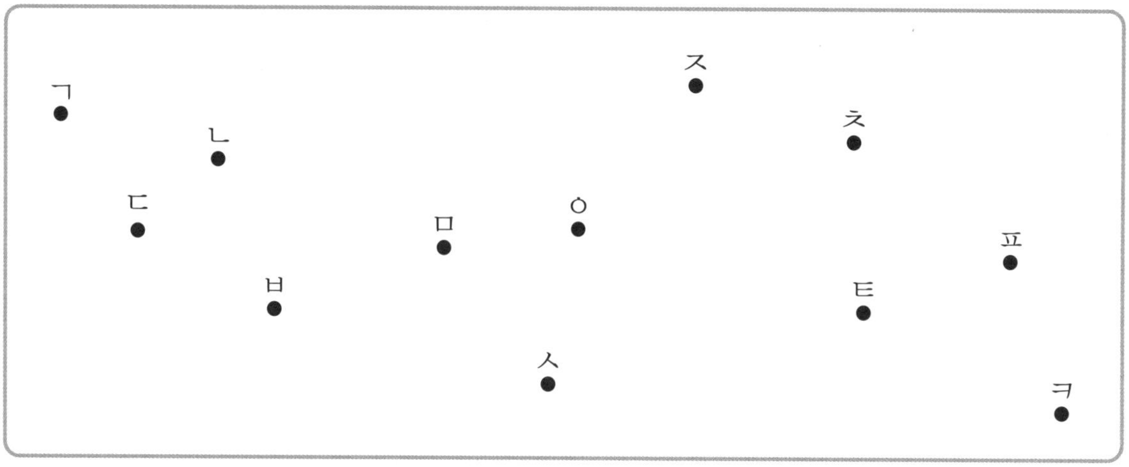

❷ 직각 ㄱㄴㄷ을 그려 보세요.

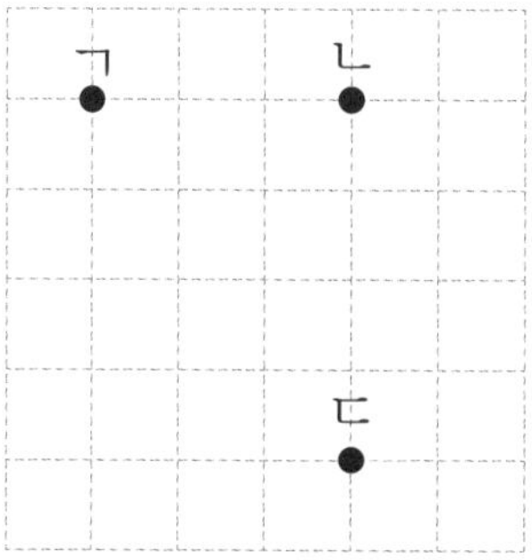

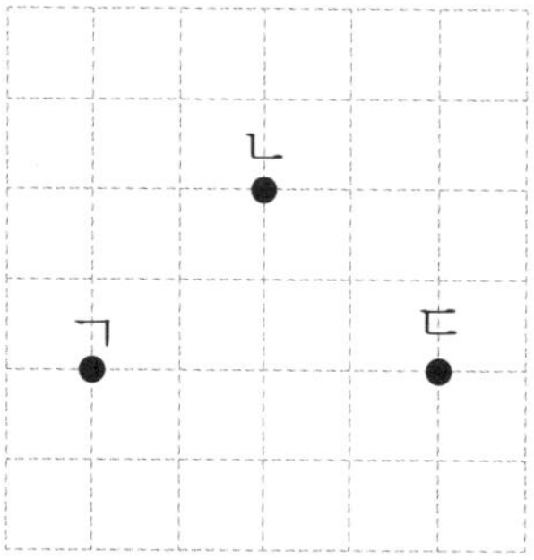

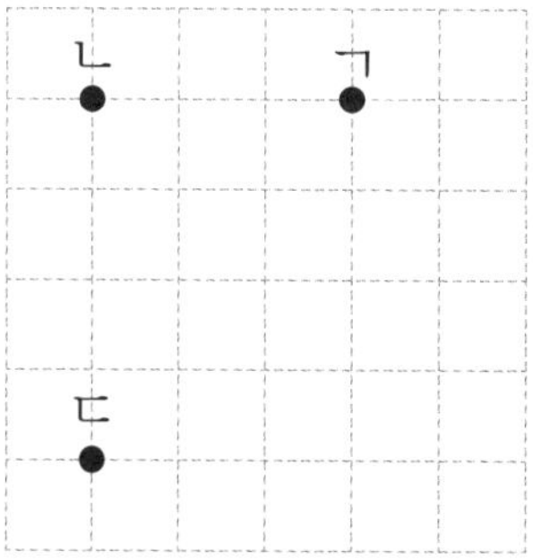

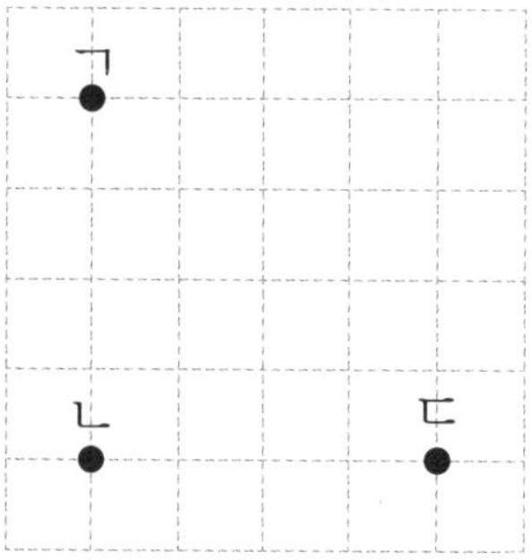

교 과 서 개 념 을 배 워 요

03 직각삼각형

학습목표
- 직각삼각형을 알고, 직각삼각형을 그릴 수 있어요.
- 생활 주변에서 직각삼각형을 찾을 수 있어요.

가, 다, 라는
직각삼각형이야.

한 각이 직각인 삼각형을 직각삼각형이라고 해요.

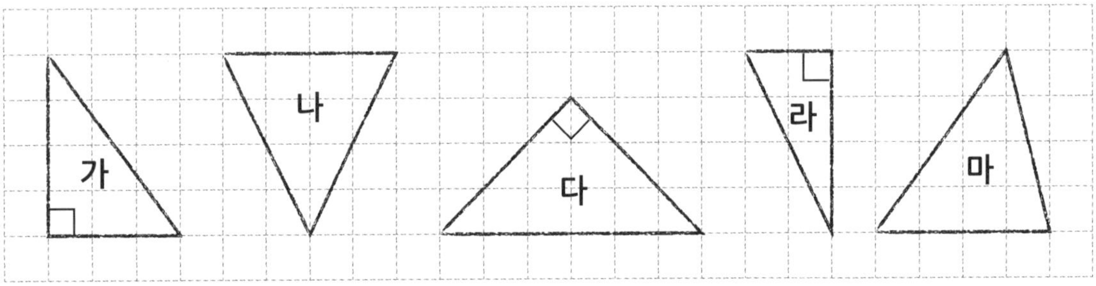
가
나
다
라
마

직각이 없는 삼각형	직각이 있는 삼각형
나, 마	가, 다, 라

개념 문제

직각삼각형을 찾아 ○표 하세요.

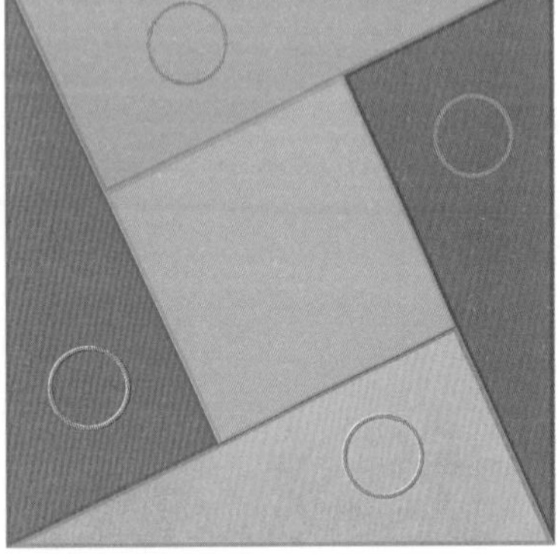

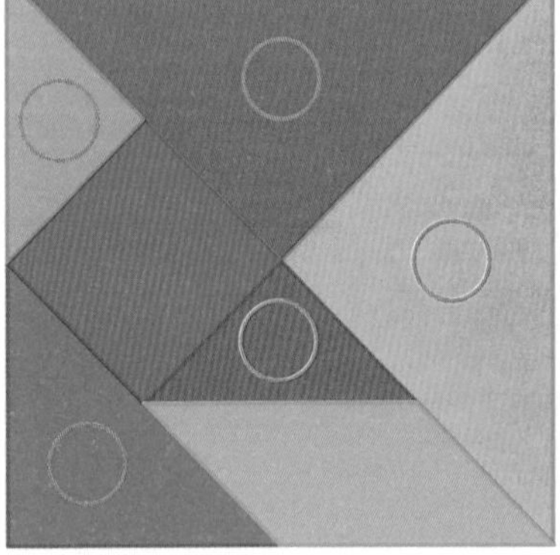

먼저 삼각형을 찾고,
직각을 가지고 있는지
확인해 봐!

문제로 개념을 확인해요

쓰기

직각삼각형을 찾아 기호를 쓰세요.

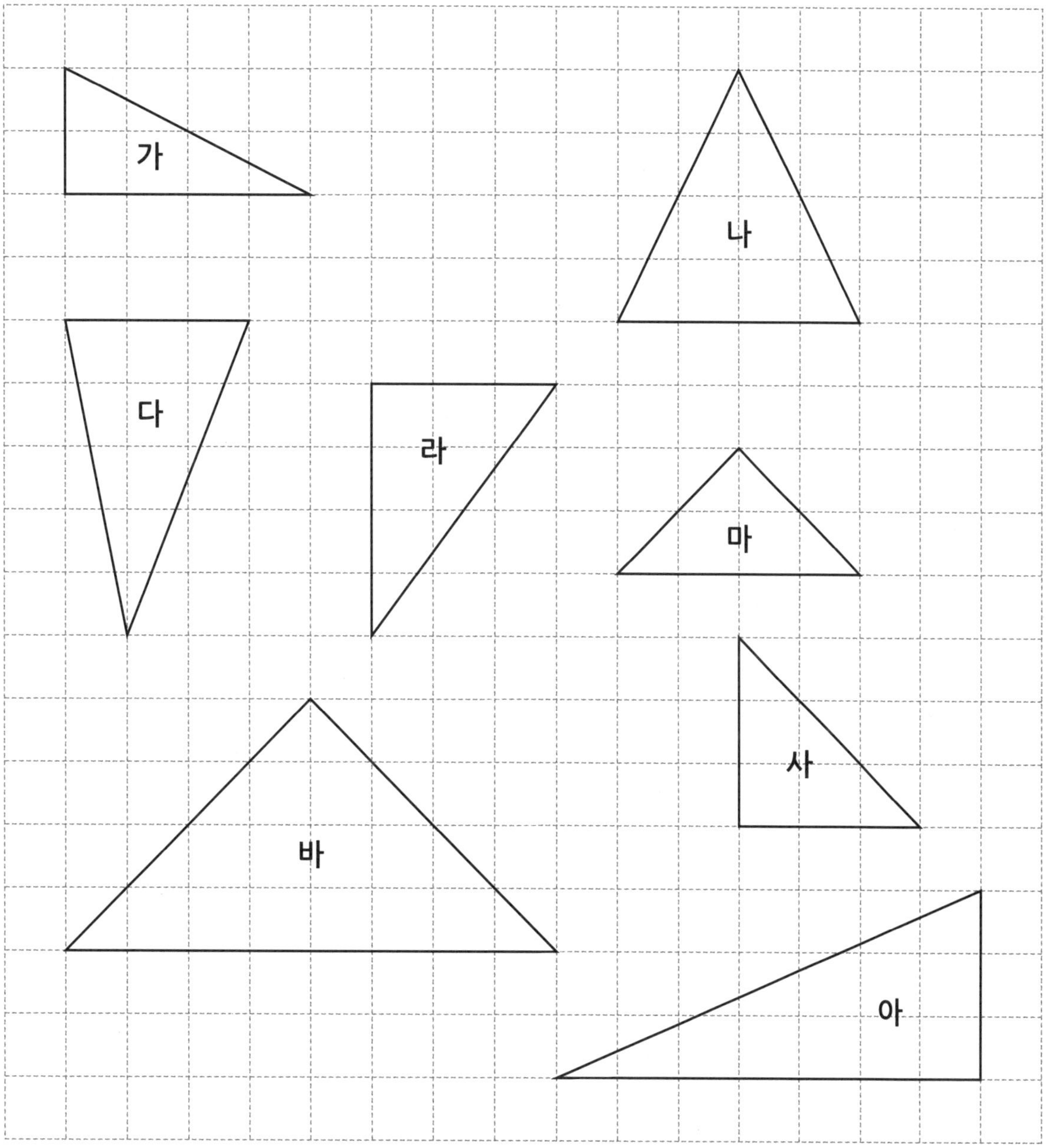

(   )

문제로 개념을 확인해요

그리기

점 종이에 주어진 선분을 한 변으로 하는 직각삼각형을 그리세요.

먼저 직각 부분을
그려 보자!

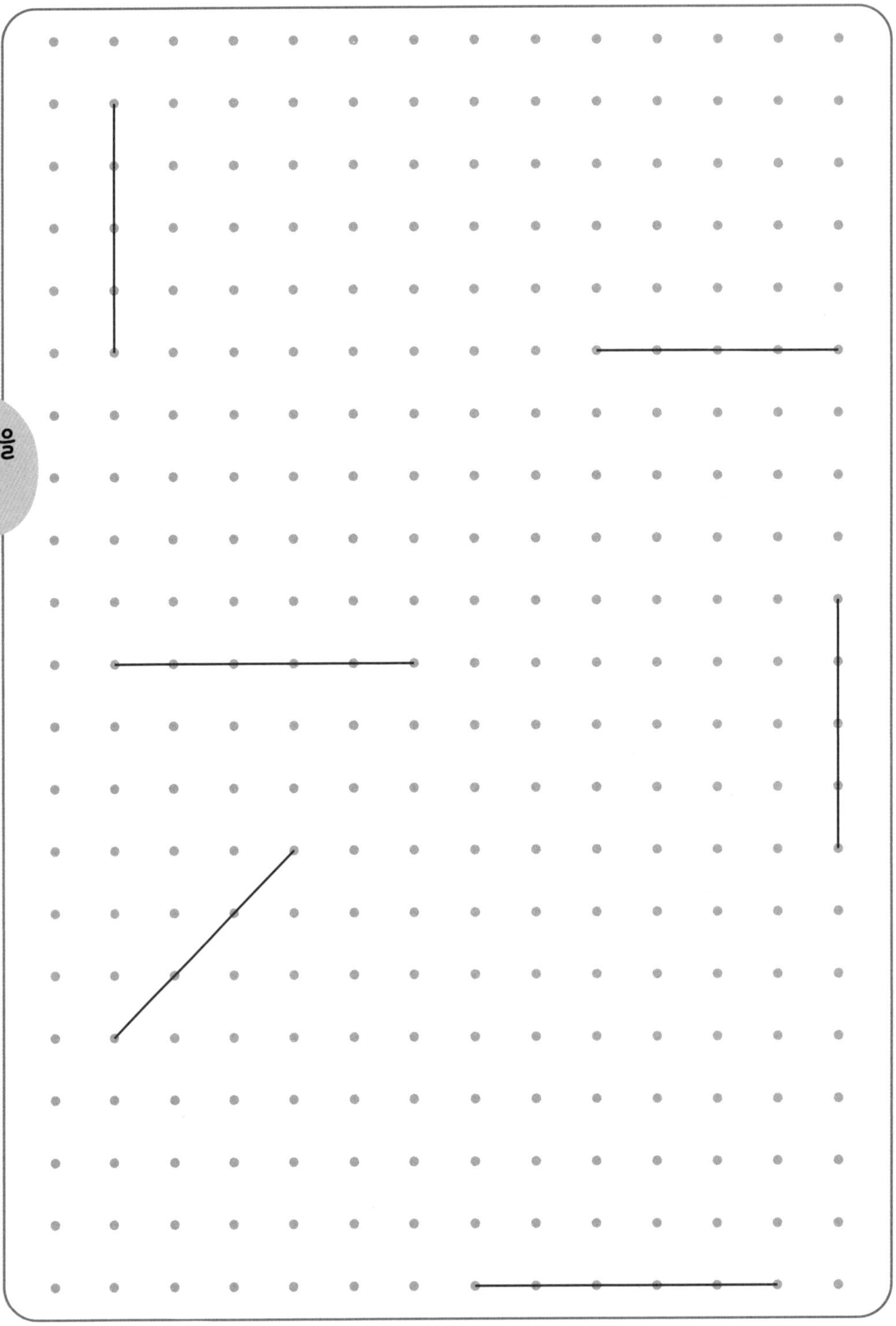

정답 102쪽

문제로 개념을 확인해요

쓰기

삼각형 ㄱㄴㄷ의 꼭짓점 ㄱ을 옮겨 직각삼각형을 만들려고 합니다. 어느 점으로 옮겨야 할지 번호를 쓰세요.

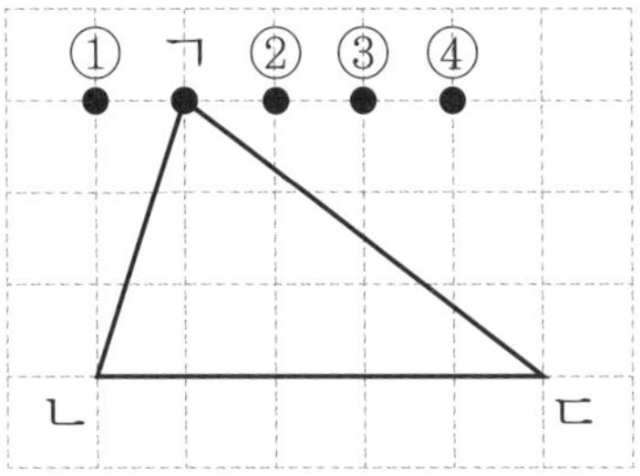

(　　　　　)

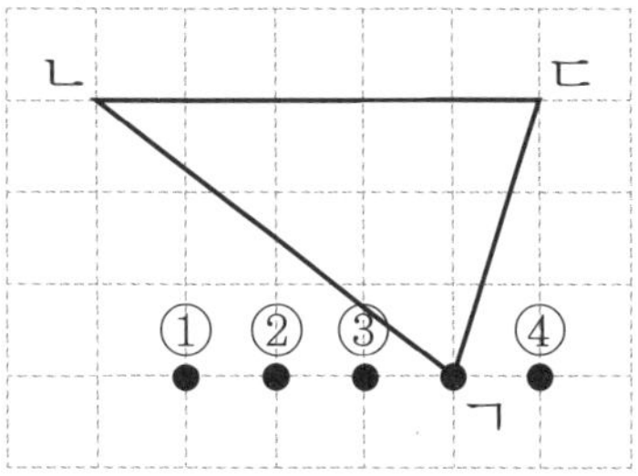

(　　　　　)

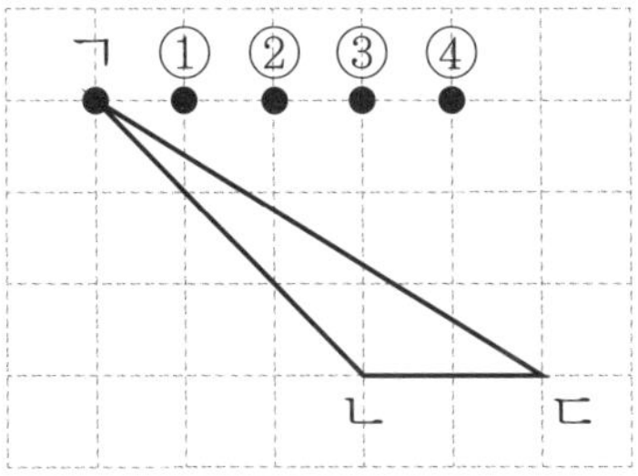

(　　　　　)

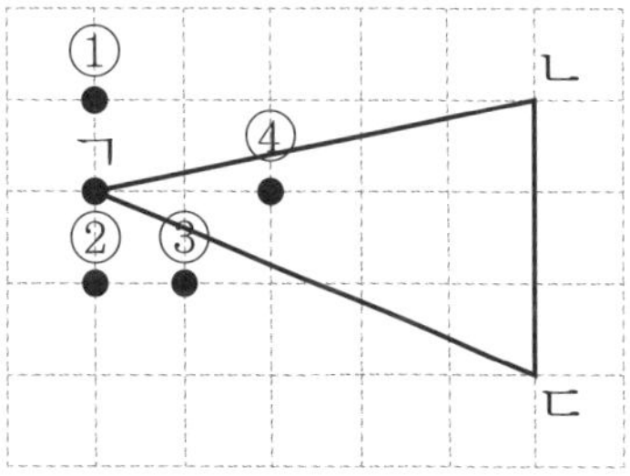

(　　　　　)

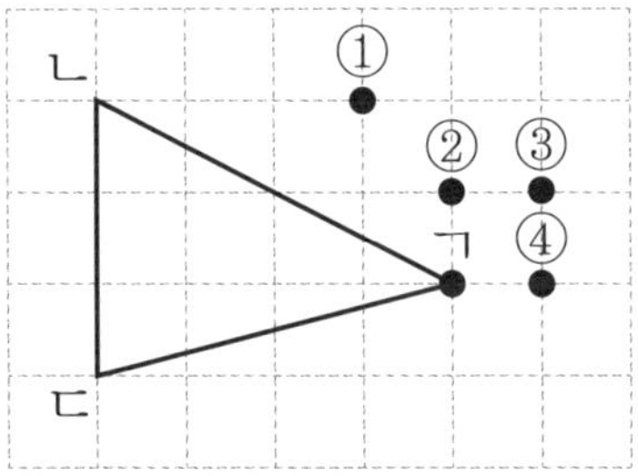

(　　　　　)

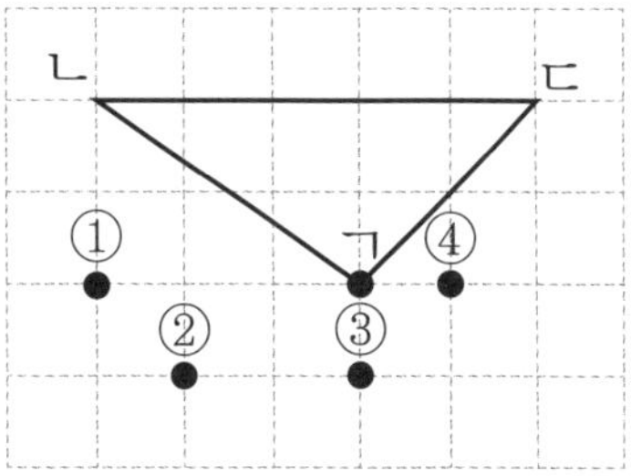

(　　　　　)

교과서 개념을 배워요

04 직사각형, 정사각형

학습목표
- 직사각형과 정사각형을 알고 그릴 수 있어요.
- 생활 주변에서 직사각형과 정사각형을 찾을 수 있어요.

네 각이 모두 직각인 사각형을 직사각형이라고 해요.

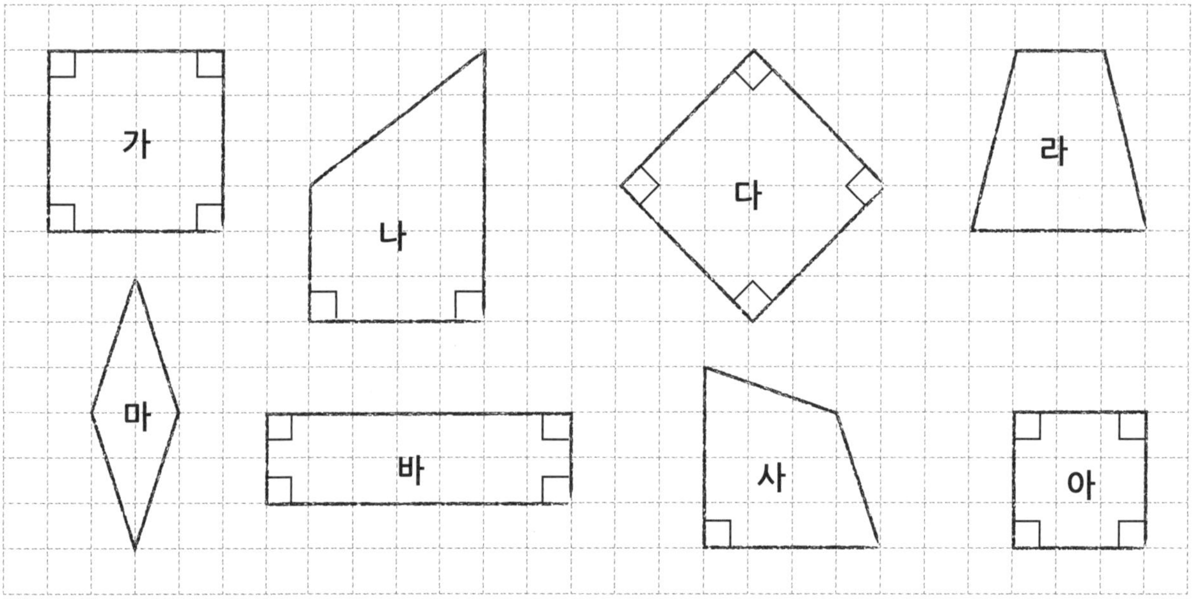

직각의 수	없음	1개	2개	3개	4개
기호	라, 마	사	나	없음	가, 다, 바, 아

네 각이 모두 직각이고 네 변의 길이가 모두 같은 사각형을 **정사각형**이라고 합니다.

정사각형과 직사각형의 관계

- 정사각형은 네 각이 모두 직각이므로 직사각형이라고 할 수 있어요.
- 직사각형은 네 변의 길이가 모두 같지 않을 수 있어서 정사각형이라고 할 수 없어요.

문제로 개념을 확인해요

표시하기

알맞은 도형에 ○표 하세요.

❶ 직사각형을 찾아 ○표 보세요.

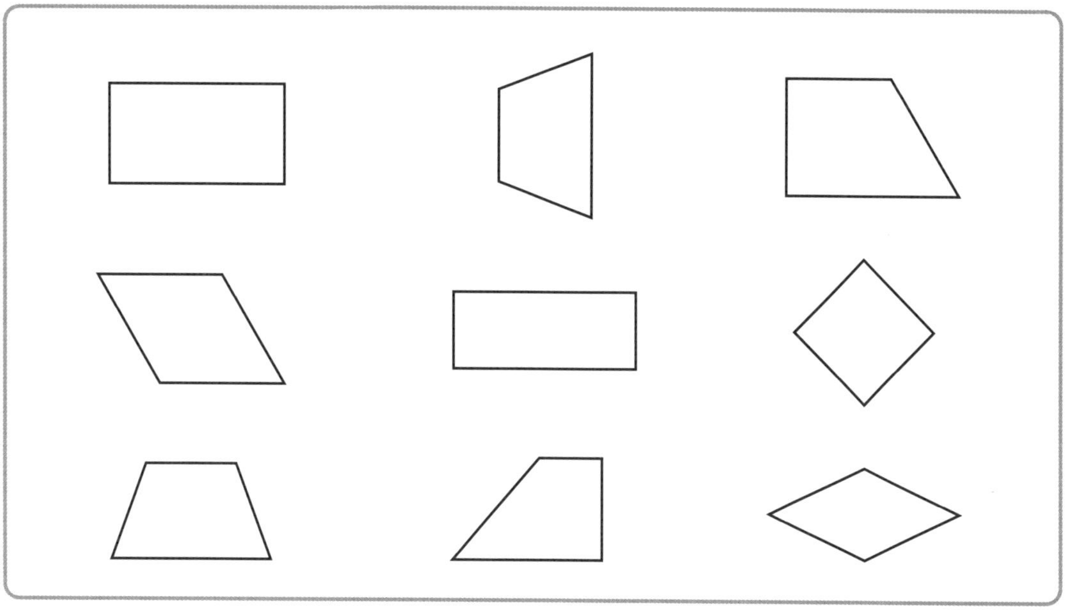

직사각형 중에서
네 변의 길이가 모두
같은 것을 찾아봐!

❷ 정사각형을 찾아 ○표 하세요.

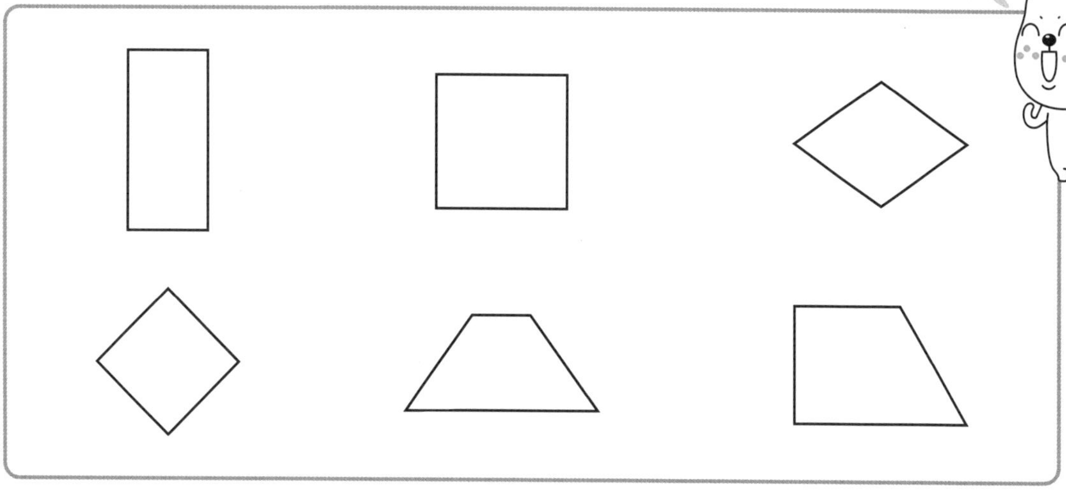

정답 103쪽

문제로 개념을 확인해요

그리기

점 종이에 주어진 선분을 한 변으로 하는 도형을 그리세요.

직사각형

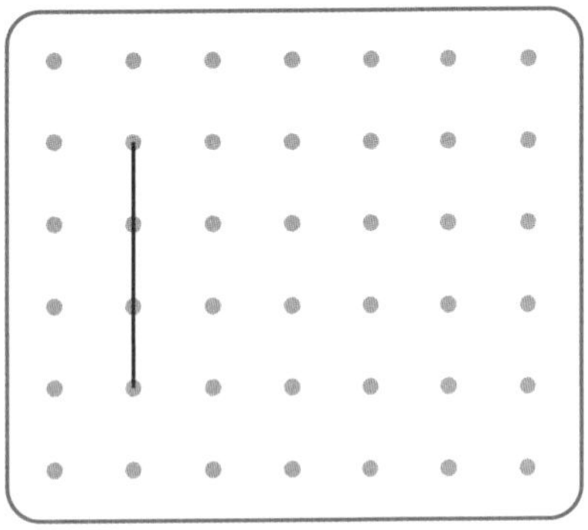

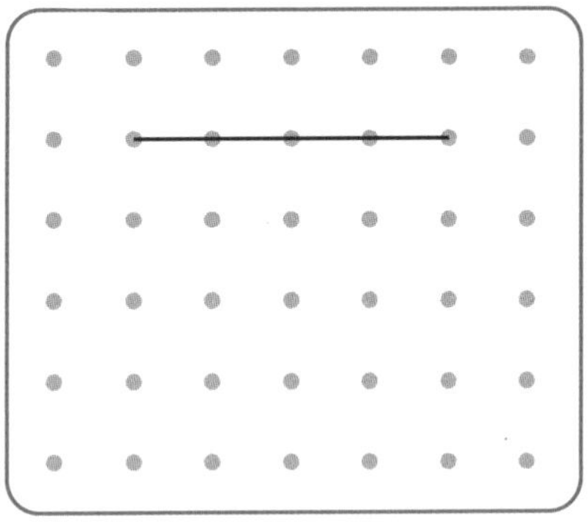

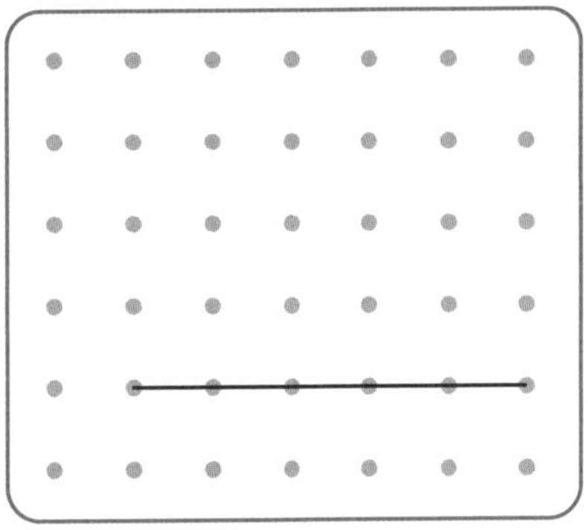

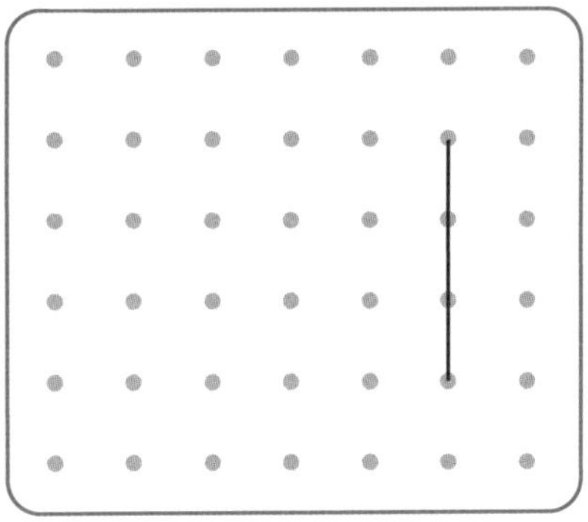

정사각형

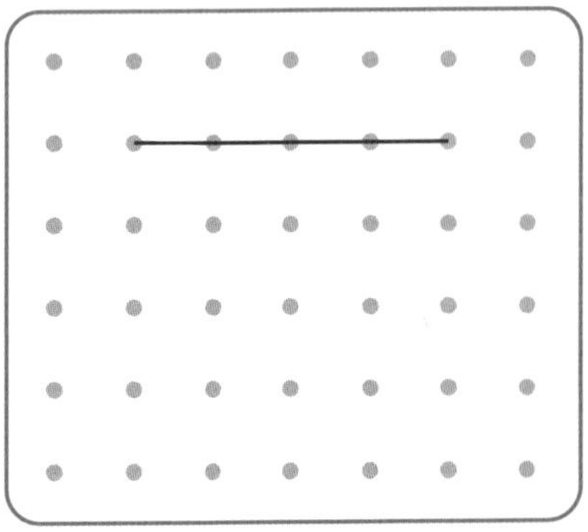

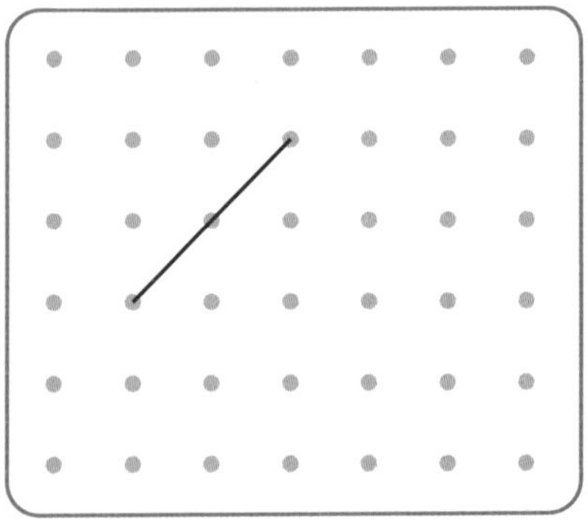

문제로 개념을 확인해요

쓰기

그림에서 찾을 수 있는 크고 작은 도형은 모두 몇 개인지 쓰세요.

직사각형

정사각형은 직사각형이라고 할 수 있어.

☐개

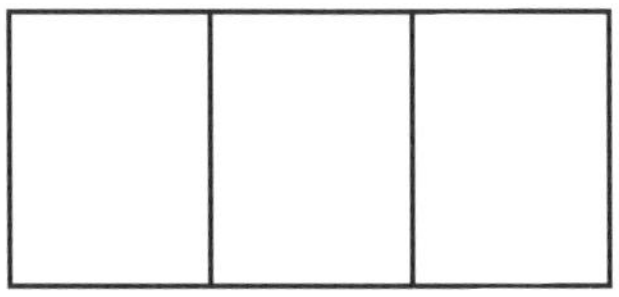

☐개

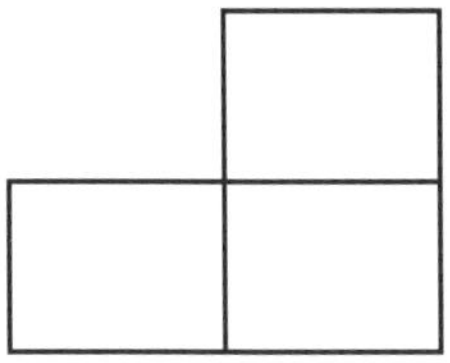

☐개

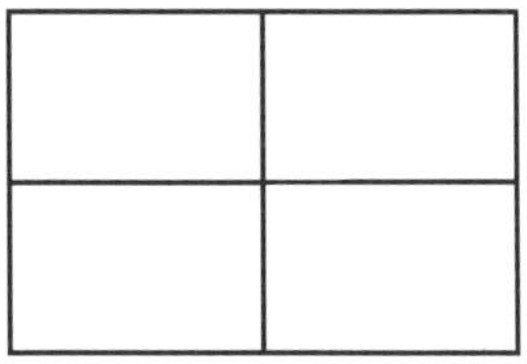

☐개

정사각형

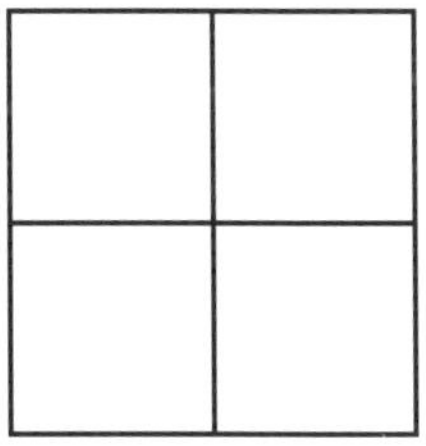

☐개

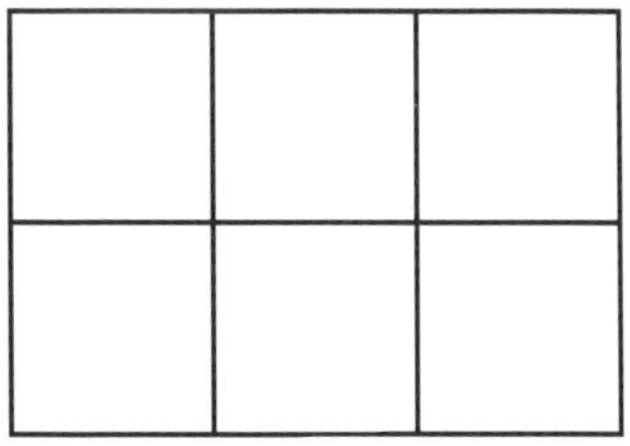

☐개

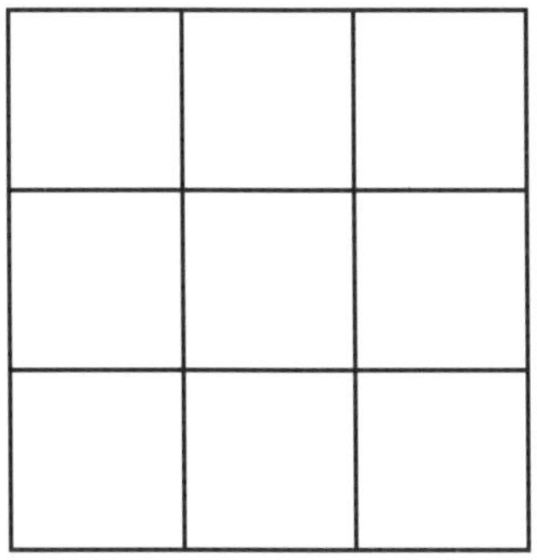

☐개

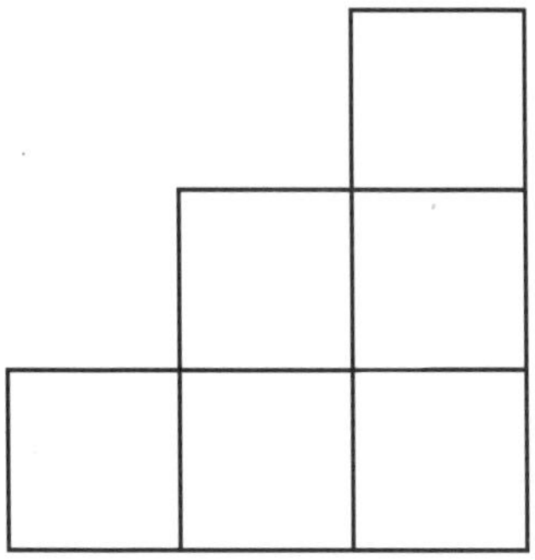

☐개

교 과 서 개 념 을 배 워 요

05 원의 중심, 반지름, 지름

학습목표
- 원의 중심, 반지름, 지름을 알 수 있어요.
- 원의 반지름의 성질을 알 수 있어요.

누름 못과 띠 종이를 이용해서 원을 그릴 수 있어요. 누름 못이 꽂힌 점에서 원 위의 한 점까지의 길이는 모두 같아요.

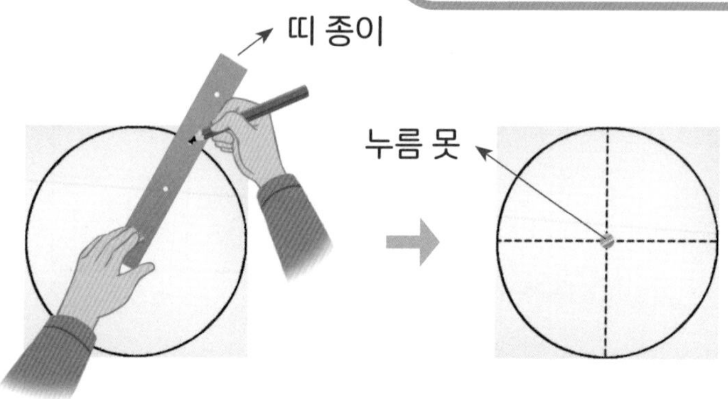

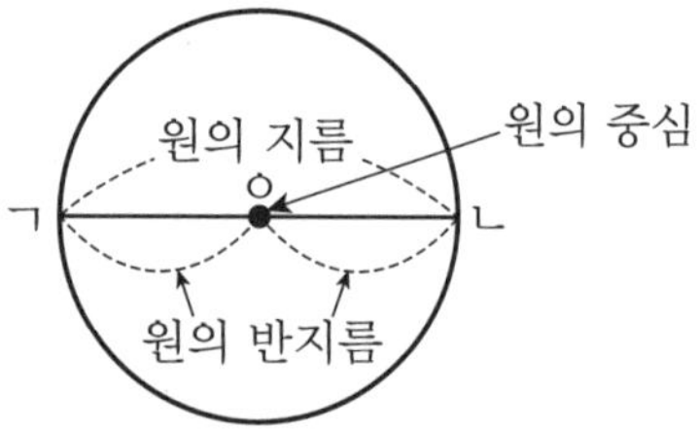

- **원의 중심**: 원을 그릴 때에 누름 못이 꽂혔던 점 ㅇ
- **원의 반지름**: 원의 중심 ㅇ과 원 위의 한 점을 이은 선분
- **원의 지름**: 원 위의 두 점을 이은 선분 중 원의 중심 ㅇ을 지나는 선분

개념 문제 자로 점을 찍어 원을 그렸습니다. 알맞은 말에 ○표 하세요.

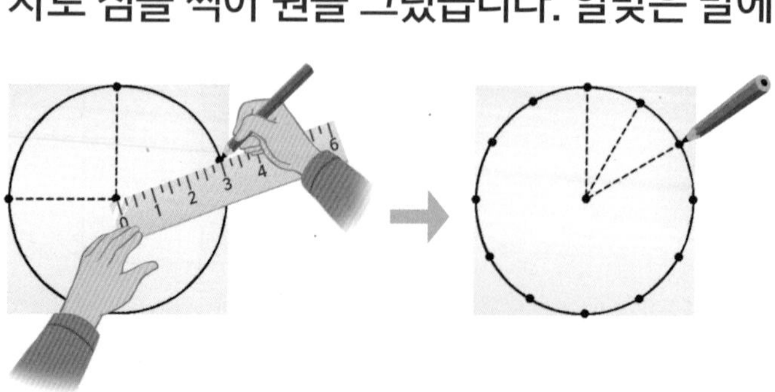

원을 좀 더 정확하게 그리려면 점의 정확한 위치를 정하여 점을 더 (적게 , 많이) 표시합니다.

문제로 개념을 확인해요

쓰기

□ 안에 알맞은 말을 써넣으세요.

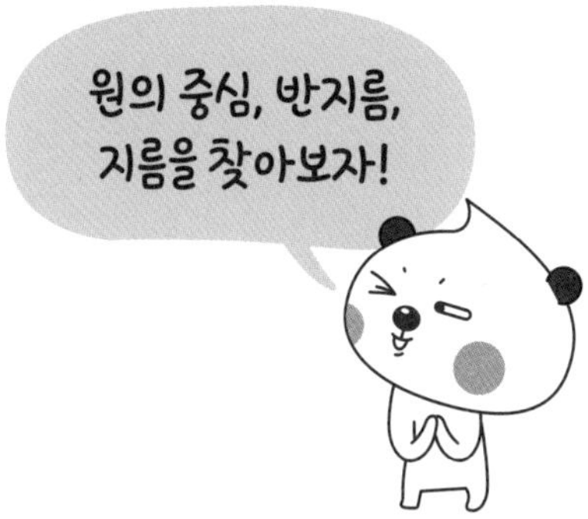
원의 중심, 반지름,
지름을 찾아보자!

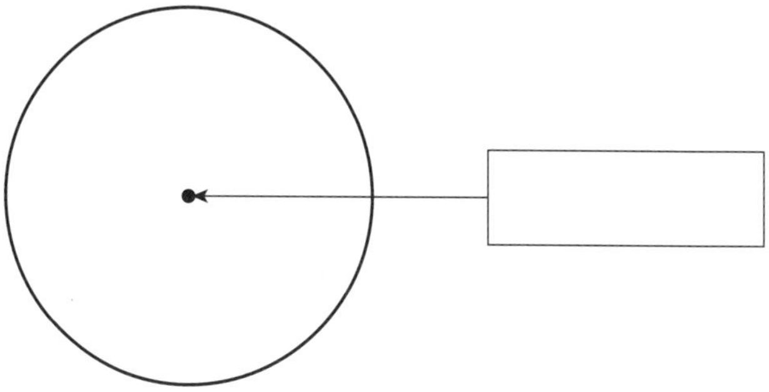

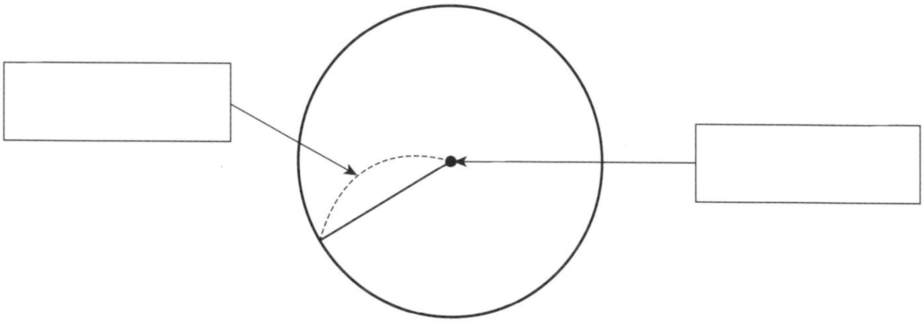

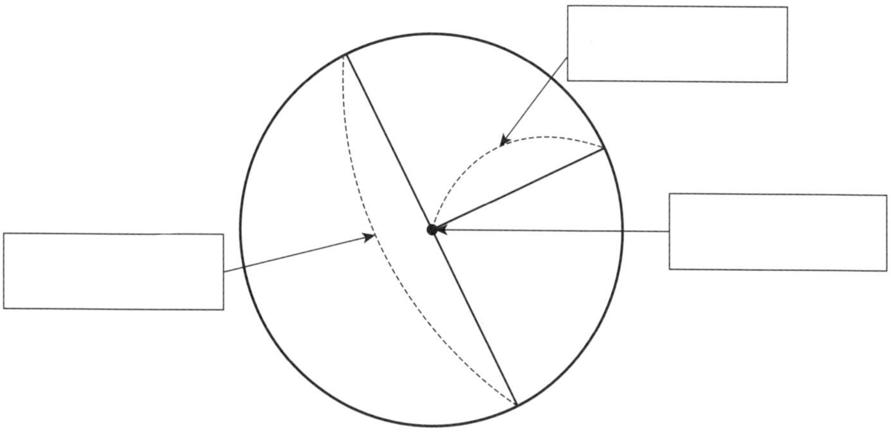

정답 103쪽

문제로 개념을 확인해요

쓰기

그림을 보고 몇 cm인지 쓰세요.

원의 반지름

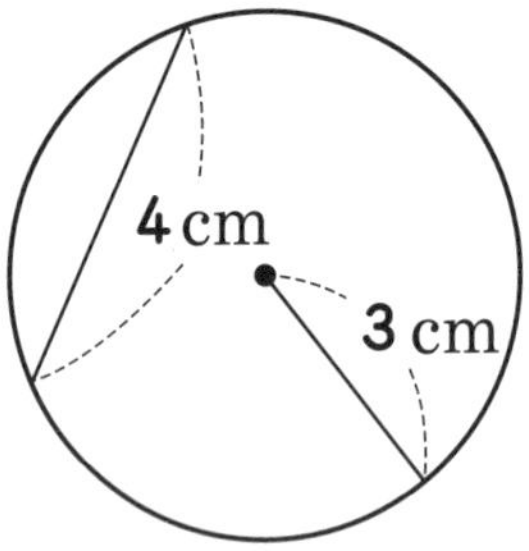

□ cm

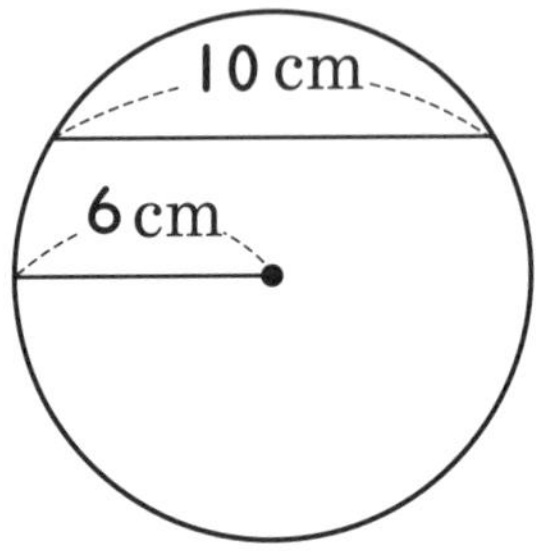

□ cm

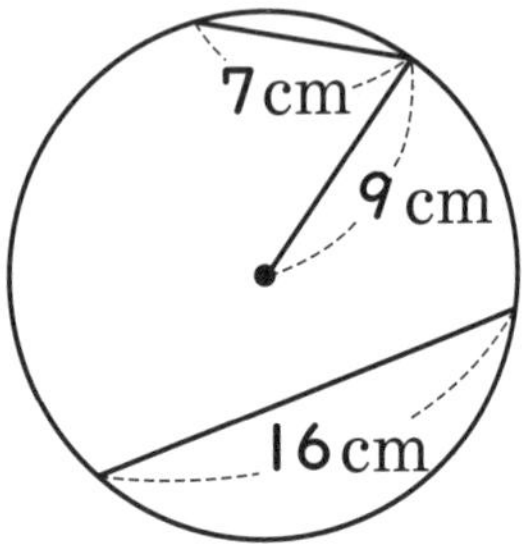

□ cm

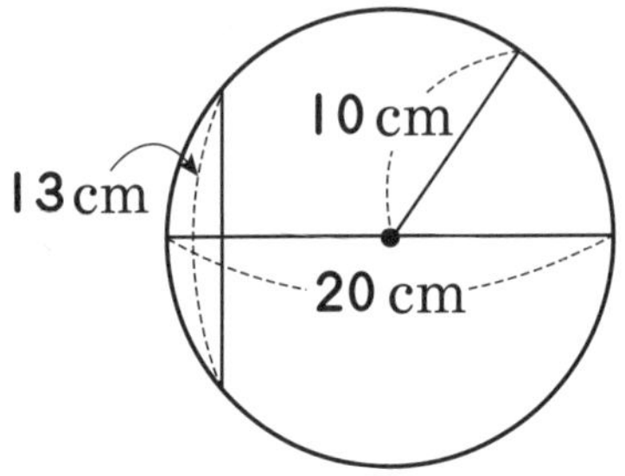

□ cm

원의 지름

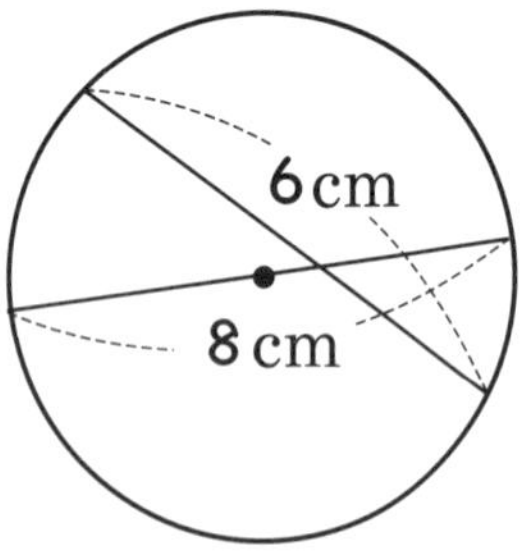

□ cm

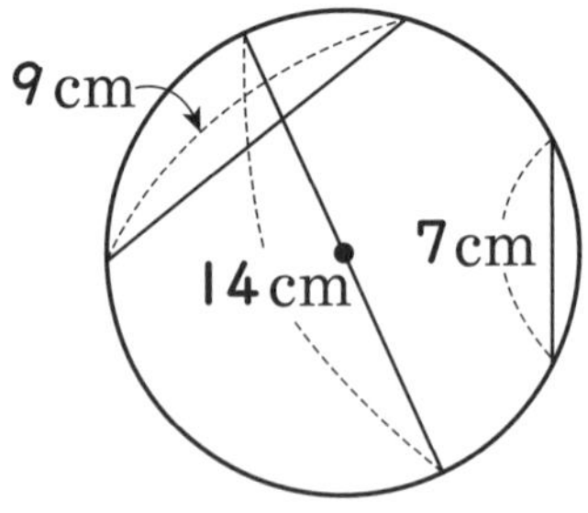

□ cm

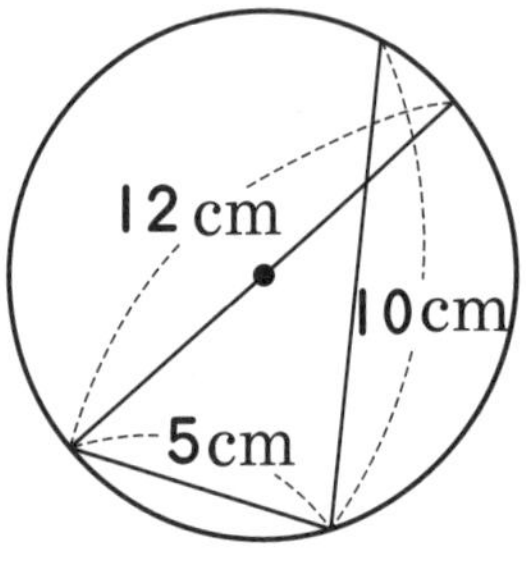

□ cm

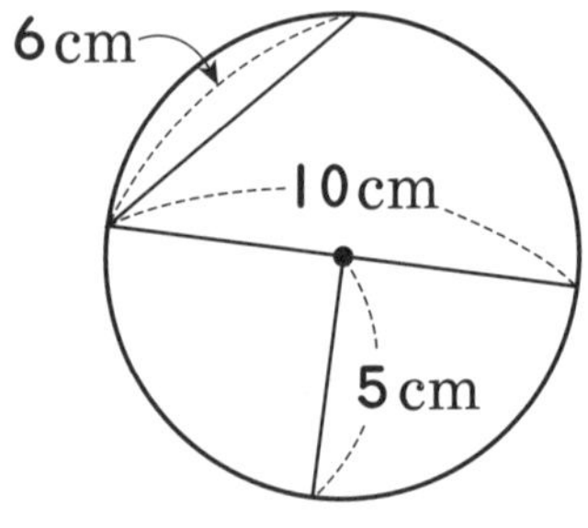

□ cm

문제로 개념을 확인해요

그리기

다음을 그리세요.

원의 반지름

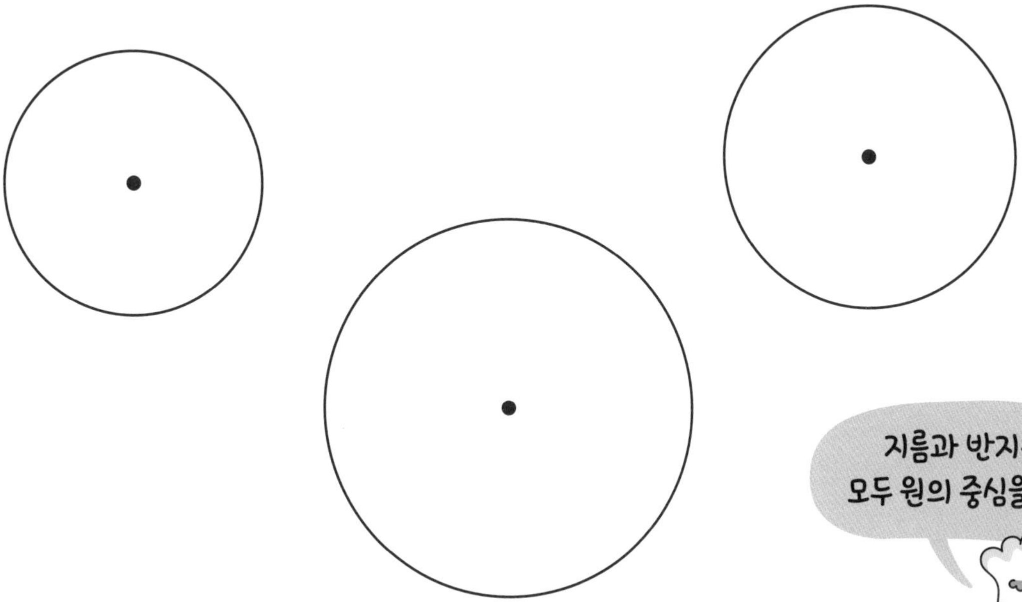

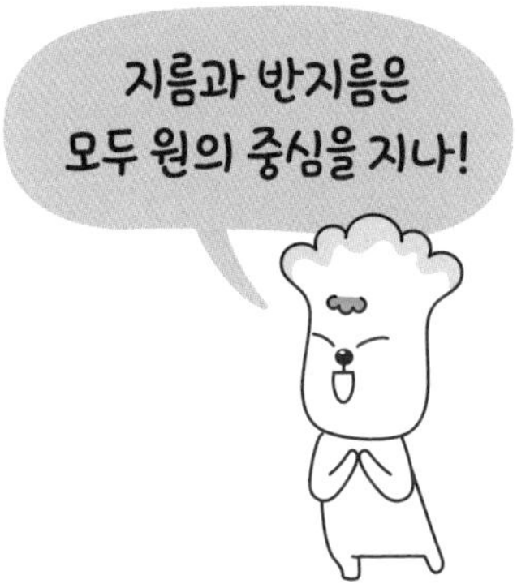
지름과 반지름은
모두 원의 중심을 지나!

원의 지름

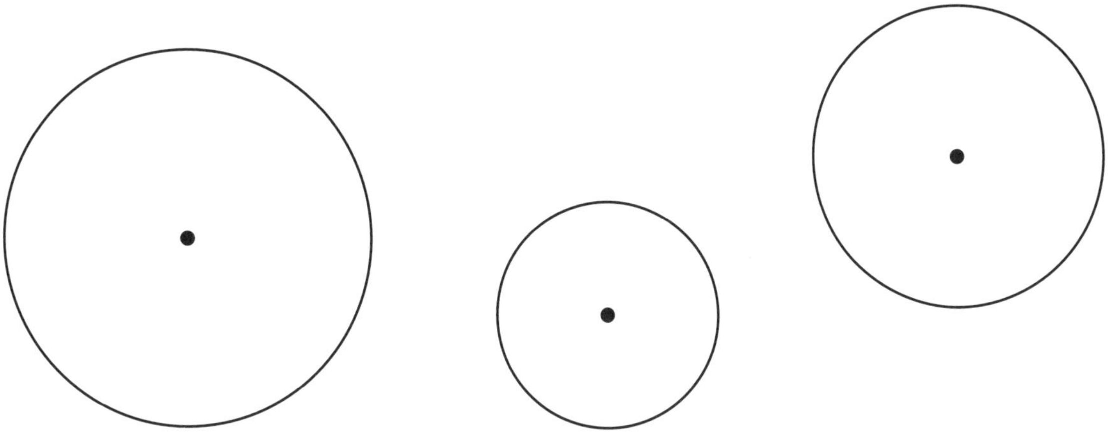

교과서 개념을 배워요

06 원의 성질, 원의 지름과 반지름의 관계

학습목표
- 지름의 성질을 알 수 있어요.
- 지름과 반지름의 관계를 알 수 있어요.

지름이나 반지름 둘 중 하나를 알면 나머지 길이도 알 수 있겠네!

성질 1: 지름은 원을 똑같이 둘로 나눕니다.

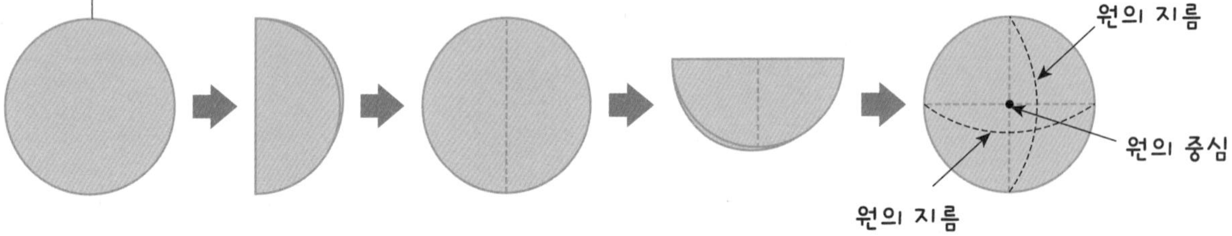

원모양 종이를 둘로 똑같이 나누어지도록 접었다 폅니다.
원의 지름
원의 중심
원의 지름

성질 2: 지름은 원 안에 그을 수 있는 가장 긴 선분입니다.

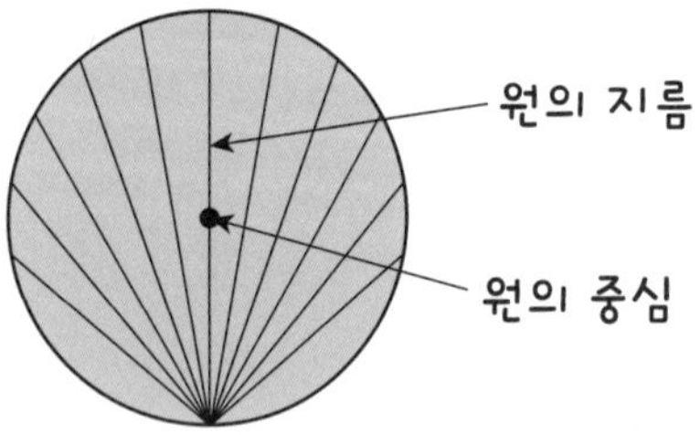

원의 지름
원의 중심

한 원에서 지름은 반지름의 2배입니다.

성질 3: 지름은 무수히 많이 그을 수 있습니다.

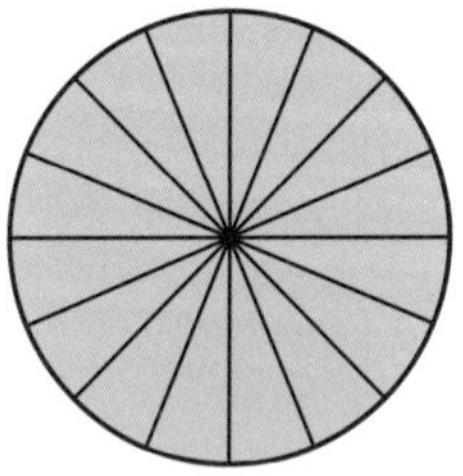

(원의 지름)=(원의 반지름)×2

개념 문제 □ 안에 알맞는 말을 써넣으세요.

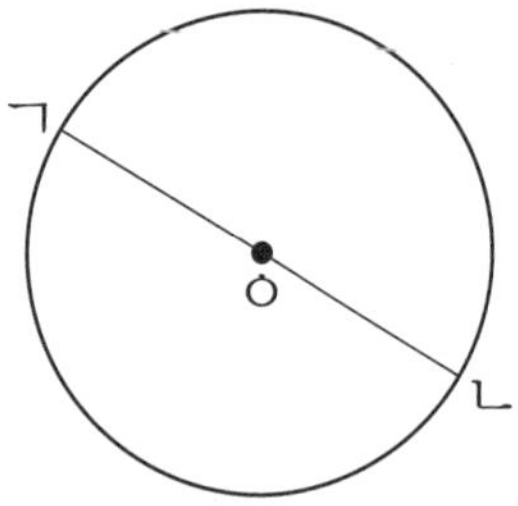

ㄱ
ㅇ
ㄴ

원의 중심을 지나는 선분 ㄱㄴ을

원의 [지름] (이)라 하고 원의 [지름] 은/는

원을 똑같이 둘로 나눕니다.

문제로 개념을 확인해요

쓰기

ㄱ, ㄴ, ㄷ의 길이를 각각 재어 보세요.

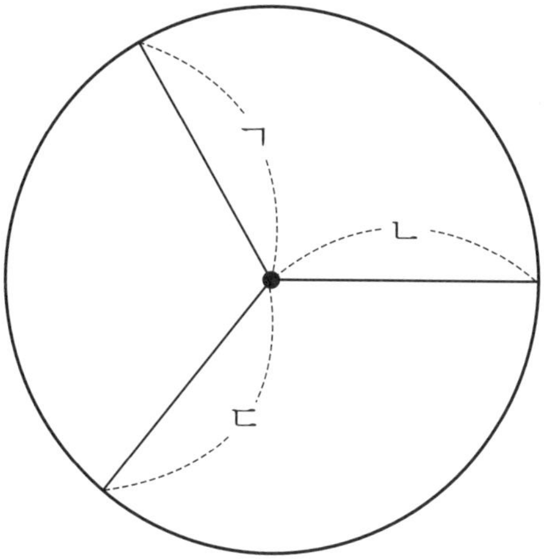

ㄱ ☐ cm

ㄴ ☐ cm

ㄷ ☐ cm

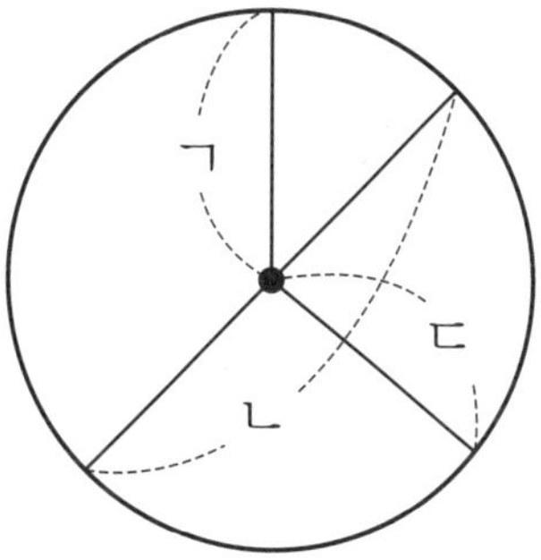

ㄱ ☐ cm

ㄴ ☐ cm

ㄷ ☐ cm

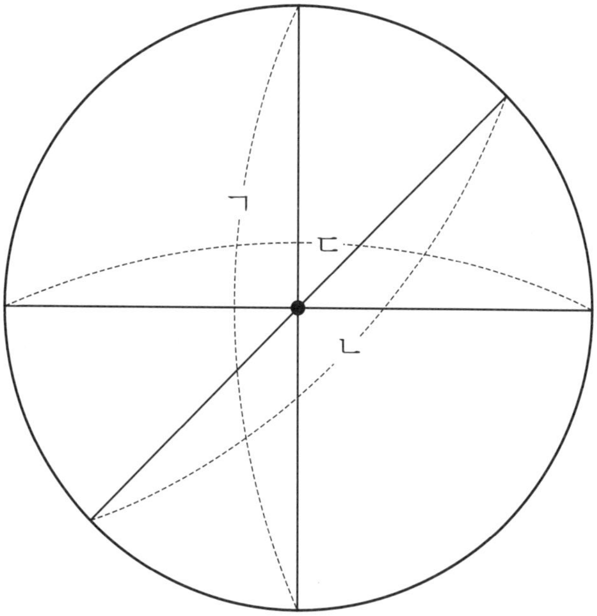

ㄱ ☐ cm

ㄴ ☐ cm

ㄷ ☐ cm

문제로 개념을 확인해요

쓰기

□ 안에 알맞은 수를 써넣으세요.

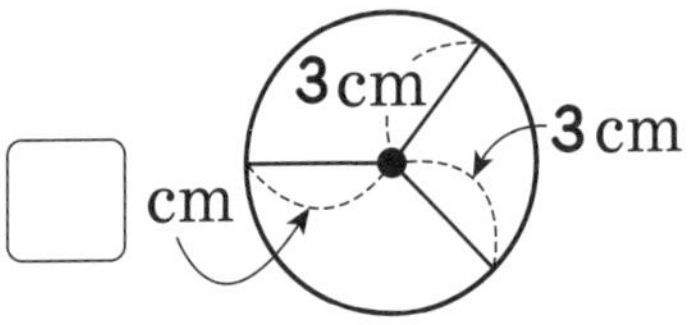

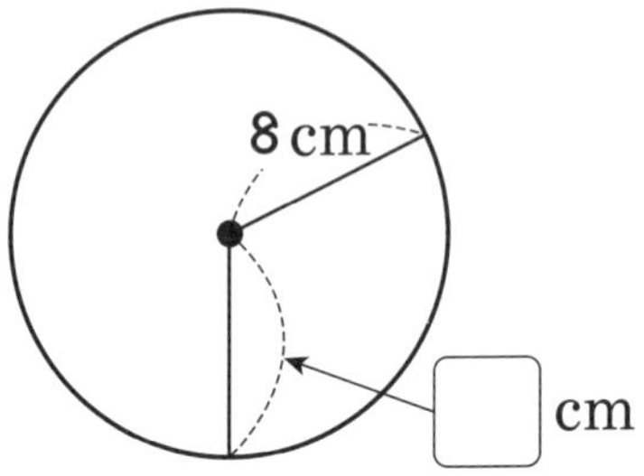

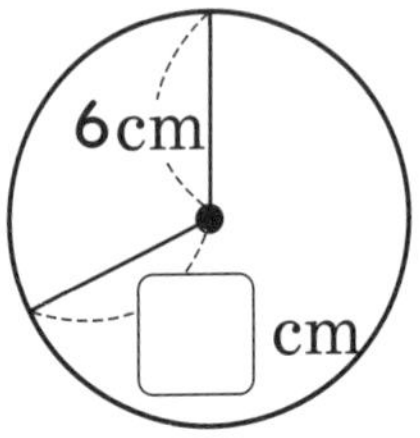

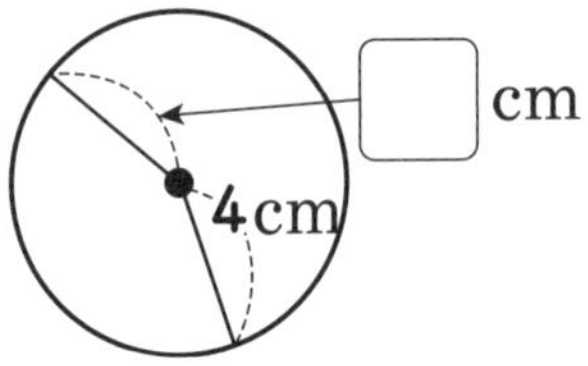

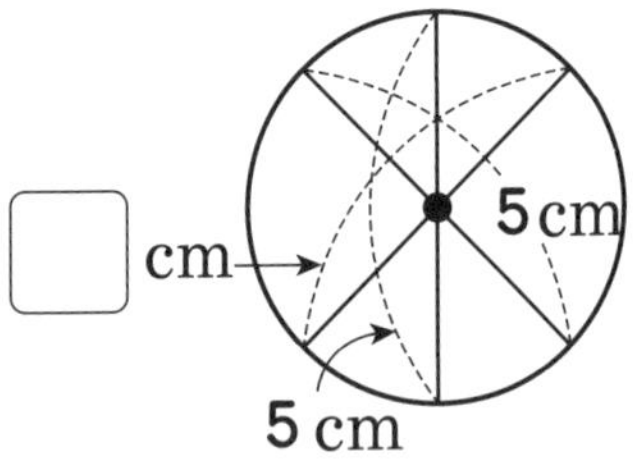

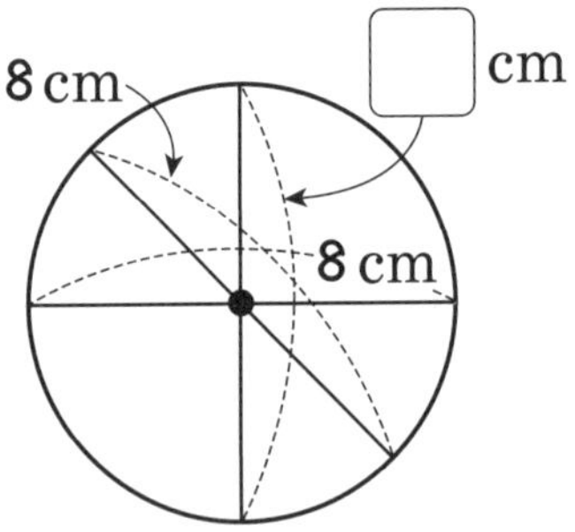

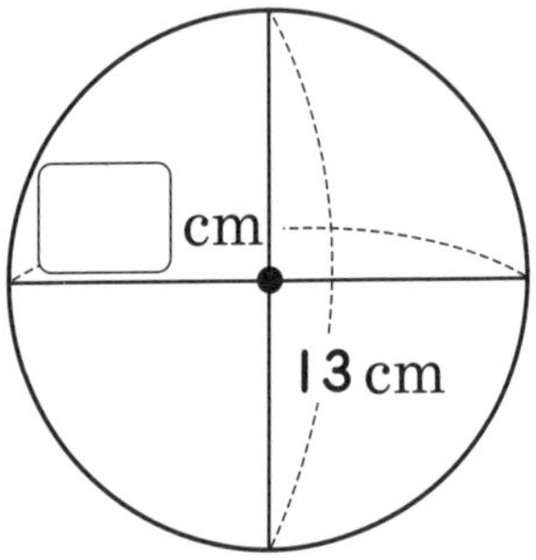

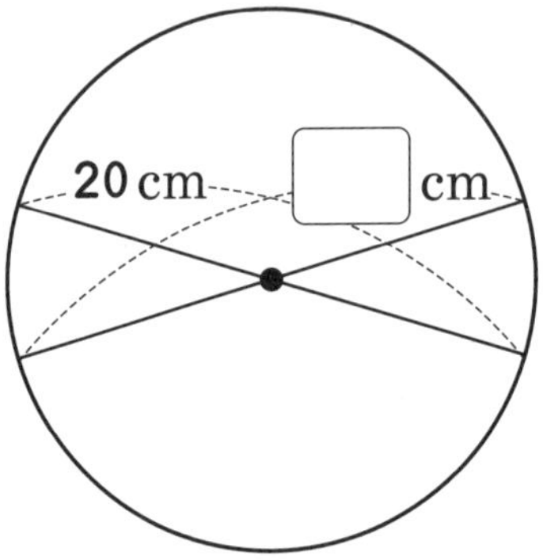

문제로 개념을 확인해요

쓰기

□ 안에 알맞은 수를 써넣으세요.

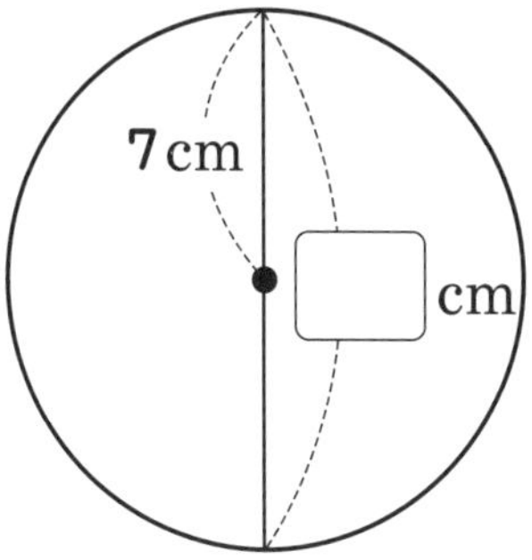

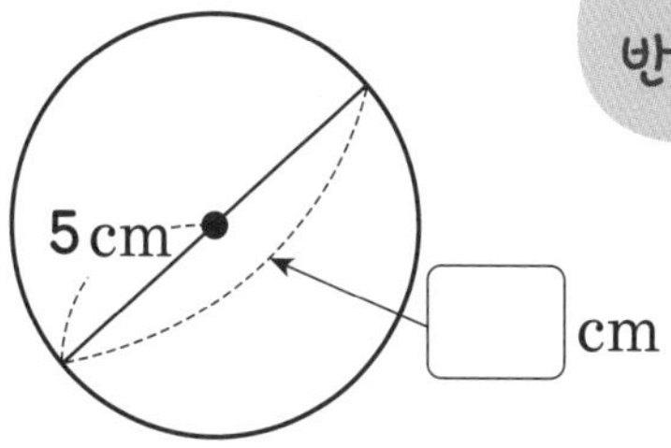

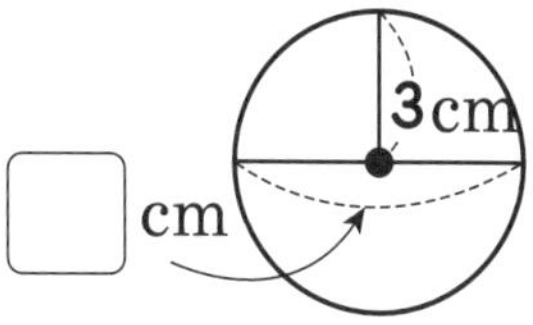

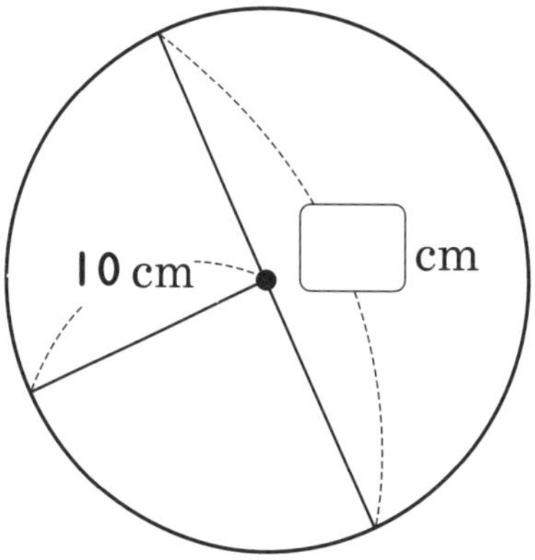

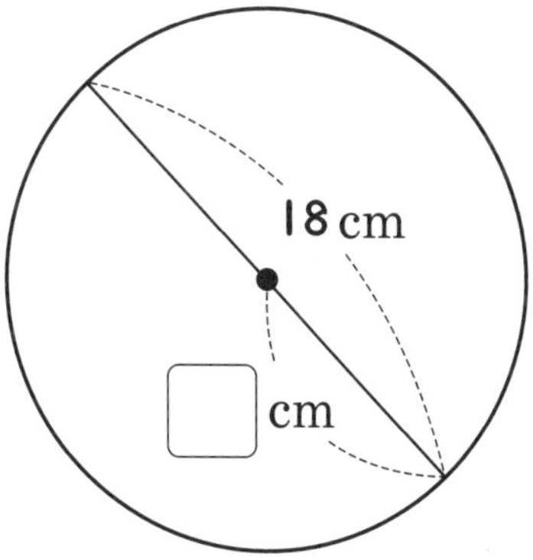

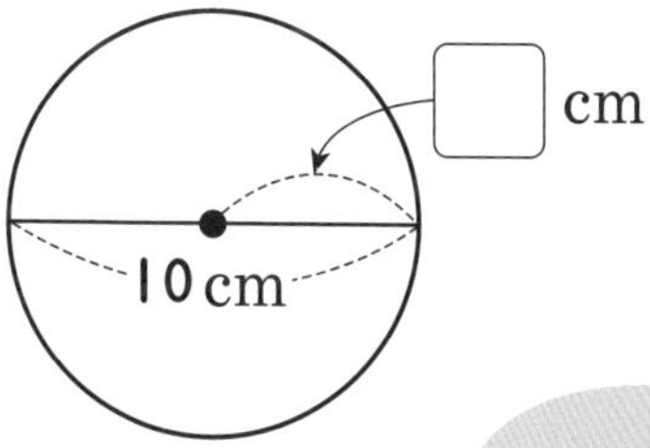

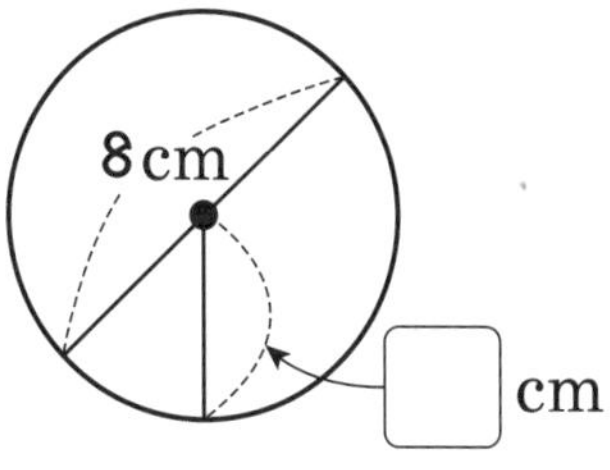

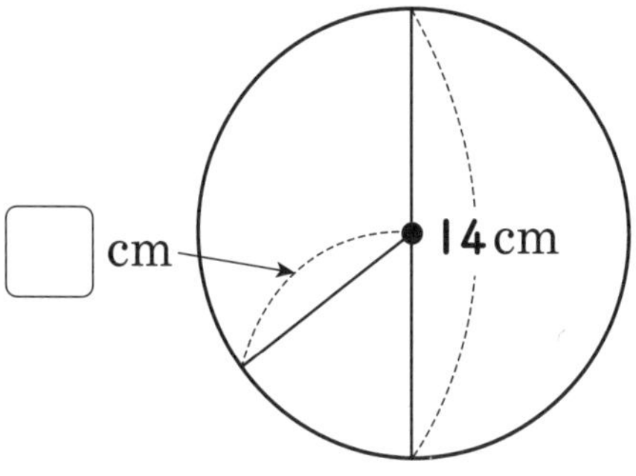

교 과 서 개 념 을 배 워 요

07 원을 이용하여 여러 가지 모양 그리기

학습목표
- 자와 컴퍼스를 사용하여 원을 그릴 수 있어요.
- 원의 성질을 이용해서 원으로 여러 가지 모양을 그릴 수 있어요.

자와 컴퍼스를 이용하면 원을 그릴 수 있습니다.

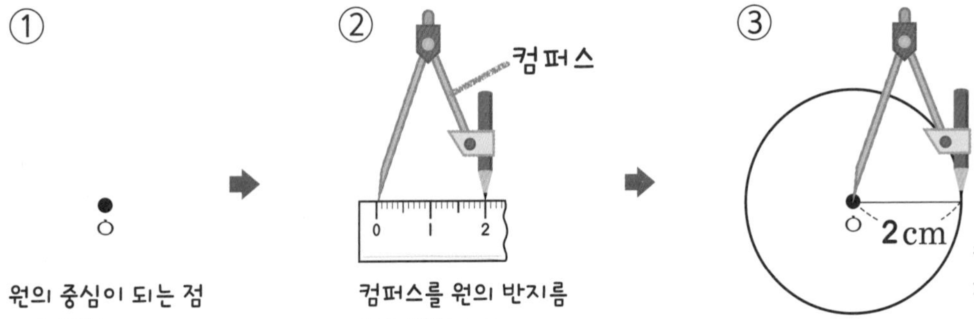

① 원의 중심이 되는 점 ㅇ을 정합니다.

② 컴퍼스를 원의 반지름만큼 벌립니다.

③ 컴퍼스의 침을 점 ㅇ에 꽂고 원을 그립니다.

원의 중심과 반지름의 길이를 바꿔가면서 여러 가지 모양을 그릴 수 있습니다.

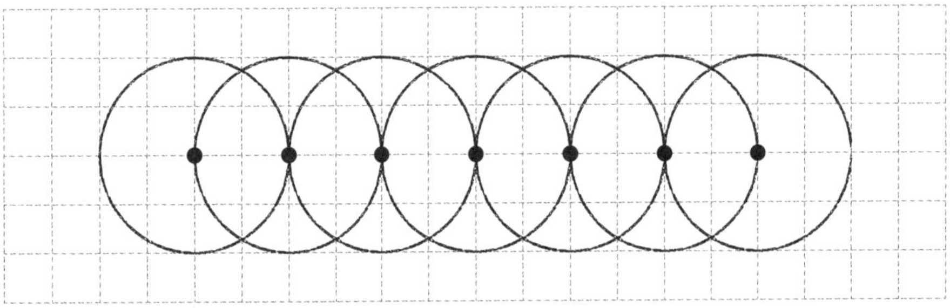

반지름은 똑같이 하고, 원의 중심을 오른쪽으로 2칸씩 옮겨가며 그렸어요.

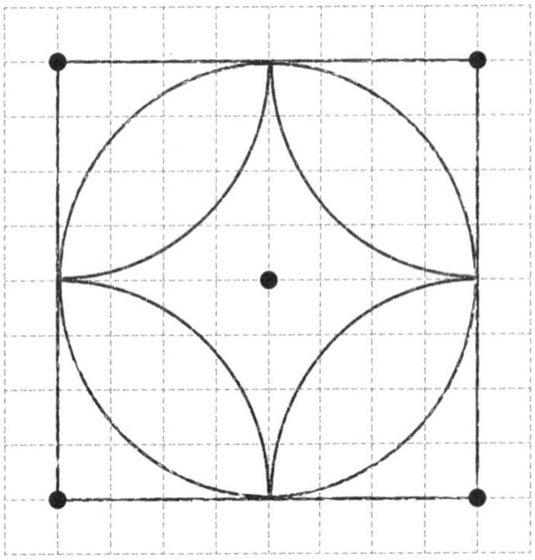

① 정사각형 안에 원이 꼭맞게 들어가도록 정사각형의 한 변을 지름으로 하는 원을 그려요.
② 원의 중심을 정사각형의 꼭짓점으로 옮겨가며 원의 일부분을 4개 그려요.

문제로 개념을 확인해요

선 잇기

컴퍼스를 그림과 같이 벌려서 원을 그렸을 때 알맞은 것을 찾아 선으로 이으세요.

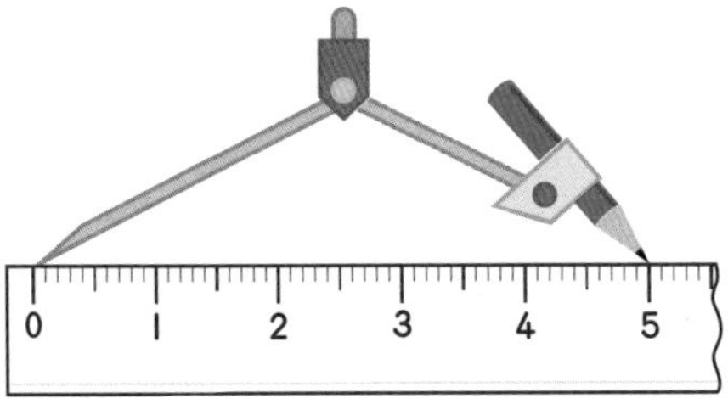

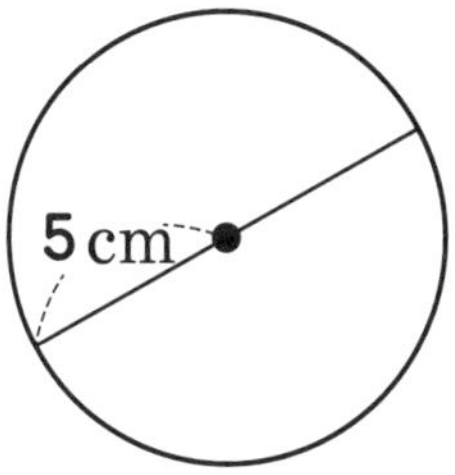

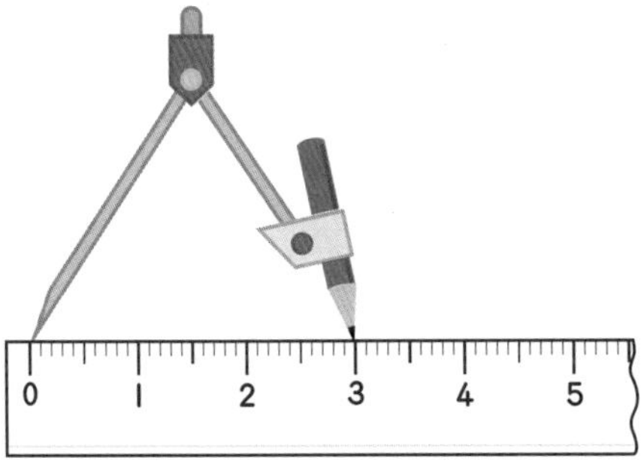

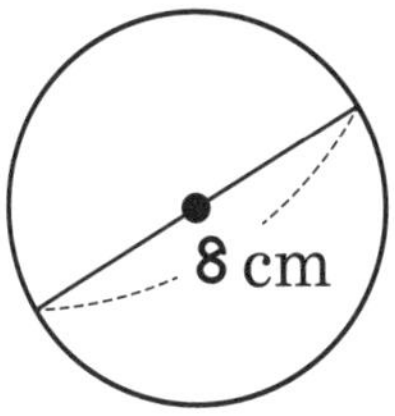

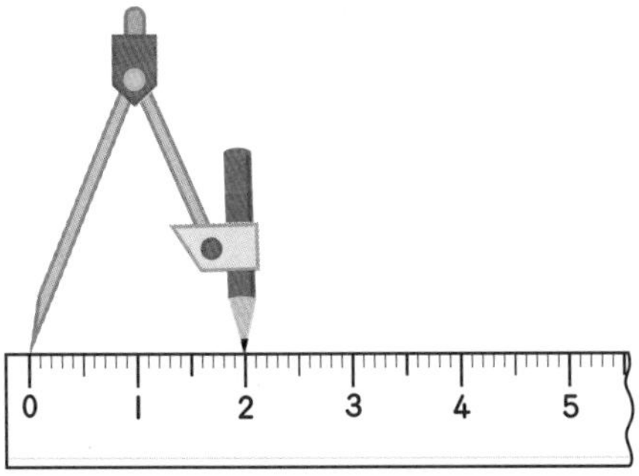

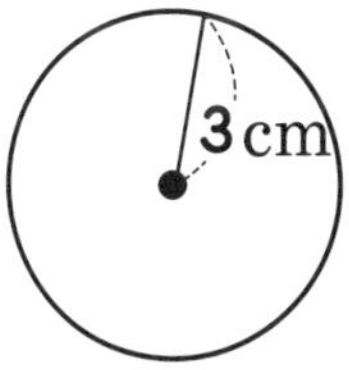

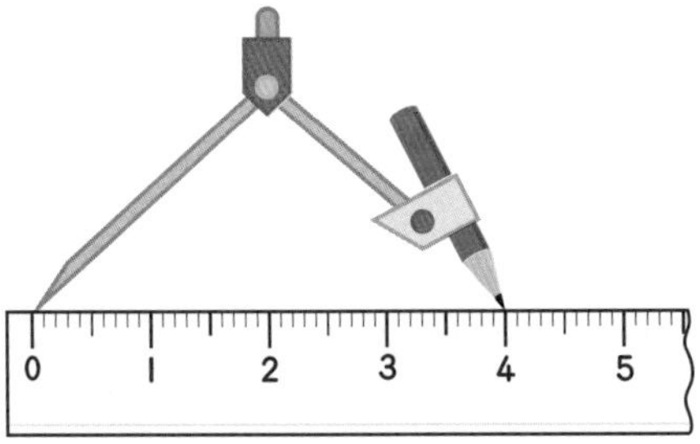

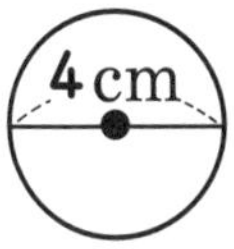

정답 104쪽

문 제 로 개 념 을 확 인 해 요

쓰기

그림을 보고 물음에 알맞은 것을 찾아 기호를 쓰세요.

가

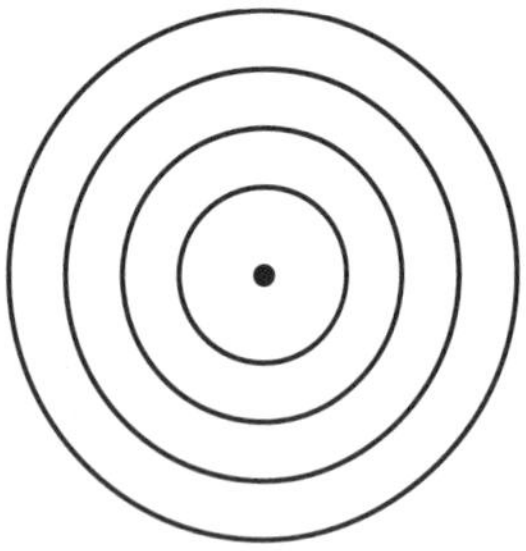

나

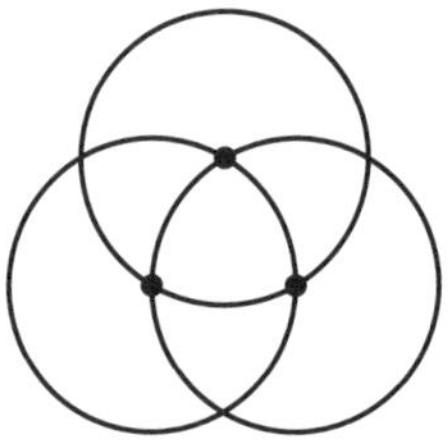

다

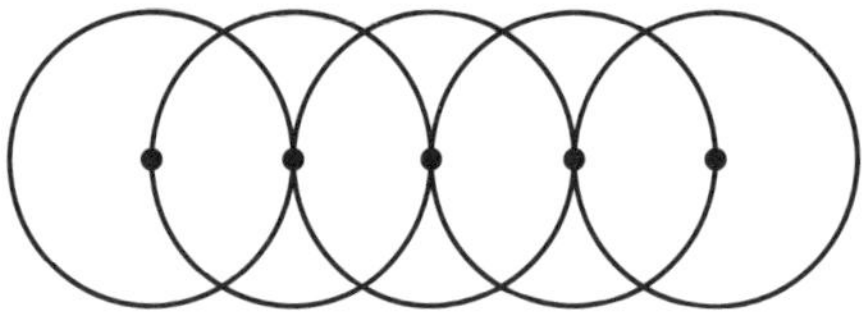

라

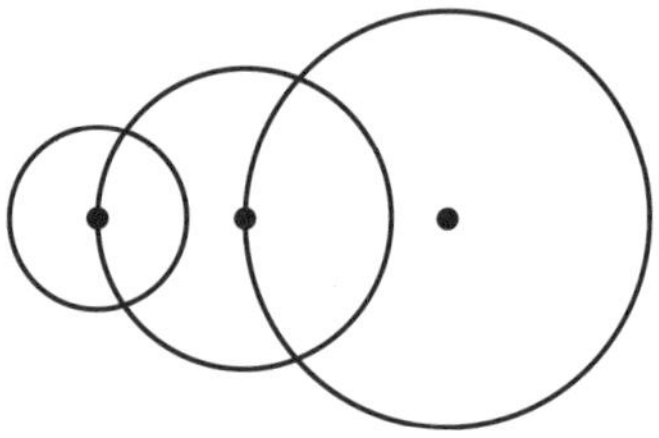

원의 중심을 옮기지 않고 그린 것을 찾아 기호를 쓰세요.
( )

원의 반지름을 같게 하여 그린 것을 모두 찾아 기호를 쓰세요.
( )

원의 중심을 옮겨가며 반지름을 같게 하여 그린 것을 모두 찾아 기호를 쓰세요. ( )

원의 중심을 옮겨가며 반지름을 다르게 하여 그린 것을 찾아 기호를 쓰세요. ( )

문제로 개념을 확인해요

그리기

다음과 같이 모양을 그리려고 할 때, 원의 중심이 되는 곳에 점을 모두 찍어 보세요.

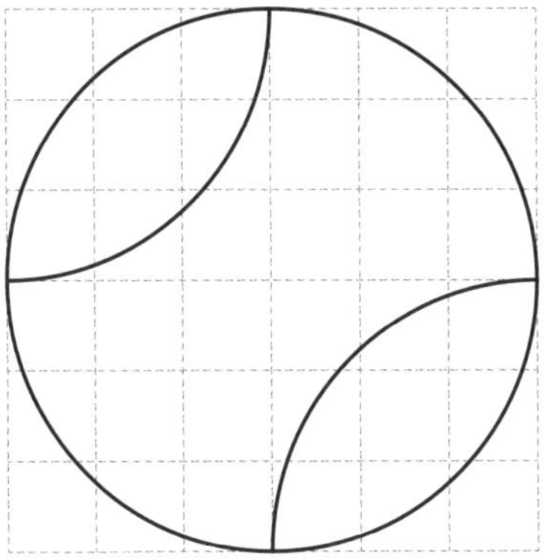

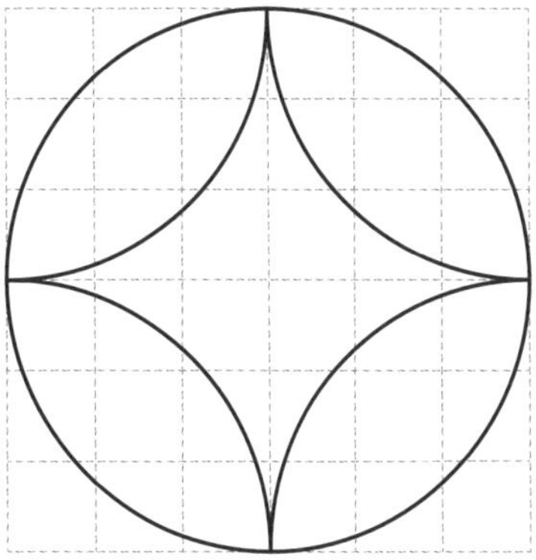

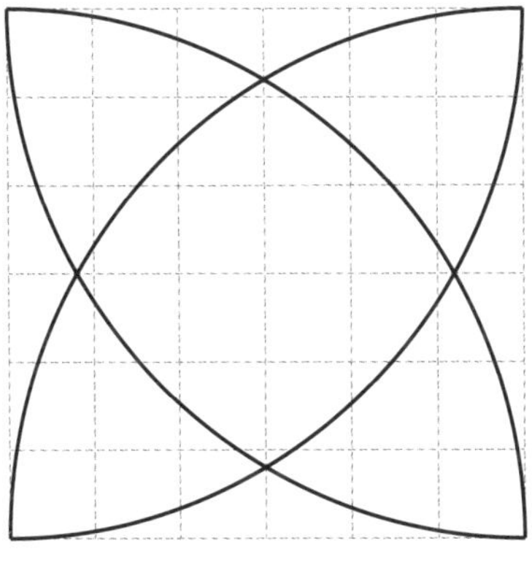

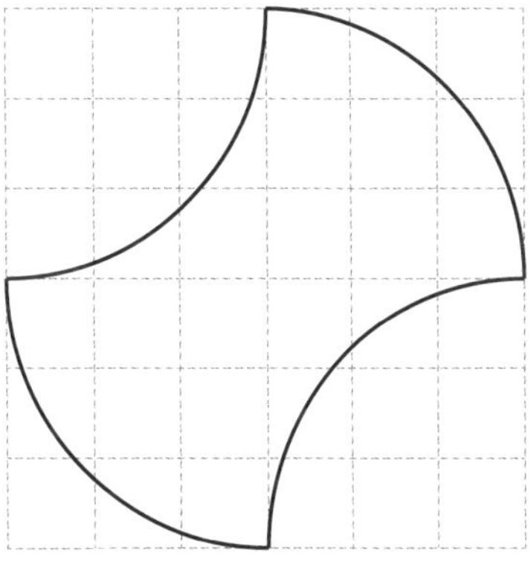

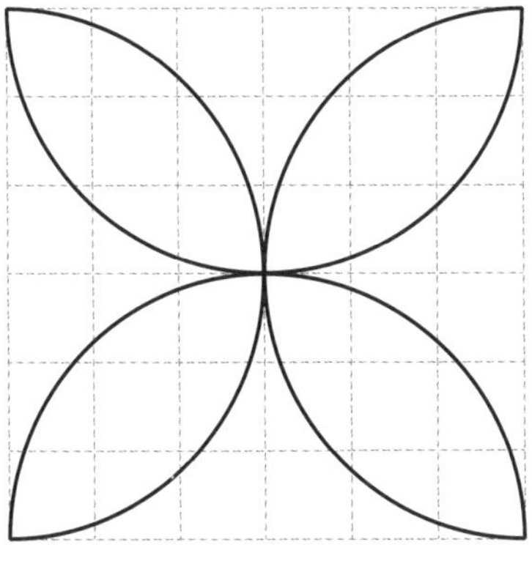

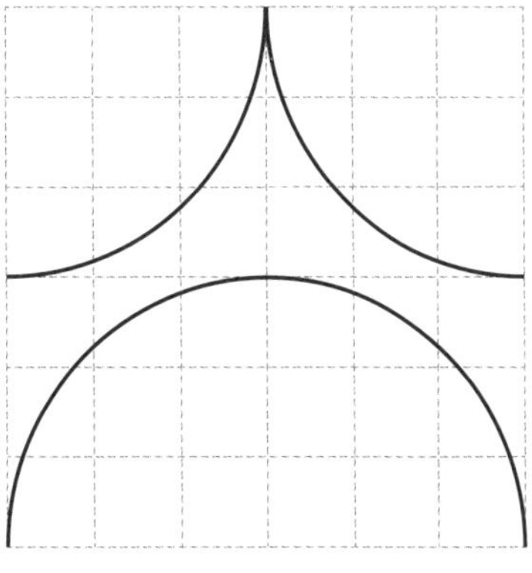

정답 104쪽

교 과 서 개 념 을 배 워 요

08 평면도형 밀기

학습목표
- 평면도형을 위쪽, 아래쪽, 왼쪽, 오른쪽 방향으로 밀 수 있어요.
- 평면도형을 밀기로 이동한 후의 변화를 알 수 있어요.
- 밀기로 이동한 모양을 보고 밀기 전의 모양을 알 수 있어요.

어느 방향으로 밀어도
똑같은 모양이네!

평면도형을 밀면 모양은 변하지 않고 위치만 바뀌어요.

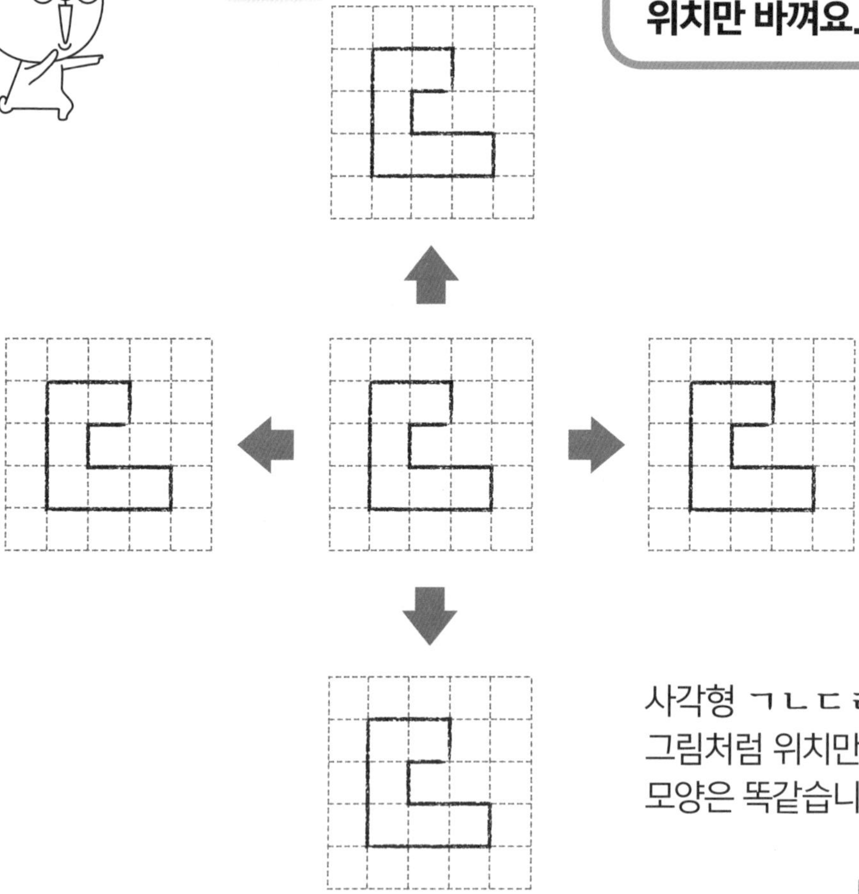

모양이
안 바뀌는구나!

사각형 ㄱㄴㄷㄹ을 오른쪽으로 5 cm 밀면 그림처럼 위치만 오른쪽으로 바뀌고 모양은 똑같습니다.

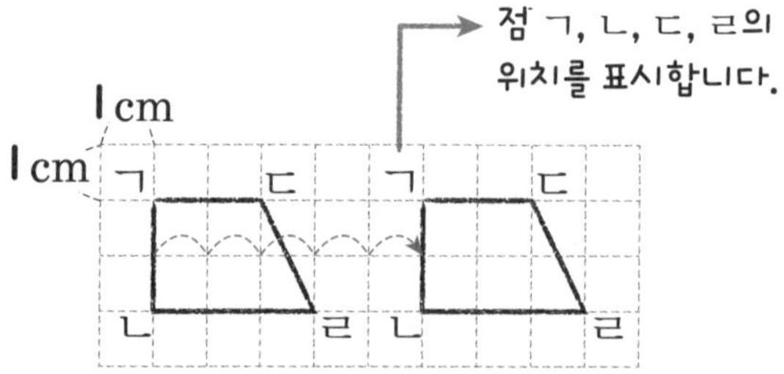
점 ㄱ, ㄴ, ㄷ, ㄹ의
위치를 표시합니다.
1 cm
1 cm
ㄱ
ㄷ
ㄱ
ㄷ
ㄴ
ㄹ
ㄴ
ㄹ

변 ㄱㄴ을 기준으로 오른쪽으로 5 cm(5칸)입니다.

문제로 개념을 확인해요

표시하기

모양 조각을 여러 방향으로 밀었습니다.
알맞은 것을 찾아 ○표 하세요.

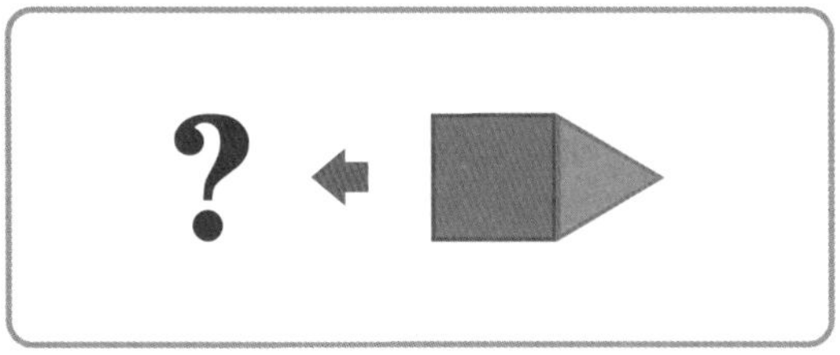

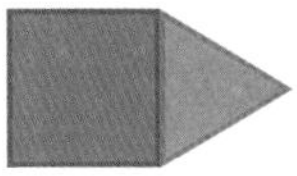 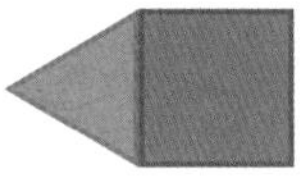

(　　　　　) (　　　　　)

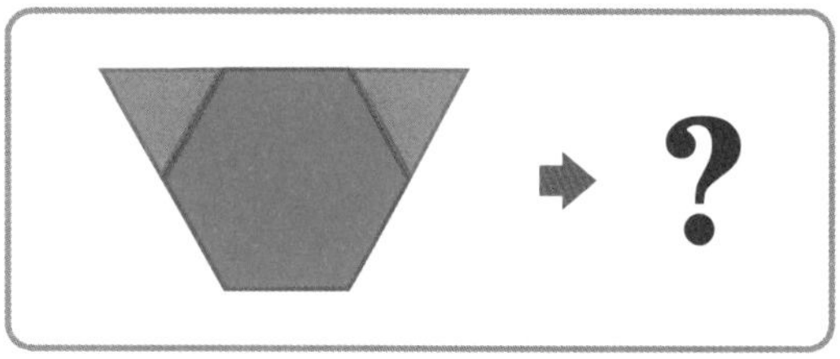

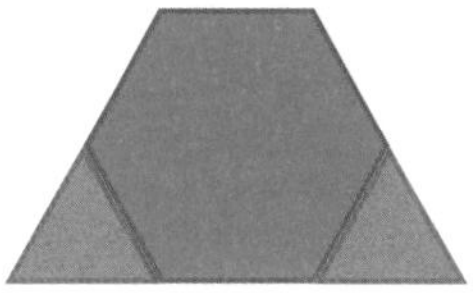 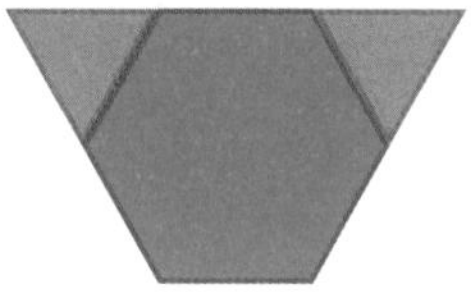

(　　　　　) (　　　　　)

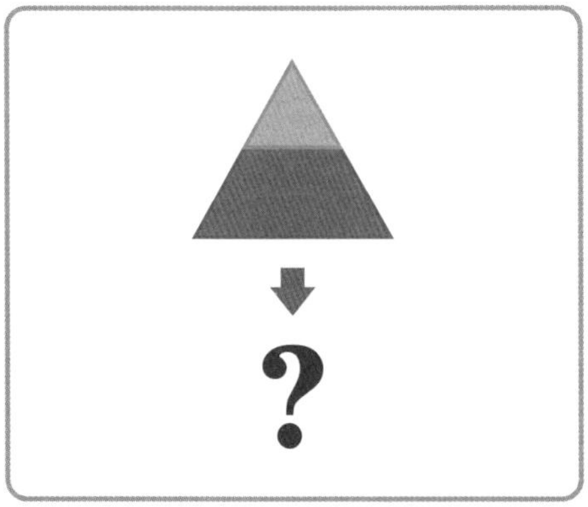

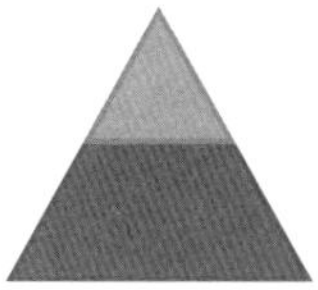 

(　　　　　) (　　　　　)

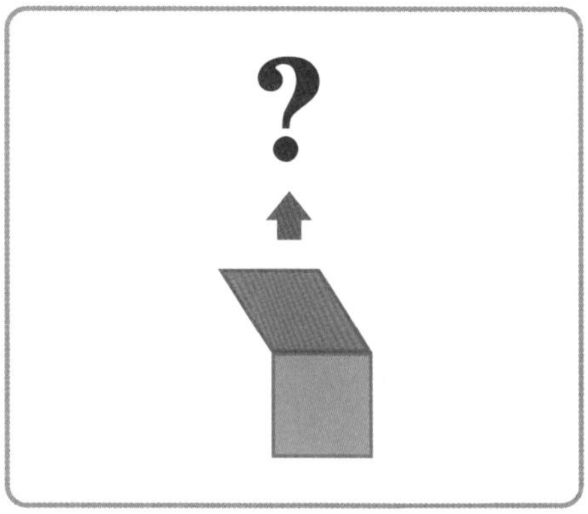

 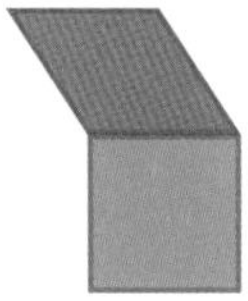

(　　　　　) (　　　　　)

정답 104쪽

문제로 개념을 확인해요

그리기

도형을 주어진 방향으로 밀었을 때의 도형을 그리세요.

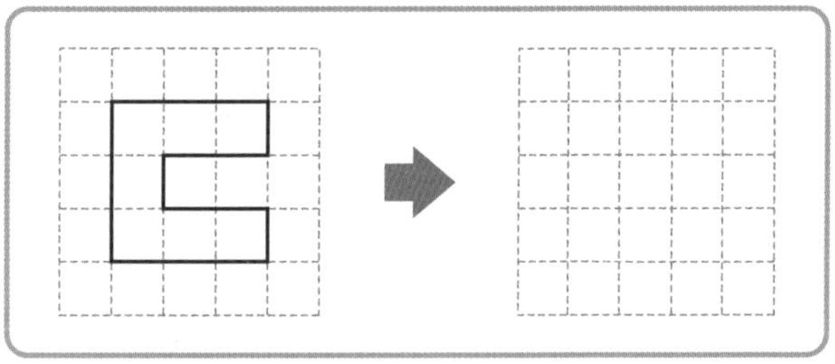

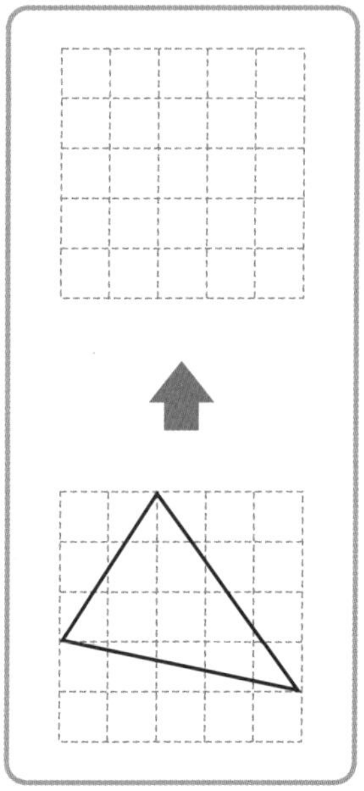

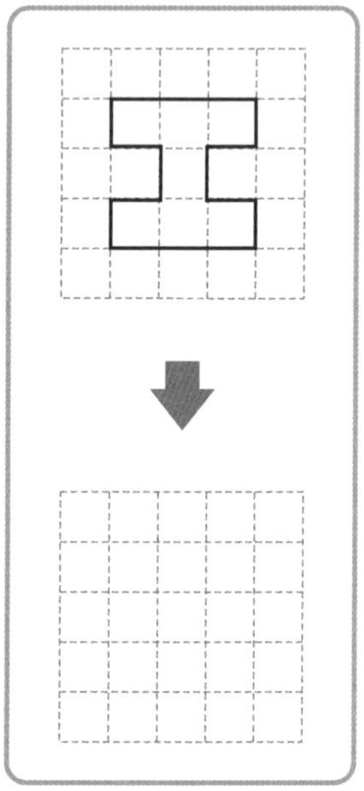

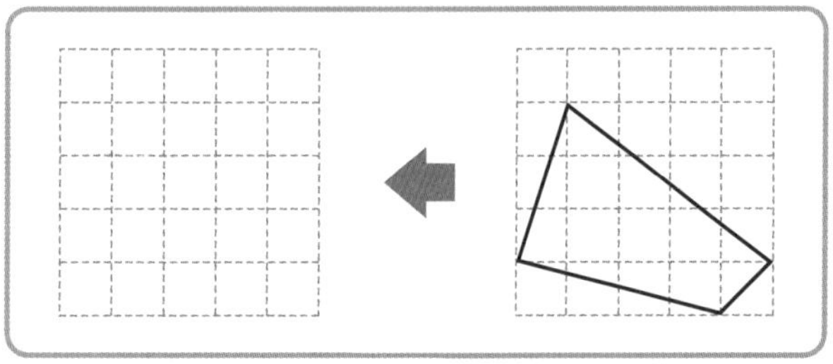

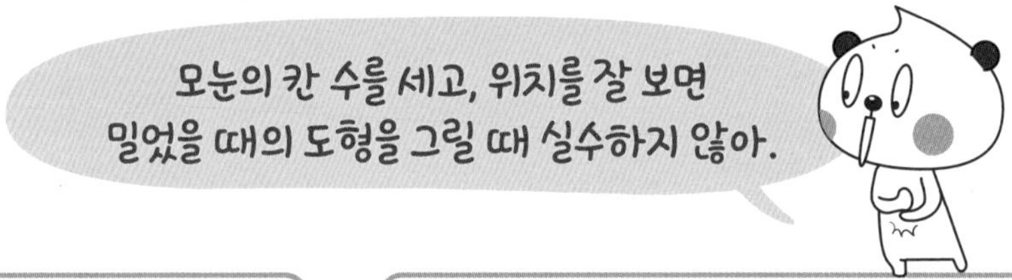
모눈의 칸 수를 세고, 위치를 잘 보면
밀었을 때의 도형을 그릴 때 실수하지 않아.

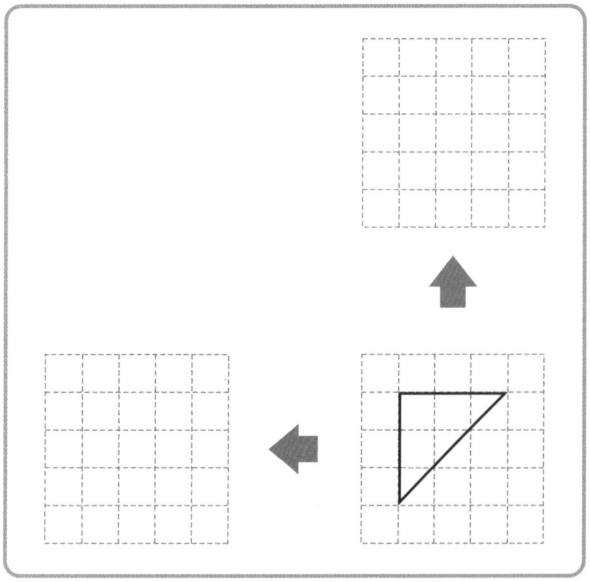

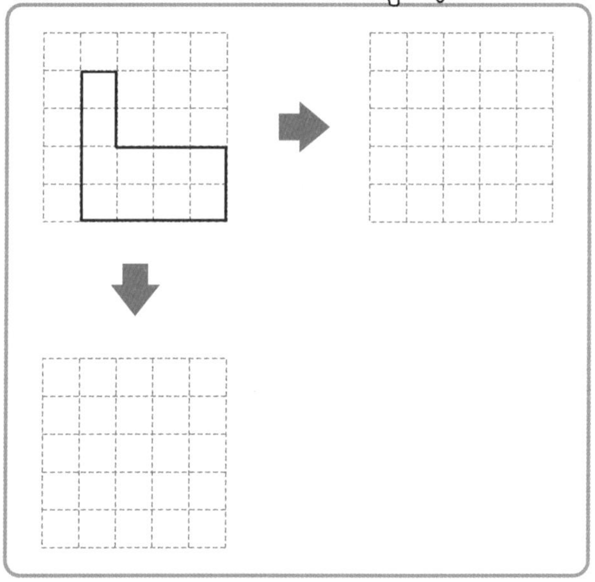

쓰기

도형의 이동 방법을 쓰세요.

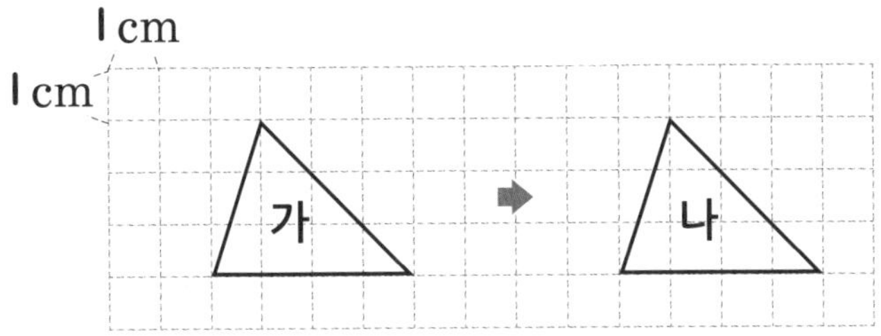

나 도형은 **가** 도형을 (왼쪽 , 오른쪽)으로 □ cm 밀어서 이동한 도형입니다.

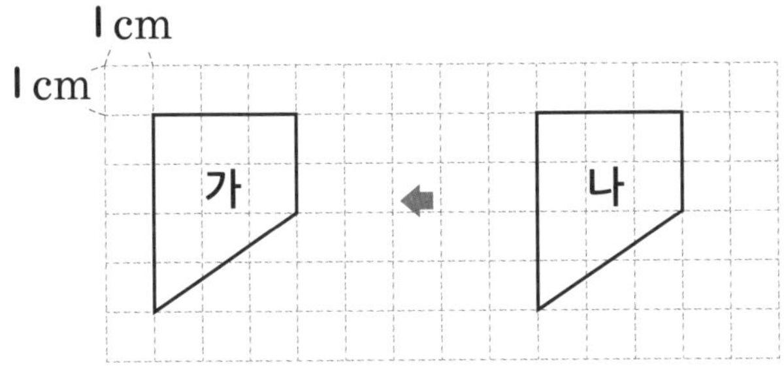

가 도형은 **나** 도형을 (왼쪽 , 오른쪽)으로 □ cm 밀어서 이동한 도형입니다.

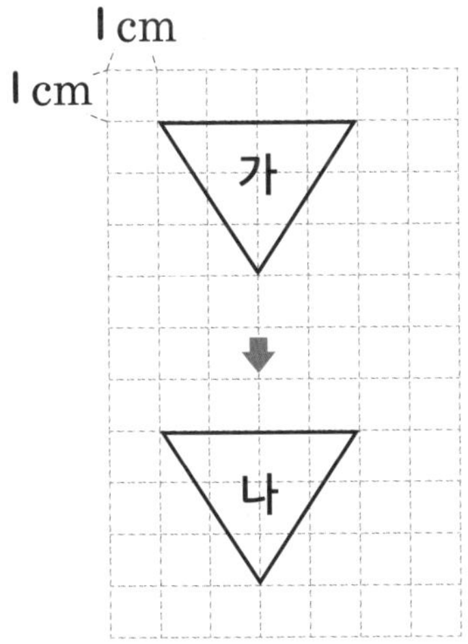

나 도형은 **가** 도형을 (위쪽 , 아래쪽) 으로 □ cm 밀어서 이동한 도형입니다.

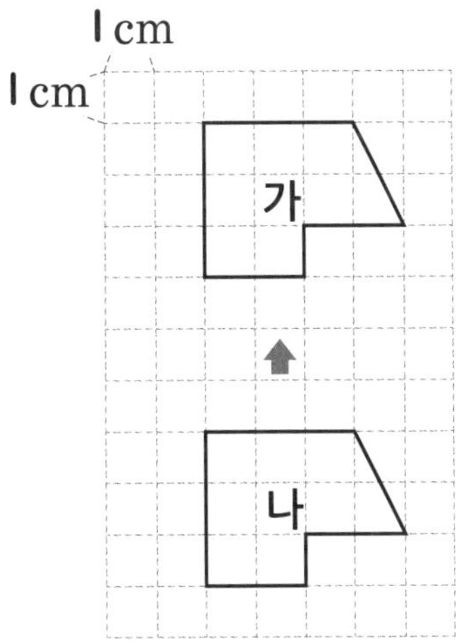

가 도형은 **나** 도형을 (위쪽 , 아래쪽) 으로 □ cm 밀어서 이동한 도형입니다.

정답 104쪽

교과서 개념을 배워요

09 평면도형 뒤집기

학습목표

- 평면도형을 위쪽, 아래쪽, 왼쪽, 오른쪽 방향으로 뒤집을 수 있어요.
- 평면도형을 뒤집기로 이동한 후의 변화를 알 수 있어요.
- 뒤집기로 이동한 모양을 보고 뒤집기 전의 모양을 알 수 있어요.

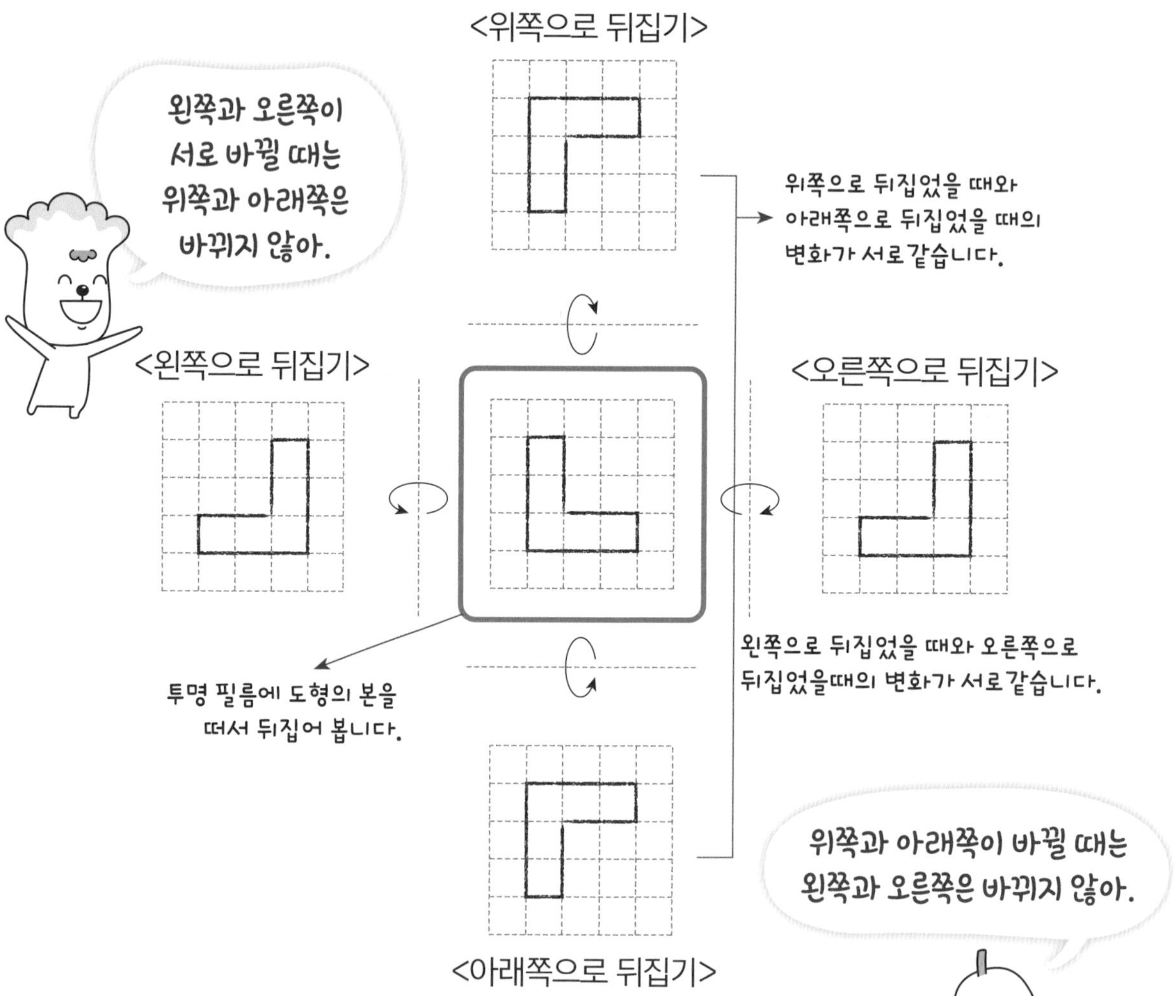
<위쪽으로 뒤집기>
왼쪽과 오른쪽이 서로 바뀔 때는 위쪽과 아래쪽은 바뀌지 않아.
위쪽으로 뒤집었을 때와 아래쪽으로 뒤집었을 때의 변화가 서로 같습니다.
<왼쪽으로 뒤집기>
<오른쪽으로 뒤집기>
왼쪽으로 뒤집었을 때와 오른쪽으로 뒤집었을때의 변화가 서로 같습니다.
투명 필름에 도형의 본을 떠서 뒤집어 봅니다.
위쪽과 아래쪽이 바뀔 때는 왼쪽과 오른쪽은 바뀌지 않아.
<아래쪽으로 뒤집기>

- 평면도형을 위쪽이나 아래쪽으로 뒤집으면 도형의 위쪽과 아래쪽이 서로 바뀝니다.
- 평면도형을 왼쪽이나 오른쪽으로 뒤집으면 도형의 왼쪽과 오른쪽이 서로 바뀝니다.

문제로 개념을 확인해요

표시하기

모양 조각을 여러 방향으로 뒤집었습니다.
알맞은 것을 찾아 ○표 하세요.

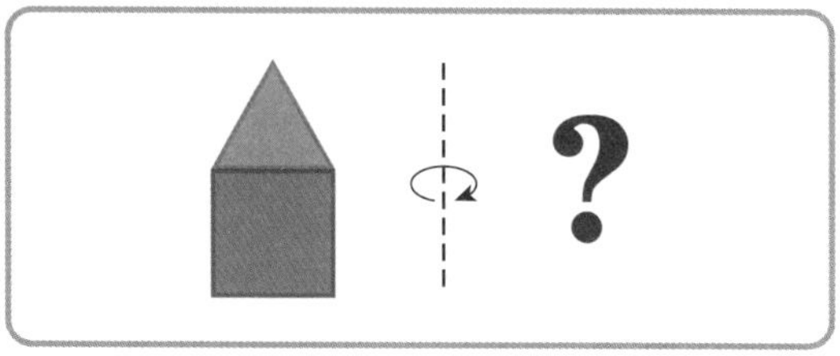

 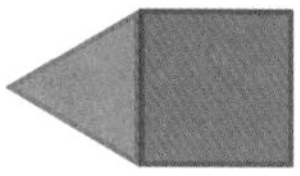

(　　　　) (　　　　)

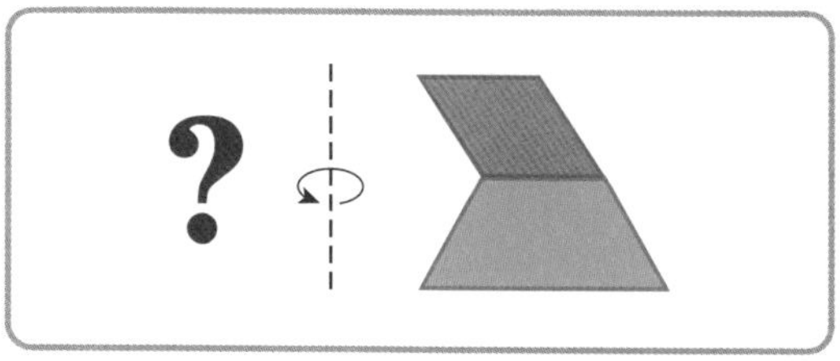

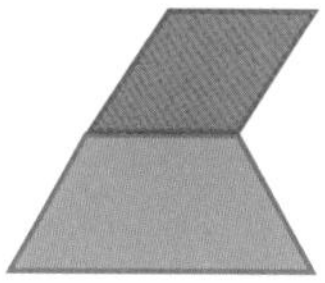 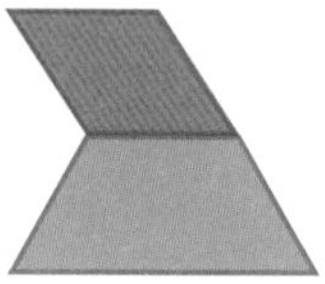

(　　　　) (　　　　)

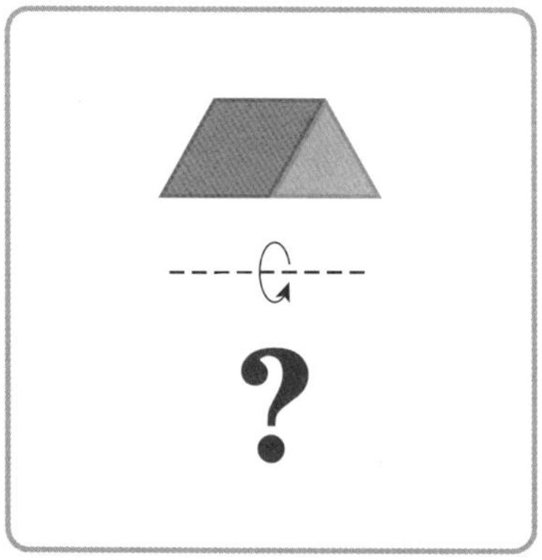

(　　　　) (　　　　)

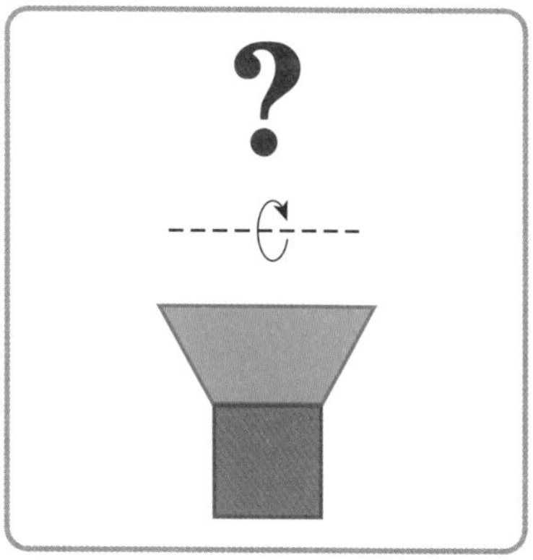

 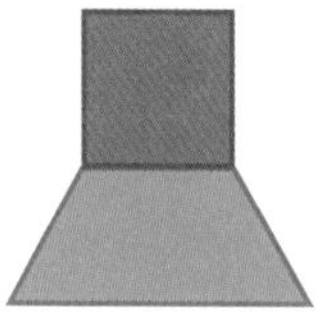

(　　　　) (　　　　)

정답 104쪽

문제로 개념을 확인해요

그리기

도형을 주어진 방향으로 뒤집었을 때의 도형을 그리세요.

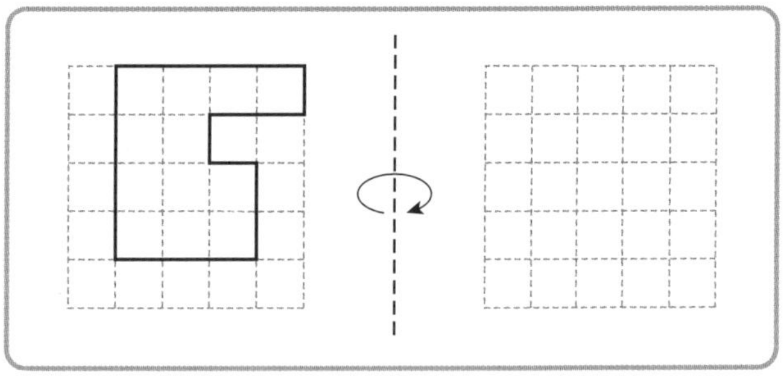

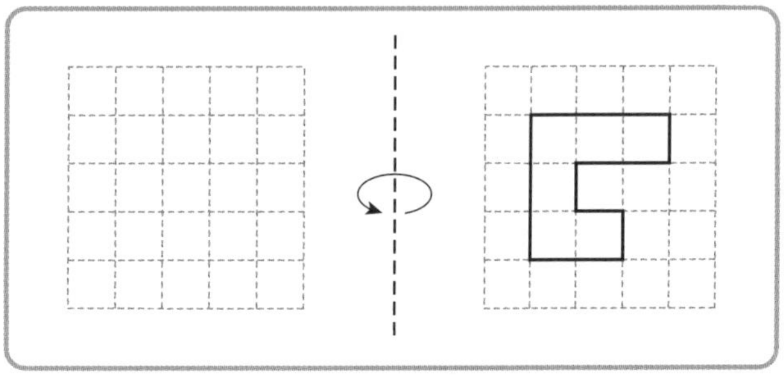

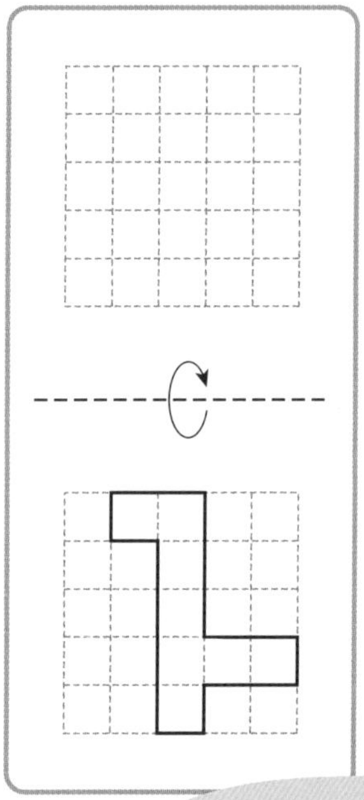

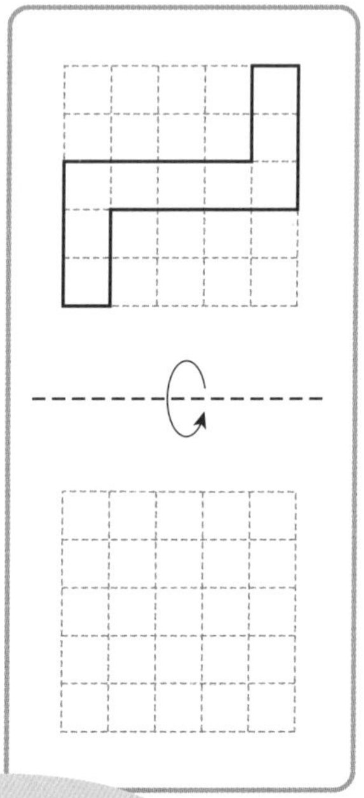

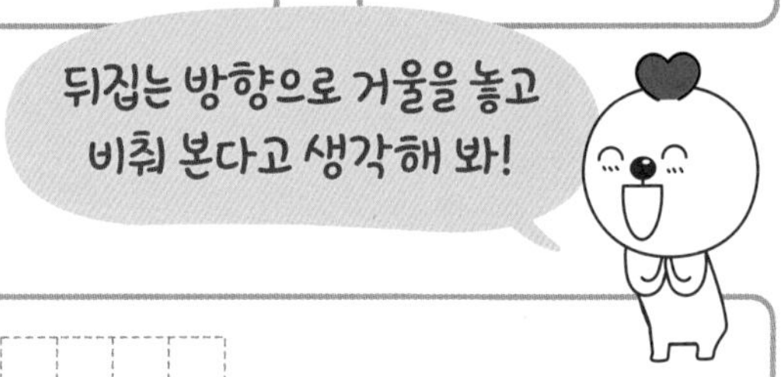
뒤집는 방향으로 거울을 놓고
비춰 본다고 생각해 봐!

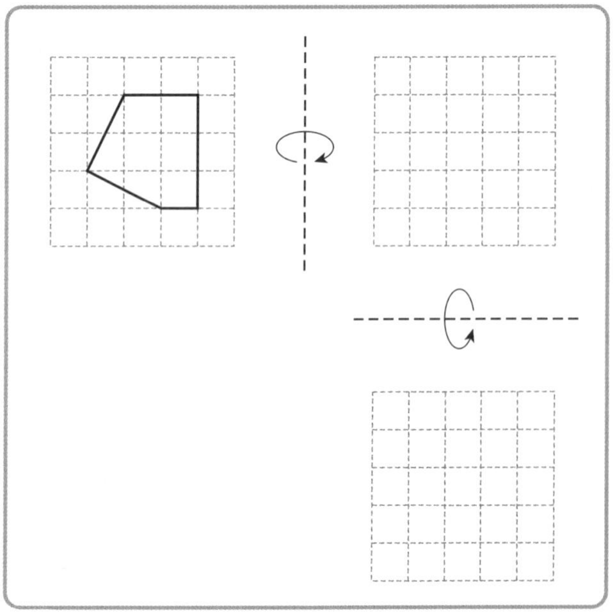

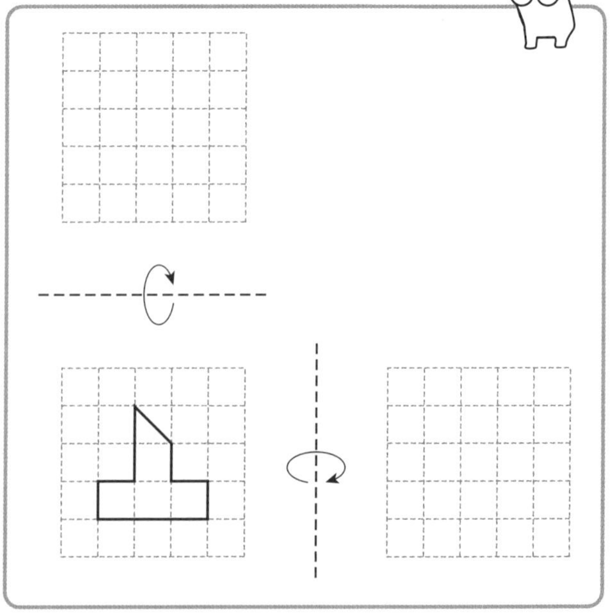

문제로 개념을 확인해요

표시하기

도형의 이동 방법으로 알맞은 것에 ○표 하세요.

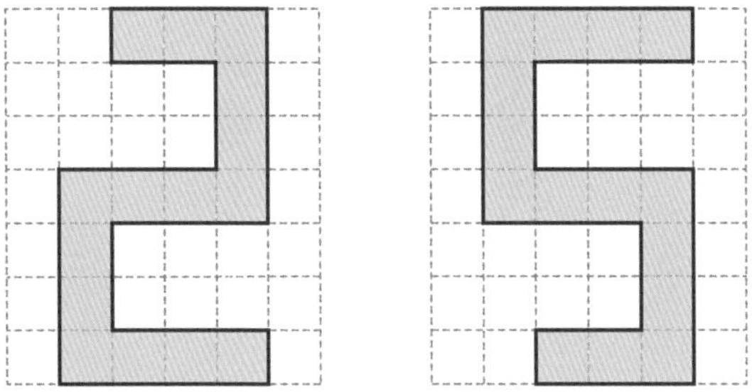

처음 글자　　움직인 글자

'2'를 (아래쪽 , 왼쪽)으로
뒤집은 모양입니다.

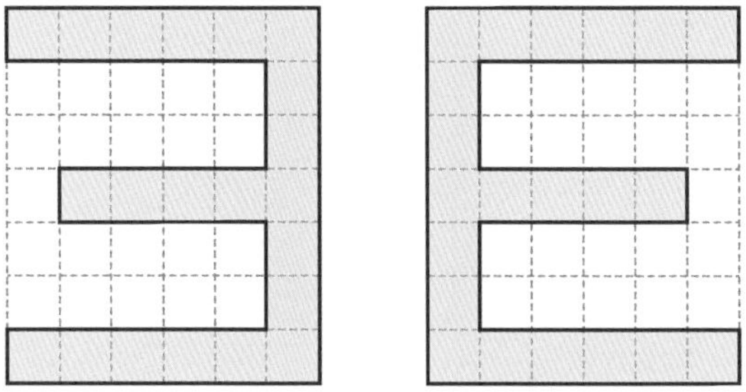

처음 글자　　움직인 글자

'3'을 (위쪽 , 오른쪽)으로
뒤집은 모양입니다.

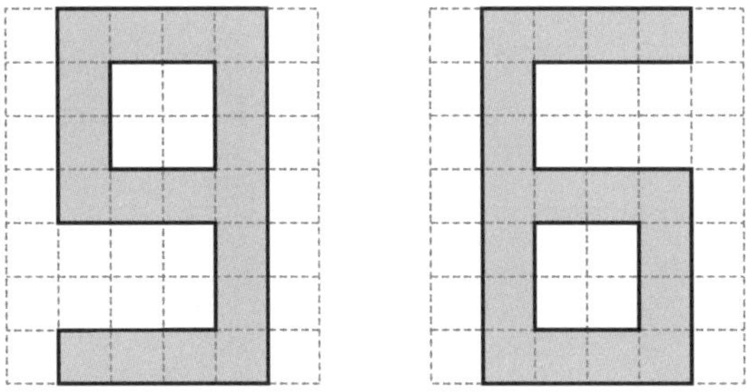

처음 글자　　움직인 글자

'9'를 위쪽으로 뒤집고
(왼쪽 , 아래쪽)으로 뒤집으면
'6'이 됩니다.

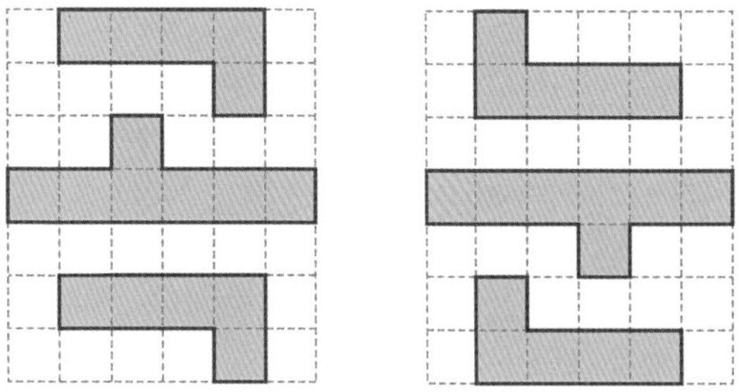

처음 글자　　움직인 글자

'곡'을 아래쪽으로 뒤집고
(오른쪽 , 위쪽)으로 뒤집으면
'눈'이 됩니다.

정답 104쪽

교과서 개념을 배워요

10 평면도형 돌리기

학습목표
- 평면도형을 시계 방향과 시계 반대 방향으로 90°씩 돌릴 수 있어요.
- 평면도형을 돌리기로 이동한 후의 변화를 알 수 있어요.
- 돌리기로 이동한 모양을 보고 돌리기 전의 모양을 알 수 있어요.

돌린 표시에서 화살표의
끝부분이 닿는 곳이 같으면
돌린 후의 모양이 같아.

평면도형을 시계 방향으로
90°만큼 돌리면 위쪽 부분이 오른쪽으로 바뀌고,
시계 방향으로 360°만큼 돌리면 처음 도형과 똑같습니다.

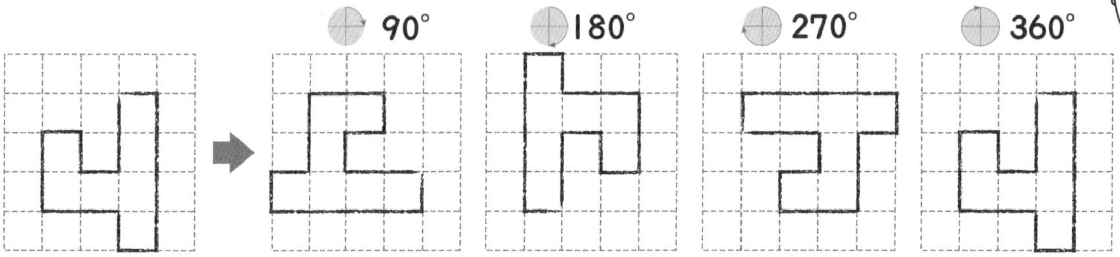
90°
180°
270°
360°

평면도형을 시계 반대 방향으로 90°만큼 돌리면 위쪽 부분이 왼쪽으로 바뀌고,
시계 반대 방향으로 360°만큼 돌리면 처음 도형과 똑같습니다.

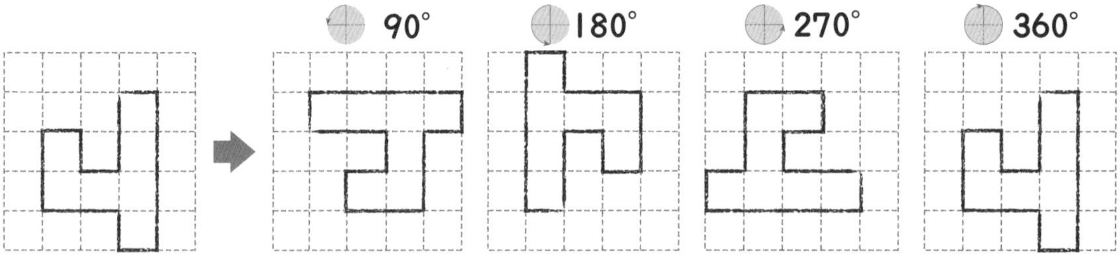
90°
180°
270°
360°

- 도형을 시계 방향으로 90°만큼 돌린 도형과 시계 반대 방향으로 270°만큼 돌린 도형은 서로 같습니다.

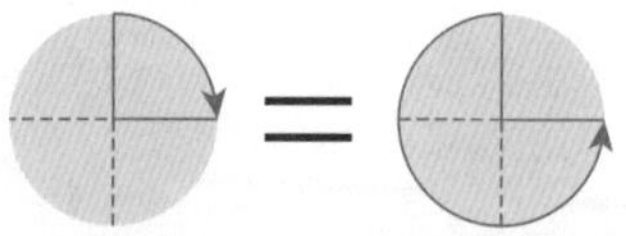

- 도형을 시계 방향으로 180°만큼 돌린 도형과 시계 반대 방향으로 180°만큼 돌린 도형은 서로 같습니다.

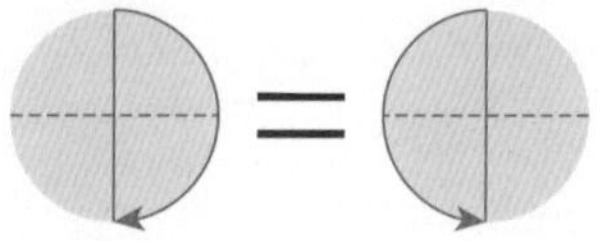

문제로 개념을 확인해요

표시하기

모양 조각을 여러 방향으로 돌렸습니다.
알맞은 것을 찾아 ○표 하세요.

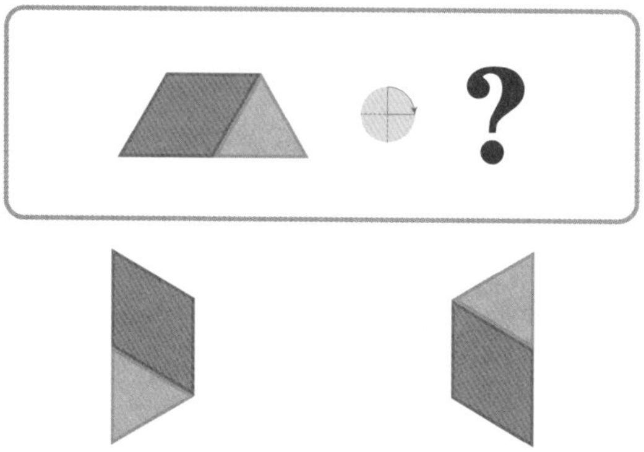

( ) ( )

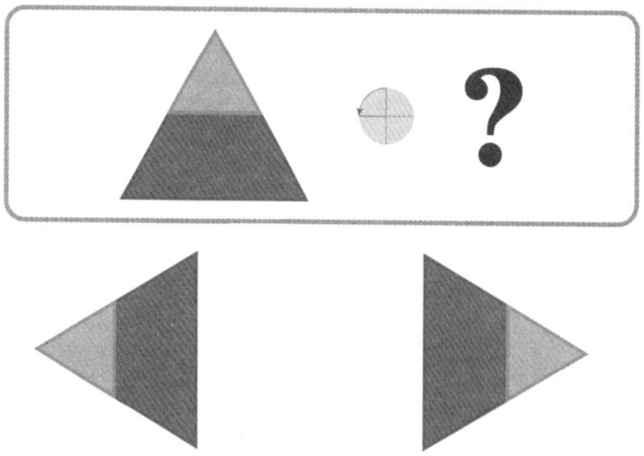

( ) ( )

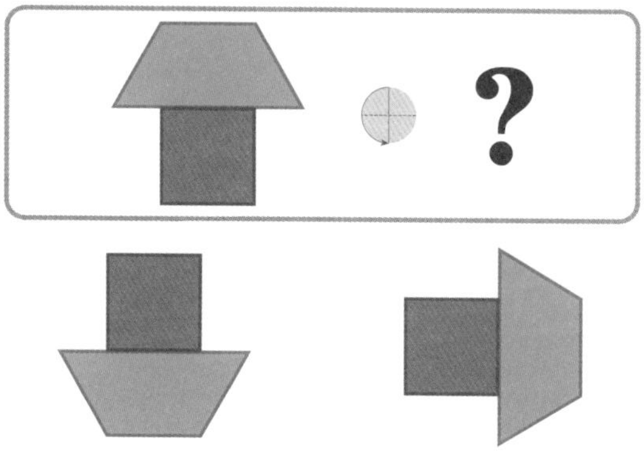

( ) ( )

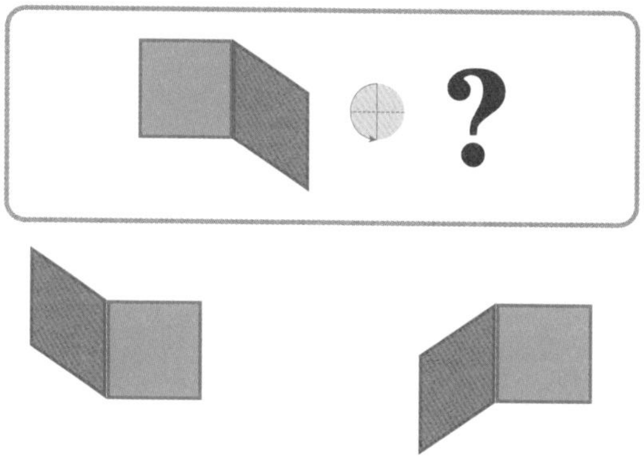

( ) ( )

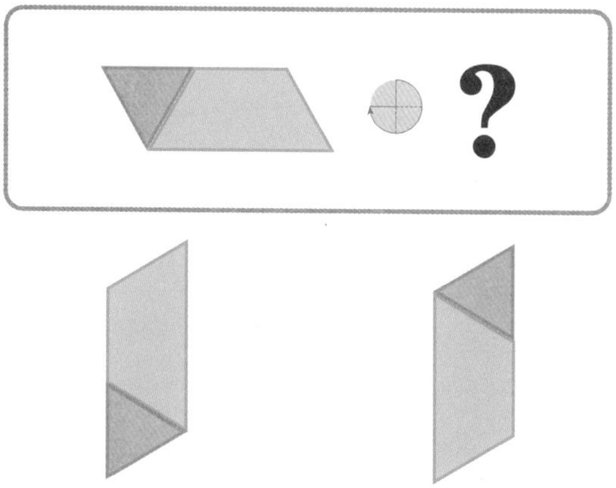

( ) ( )

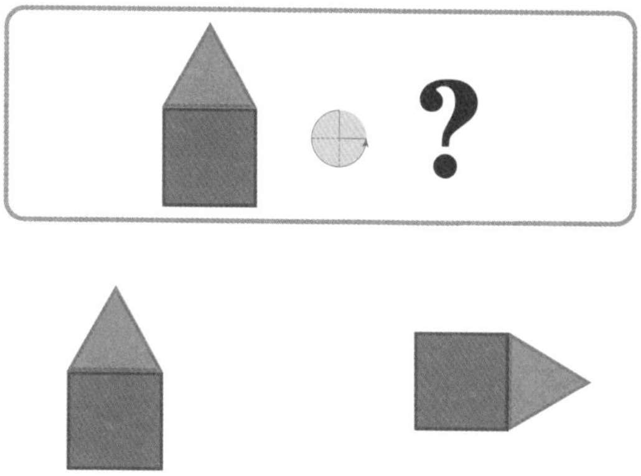

( ) ( )

문제로 개념을 확인해요

그리기

도형을 주어진 방향으로 돌렸을 때의 도형을 그리세요.

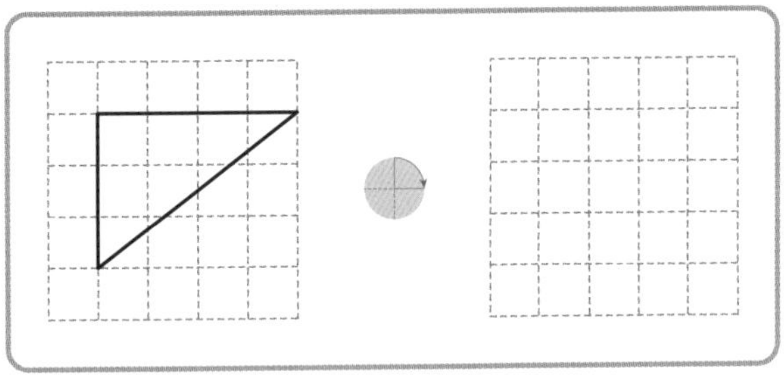

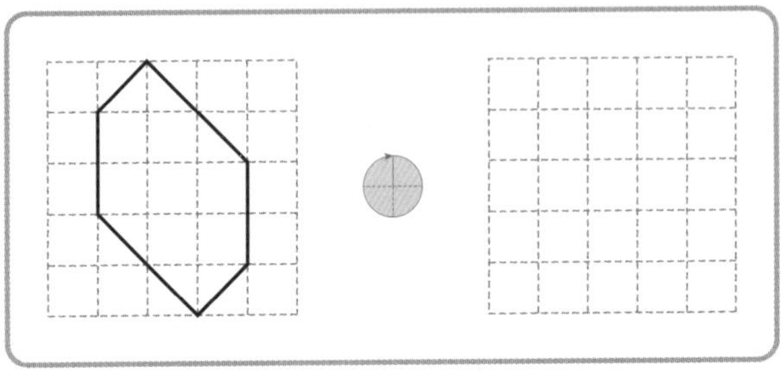

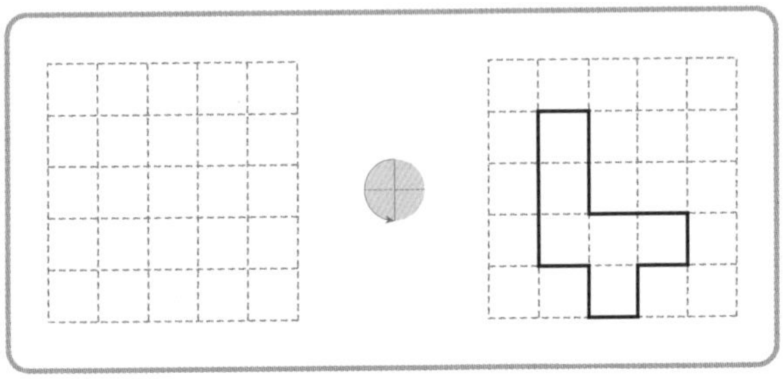

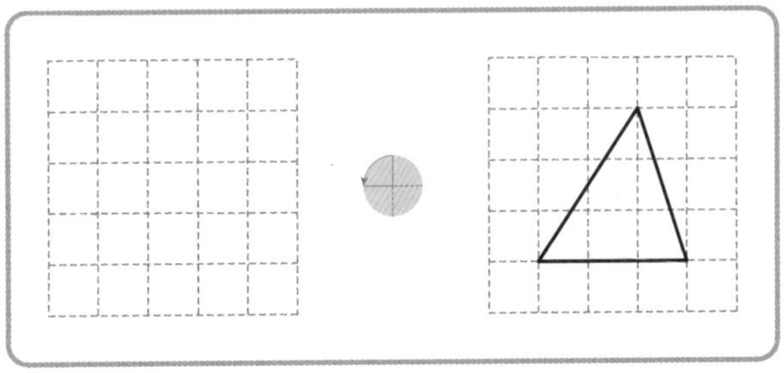

작은 종이에 모양을 그려 보고
실제로 돌려 보면서 모양을
확인해 봐!

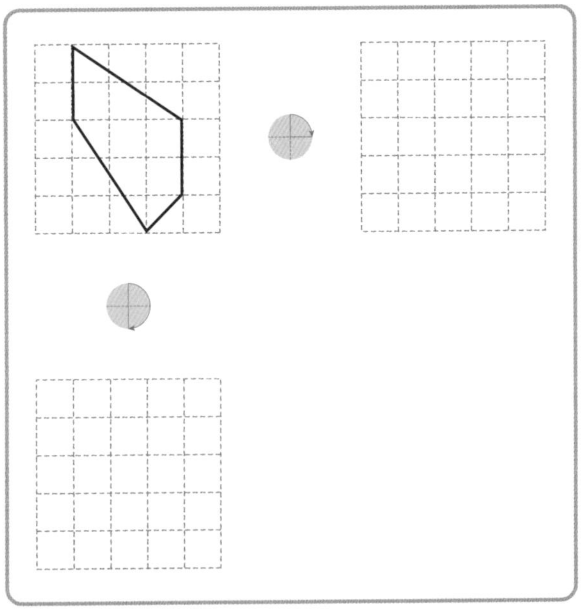

문제로 개념을 확인해요

쓰기

보기 에서 알맞은 도형을 골라 □ 안에 기호를 써넣으세요.

보기

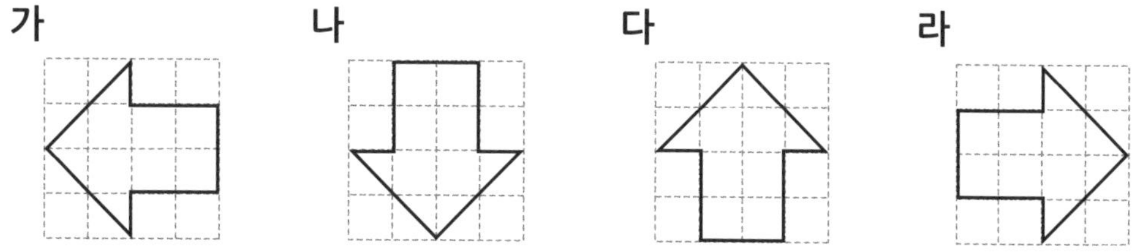

가 도형을 시계 반대 방향으로 90°만큼 돌리면 □ 도형이 됩니다.

나 도형을 시계 방향으로 180°만큼 돌리면 □ 도형이 됩니다.

라 도형을 시계 방향으로 270°만큼 돌리면 □ 도형이 됩니다.

보기

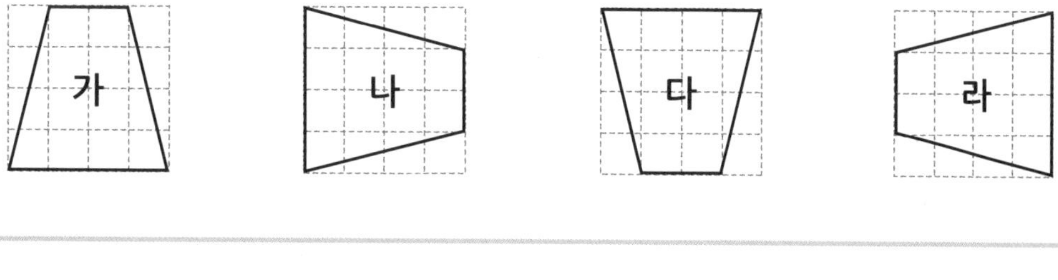

가 도형을 시계 방향으로 180°만큼 돌리면 □ 도형이 됩니다.

나 도형을 시계 반대 방향으로 90°만큼 돌리면 □ 도형이 됩니다.

다 도형을 시계 방향으로 270°만큼 돌리면 □ 도형이 됩니다.

교 과 서 개 념 을 배 워 요

11 무늬 꾸미기

학습목표
- 규칙적인 무늬를 보고 어떤 규칙으로 꾸민 것인지 설명할 수 있어요.
- 평면도형을 밀기, 뒤집기, 돌리기를 이용해 무늬를 꾸밀 수 있어요.

밀기 방법으로 꾸미기

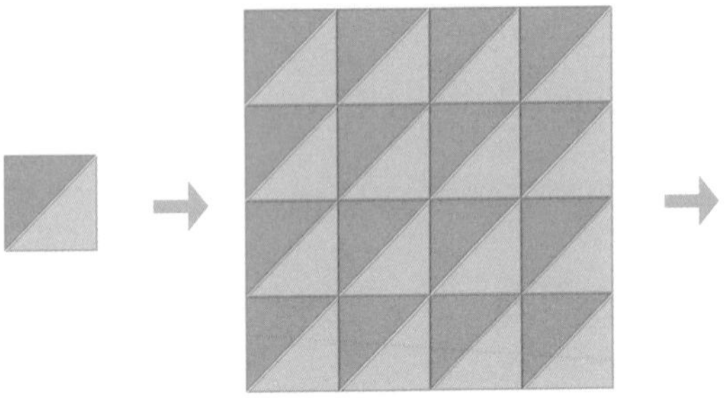

모양을 오른쪽으로 미는 것을 반복해서 모양을 만들고, 그 모양을 아래쪽으로 밀어서 무늬를 만들었습니다.

뒤집기 방법으로 꾸미기

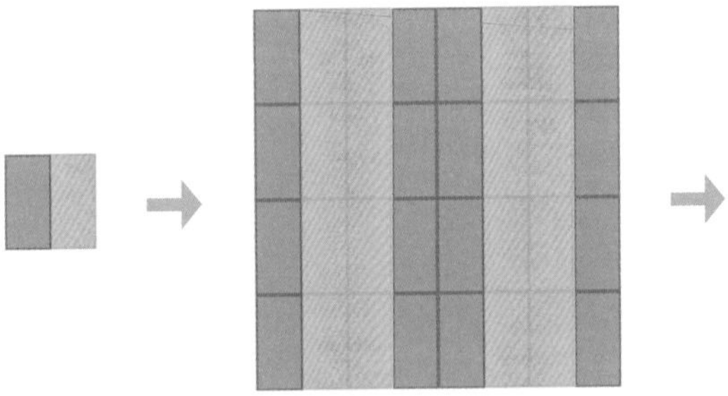

모양을 오른쪽으로 뒤집는 것을 반복해서 모양을 만들고, 그 모양을 아래쪽으로 밀어서 무늬를 만들었습니다.

돌리기 방법으로 꾸미기

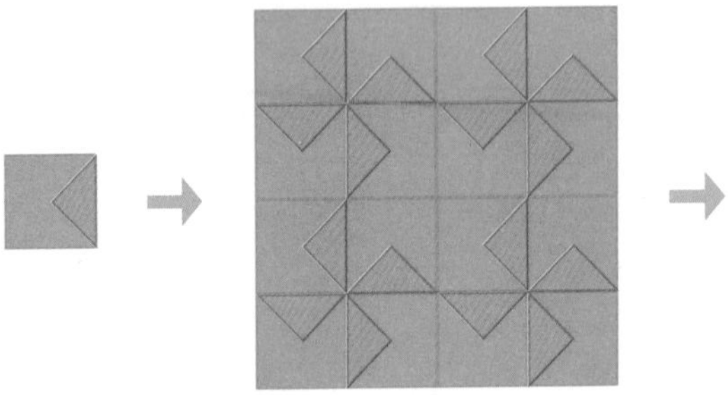

모양을 시계 방향으로 90°만큼 돌리는 것을 반복해서 모양을 만들고, 그 모양을 오른쪽과 아래쪽으로 밀어서 무늬를 만들었습니다.

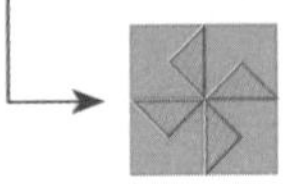

문 제 로 개 념 을 확 인 해 요

표시하기

무늬를 꾸민 이동 방법을 모두 찾아 ○표 하세요.

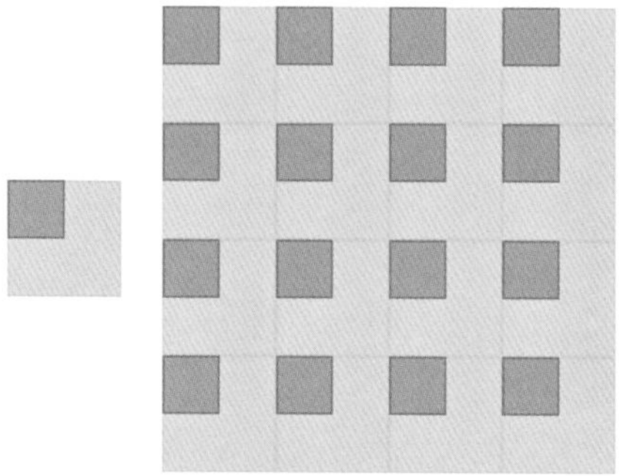

(밀기 , 뒤집기 , 돌리기)

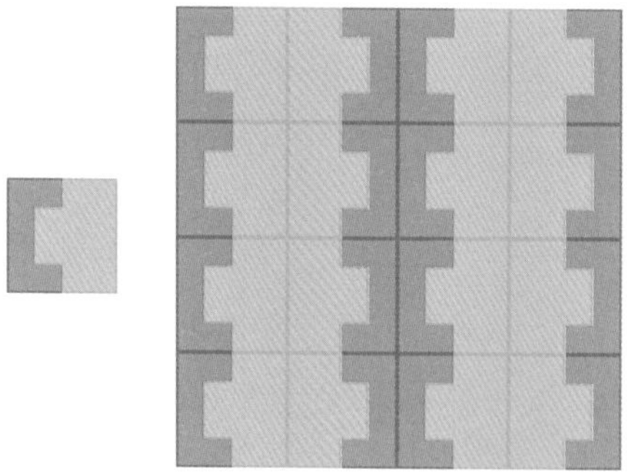

(밀기 , 뒤집기 , 돌리기)

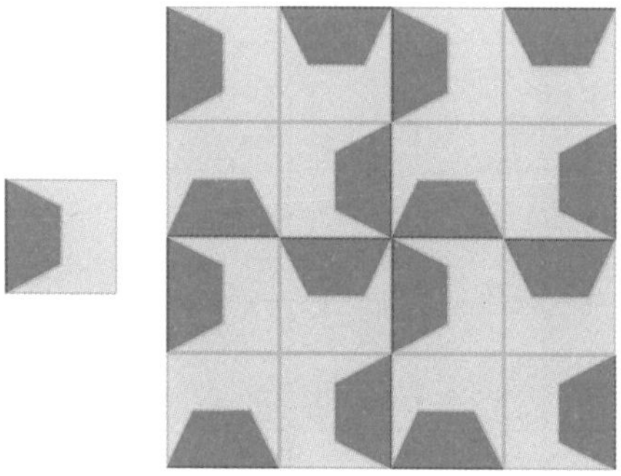

(밀기 , 뒤집기 , 돌리기)

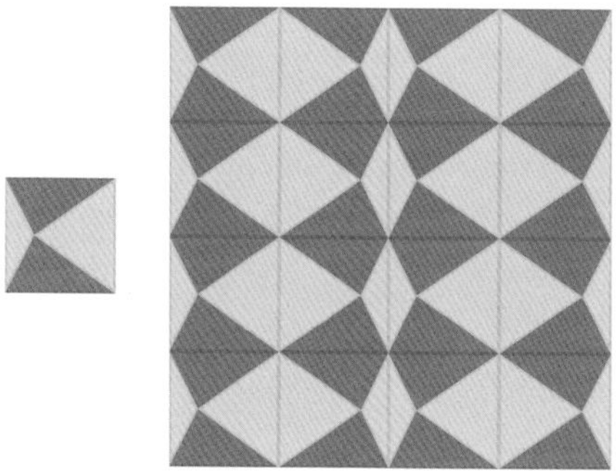

(밀기 , 뒤집기 , 돌리기)

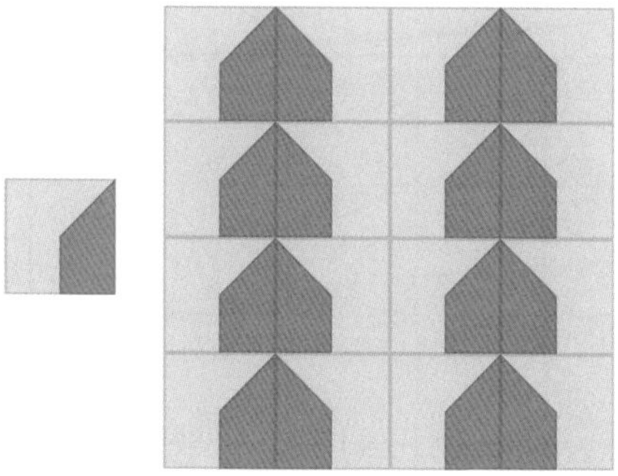

(밀기 , 뒤집기 , 돌리기)

(밀기 , 뒤집기 , 돌리기)

정답 105쪽

문제로 개념을 확인해요

그리기

주어진 모양을 정해진 이동 방법을 이용하여 무늬를 완성하세요.

밀기 방법으로 꾸미기

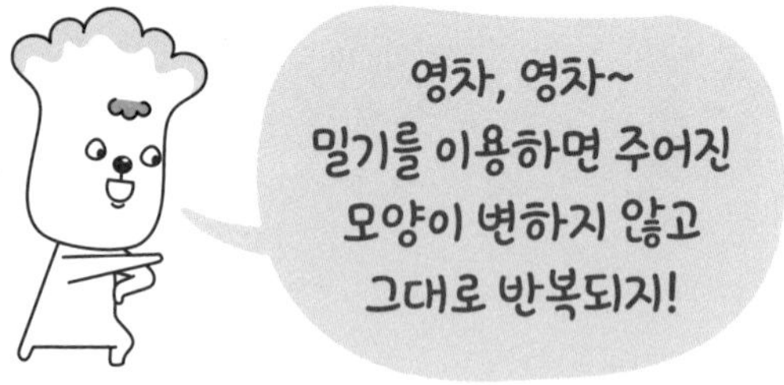
영차, 영차~
밀기를 이용하면 주어진
모양이 변하지 않고
그대로 반복되지!

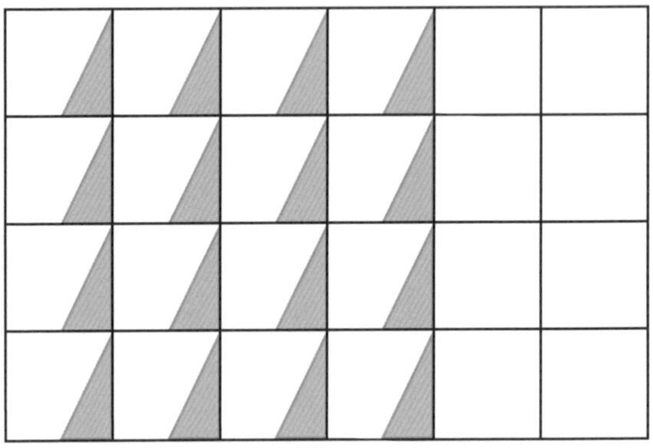

뒤집기 방법으로 꾸미기

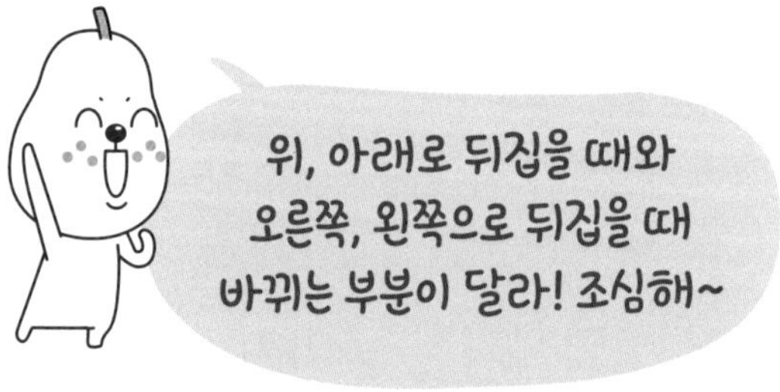
위, 아래로 뒤집을 때와
오른쪽, 왼쪽으로 뒤집을 때
바뀌는 부분이 달라! 조심해~

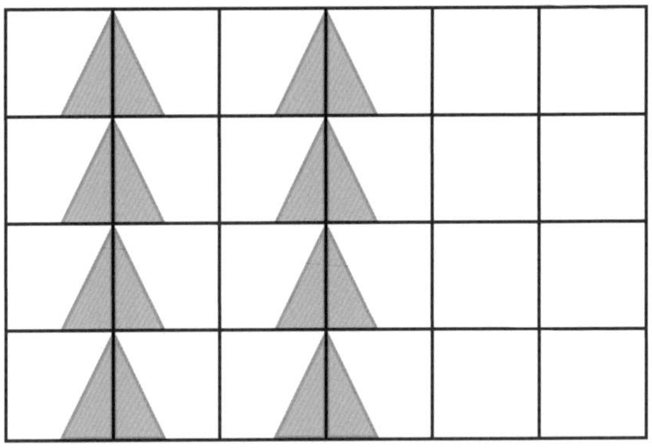

돌리기 방법으로 꾸미기

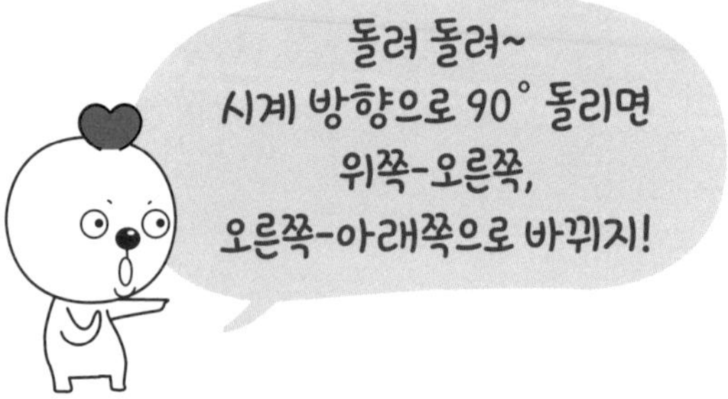
돌려 돌려~
시계 방향으로 90° 돌리면
위쪽-오른쪽,
오른쪽-아래쪽으로 바뀌지!

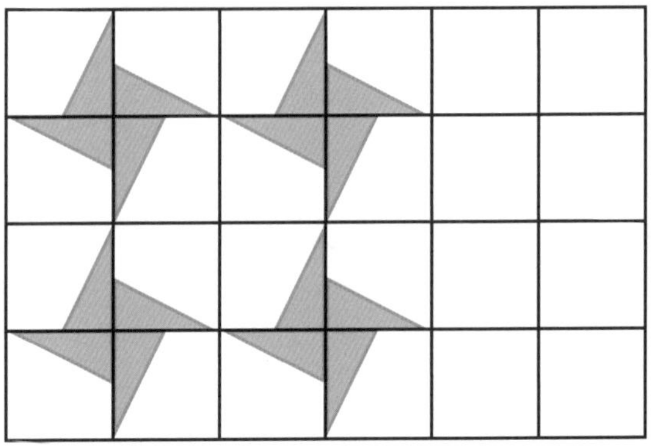

정답 105쪽

문 제 로 개 념 을 확 인 해 요

색칠 하기

규칙에 따라 무늬를 만든 것입니다.
빈칸을 채워 무늬를 완성하세요.

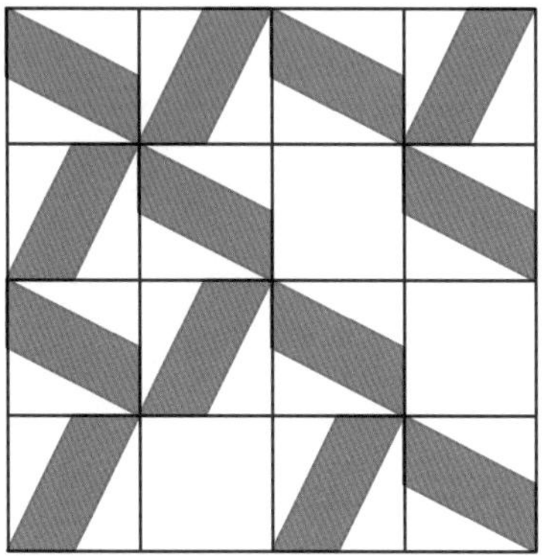

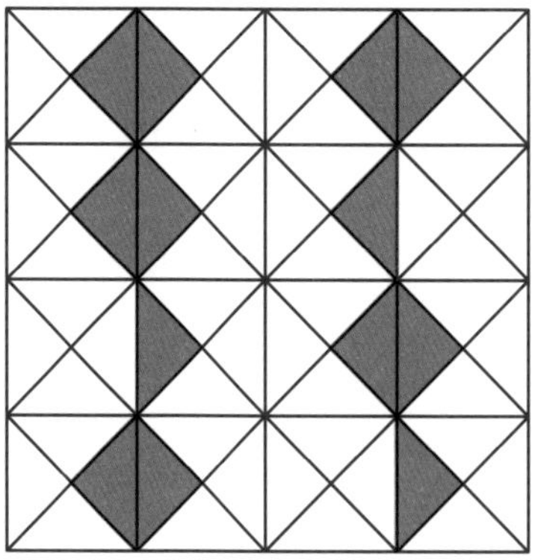

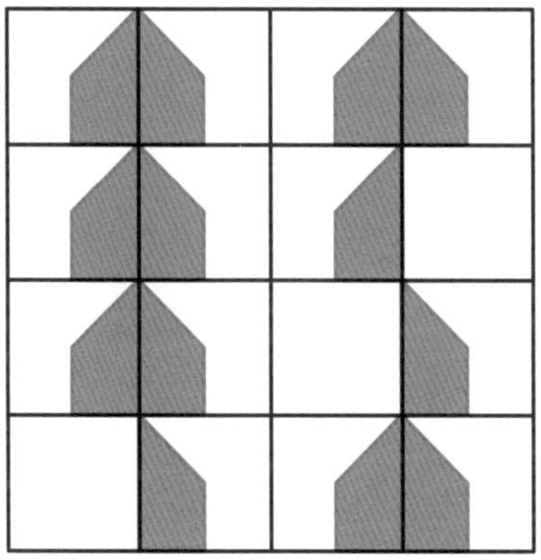

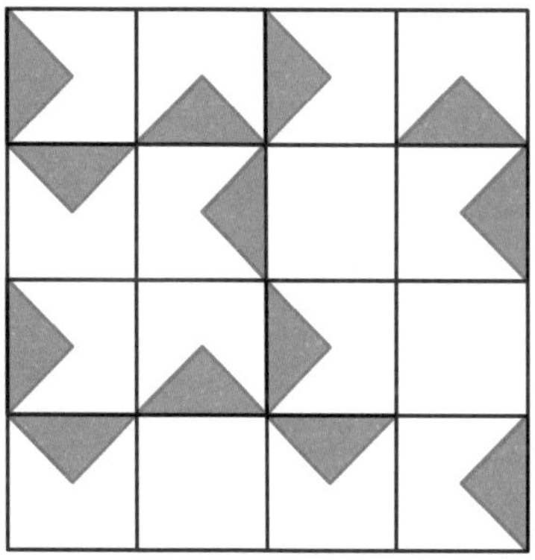

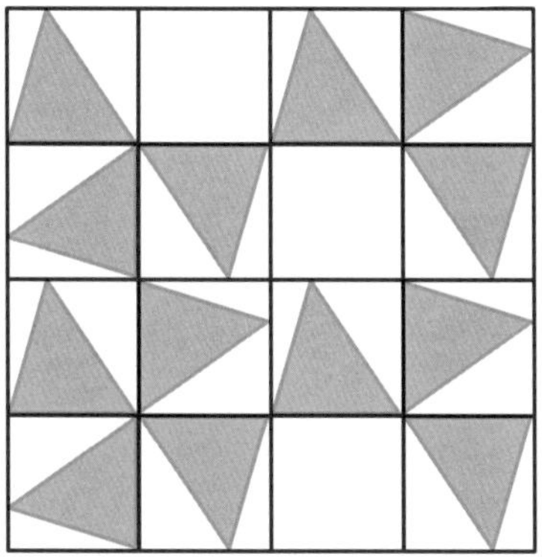

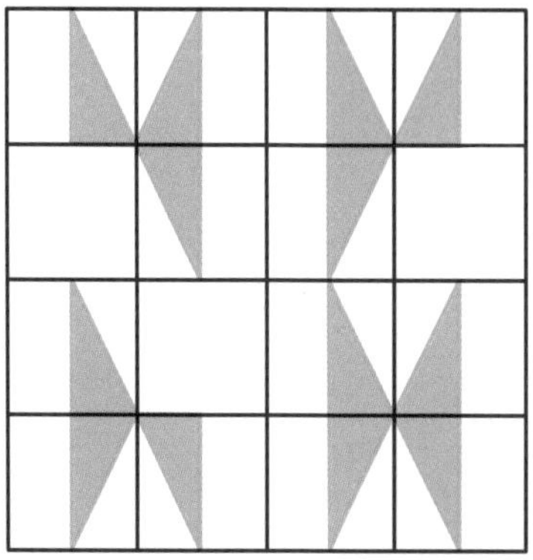

정답 105쪽

12 그림과 글로 배워요

1 직사각형과 네 변의 길이의 합이 같은 정사각형을 만들려고 합니다. 정사각형의 한 변의 길이는 몇 cm로 해야 하는지 구하세요.

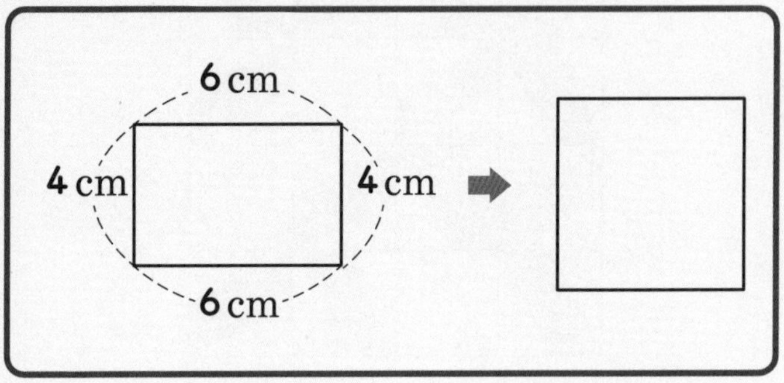
6 cm
4 cm
4 cm
6 cm

직사각형의 네 변의 길이의 합: 6+4+6+4=☐(cm)

정사각형의 한 변의 길이를 □cm라 할 때 정사각형의 네 변의 길이의 합이 직사각형의 네 변의 길이의 합과 같음:

□+□+□+□=☐(cm)

똑같은 수를 4번
더했을 때
직사각형의 네 변의
길이와 같아지는 구나.

정사각형의 한 변의 길이는 ＿＿＿＿ cm입니다.

2

오른쪽 그림에서 점 ㄱ과 점 ㄴ은 각각 원의 중심입니다. 선분 ㄱㄴ의 길이는 몇 cm인지 구하세요.

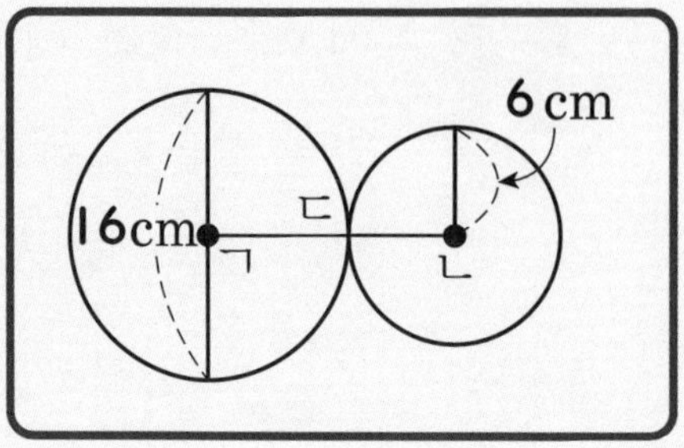

6 cm
16cm
ㄷ
ㄱ
ㄴ

선분 ㄱㄴ의 길이는
두 원의 반지름의 합과 같아!

(선분 ㄱㄴ의 길이)

=(선분 ㄱㄷ의 길이)+(선분 ☐ 의 길이)

원의 반지름의 길이는 모두 같으므로

선분 ㄴㄷ의 길이는 ☐ cm입니다.

원의 반지름은 지름의 절반이므로

(선분 ㄱㄷ의 길이)=16÷☐

=☐(cm)입니다.

선분 ㄱㄴ의 길이는 ________ cm입니다.

3

지호는 작은 각 ㉠, ㉡, ㉢ 3개로 이루어진 도형을 만들었습니다. 만든 도형에서 찾을 수 있는 크고 작은 각은 모두 몇 개인지 구하세요.

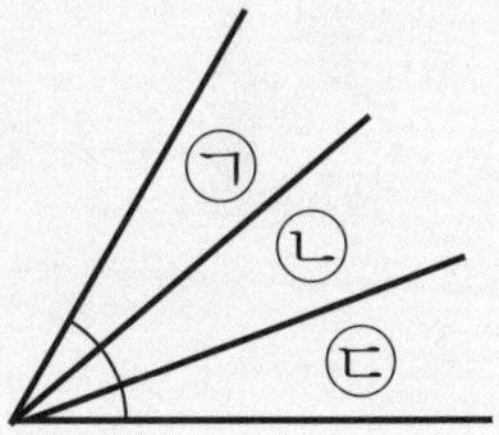

㉠
㉡
㉢

조건
① 작은 각 1개로 된 각: □, □, □
② 작은 각 2개로 된 각: □ + □, □ + □
③ 작은 각 3개로 된 각: □ + □ + □

풀이 작은 각 1개로 된 각: □ 개, 작은 각 2개로 된 각: □ 개,
작은 각 3개로 된 각: □ 개

답 **찾을 수 있는 크고 작은 각은 ______ 개입니다.**

4

친구들이 설명하는 시각을 구하세요.

긴바늘이 12를 가리켜요.
긴바늘과 짧은바늘이 이루는 각이 직각이에요.
1시와 6시 사이의 시각이에요.

조건
① 긴바늘이 12를 가리키는 시각, 1시와 6시 사이:
□ 시, □ 시, □ 시, □ 시
② 긴바늘과 짧은바늘이 직각을 이루는 시각: □ 시

풀이 시계의 긴바늘이 12를 가리키는 시각은 몇 시입니다. 1시와 6시 사이의 시각 중 정각은 □ 시, □ 시, □ 시, □ 시이고
이 중 두 시곗바늘이 직각을 이루는 시각은 □ 시입니다.

답 **친구들이 설명하는 시각은 ______ 시입니다.**

5

세 자리 수가 적힌 카드를 시계 방향으로 180°만큼 돌렸을 때 만들어지는 수와 처음 수의 합을 구하세요.

조건

① 1을 시계 방향으로 180° 돌리면 ☐ 입니다.

② 2를 시계 방향으로 180° 돌리면 ☐ 입니다.

③ 6을 시계 방향으로 180° 돌리면 ☐ 입니다.

풀이

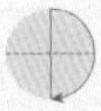

☐ 126+☐=☐

답 126과 이 수를 시계 방향으로 180°만큼 돌린 수의 합은 ______ 입니다.

6

왼쪽 도형을 한 번 움직였더니 오른쪽 도형이 되었습니다. 어떻게 움직였는지 쓰세요.

조건

① 왼쪽과 오른쪽 도형을 비교하면(위쪽과 아래쪽 , 왼쪽과 오른쪽)이 바뀌었습니다.

② 도형을 움직인 방법은 (밀기 , 뒤집기 , 돌리기)입니다.

풀이 주어진 도형은 ☐ 쪽과 ☐ 쪽이 바뀌었으므로 ☐ 를 이용하여 움직였습니다.

답 왼쪽 도형을 왼쪽(오른쪽)으로 ______ 를 이용하여 움직였습니다.

13 마무리 평가

다음 도형을 읽어 보세요.

❶

(　　　　　　　　)

❷

(　　　　　　　　)

❸

(　　　　　　　　)

도형에서 각이 몇 개인지 쓰세요.

❹
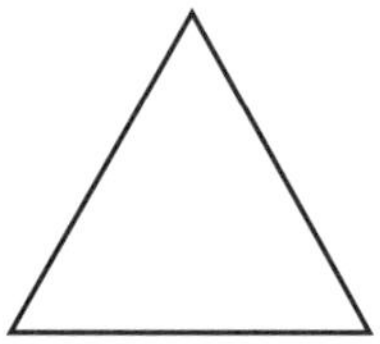

□개

❺
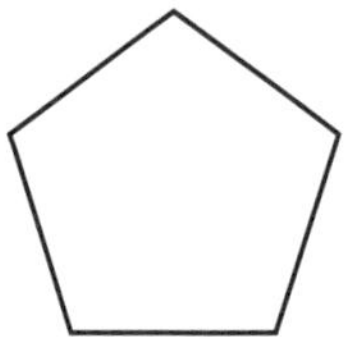

□개

❻
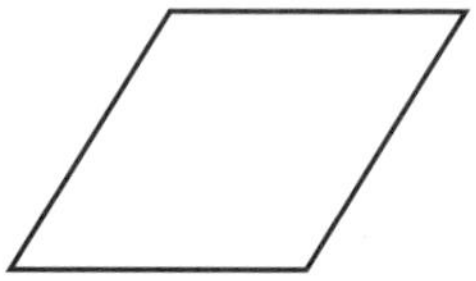

□개

도형에서 직각이 몇 개인지 쓰세요.

❼
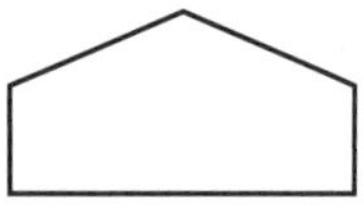

□개

❽
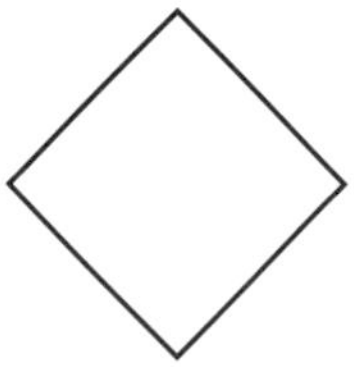

□개

❾
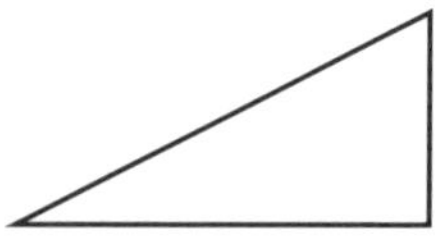

□개

각 도형을 1개씩 그리세요.

❿ 직각삼각형

⓫ 직사각형

⓬ 정사각형

정답 106쪽

원의 반지름을 구하세요.

⑬
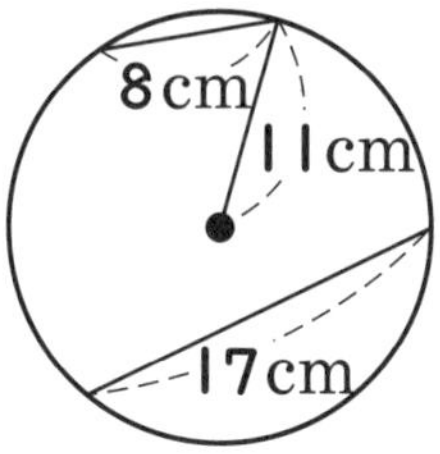

□ cm

⑭
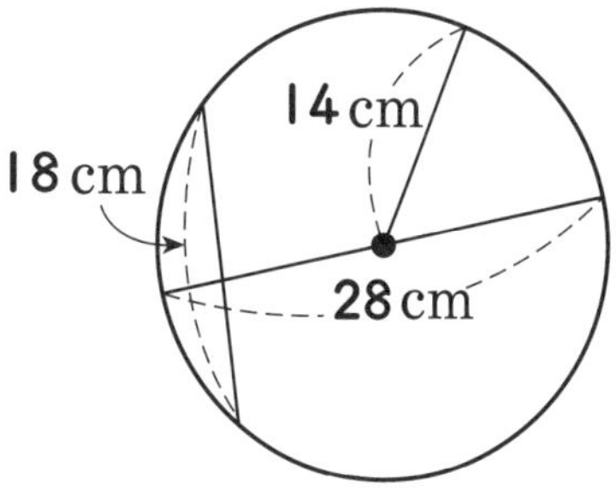

□ cm

원의 지름을 구하세요.

⑮
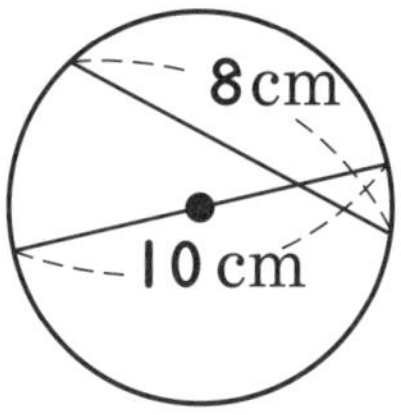

□ cm

⑯
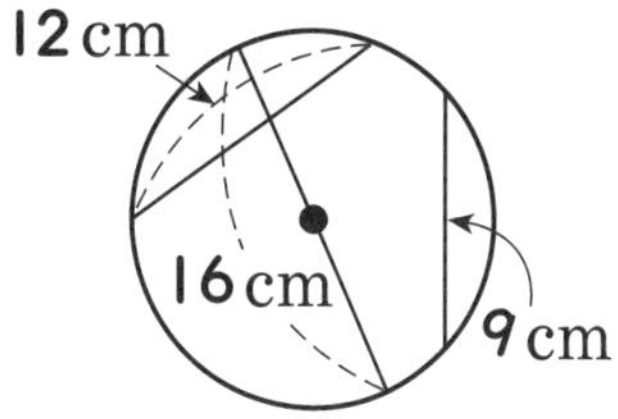

□ cm

보기 의 도형을 주어진 방법으로 이동한 도형을 그리세요.

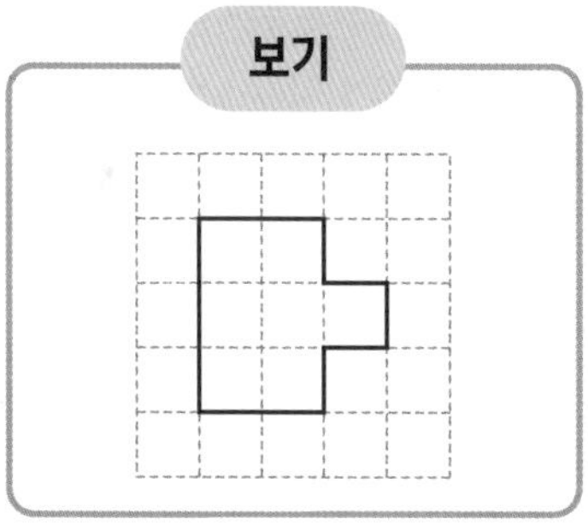

⑰ 오른쪽으로 밀기

⑱ 위쪽으로 뒤집기

⑲ 왼쪽으로 뒤집기

⑳

㉑

한눈에 보는 개념 노트

선분, 반직선, 직선은
모두 굽은 선이 아니라
곧은 선이야!

1 선분, 반직선, 직선

- 선분: 두 점을 곧게 이은 선
- 반직선: 한 점에서 시작해서 한쪽으로 끝없이 늘인 곧은 선
- 직선: 선분을 양쪽으로 끝없이 늘인 곧은 선

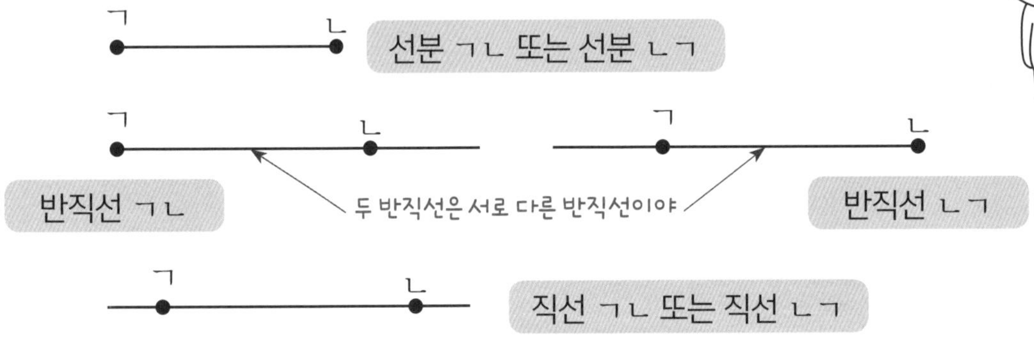

2 각, 직각

- 각: 한 점에서 그은 두 반직선으로 이루어진 도형
- 직각: 종이를 반듯하게 두 번 접었을 때 생기는 각

직각을 나타낼 때는
꼭짓점에 ㄴ 표시로
나타내요.

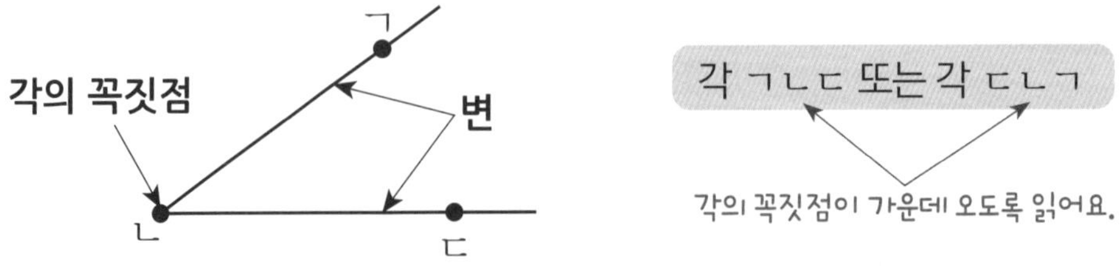

3 직각삼각형, 직사각형, 정사각형

- 직각삼각형: 한 각이 직각인 삼각형
- 직사각형: 네 각이 모두 직각인 사각형
- 정사각형: 네 각이 모두 직각이고 네 변의 길이가 모두 같은 사각형

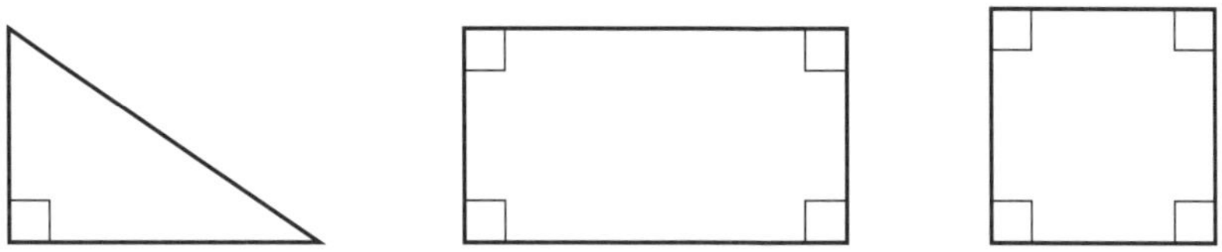

4 원, 원의 성질

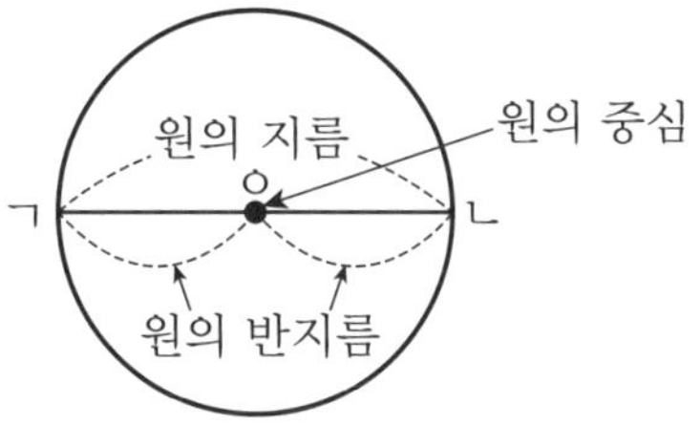

성질 1: 지름은 원을 똑같이 둘로 나눕니다.

성질 2: 지름은 원 안에 그을 수 있는 가장 긴 선분입니다.

성질 3: 지름은 무수히 많이 그을 수 있습니다.

(원의지름)=(원의 반지름)×2

5 평면도형의 이동

밀기 평면도형을 밀면 모양은 변하지 않고 위치만 바뀝니다.

뒤집기 평면도형을 위쪽이나 아래쪽으로 뒤집으면 도형의 위쪽과 아래쪽이 서로 바뀝니다. 평면도형을 왼쪽이나 오른쪽으로 뒤집으면 도형의 왼쪽과 오른쪽이 서로 바뀝니다.

돌리기 평면도형을 시계 방향으로 90°만큼 돌리면 위쪽 부분이 오른쪽으로 바뀌고, 시계 방향으로 360°만큼 돌리면 처음 도형과 똑같습니다.

수학 퍼즐 맛보기

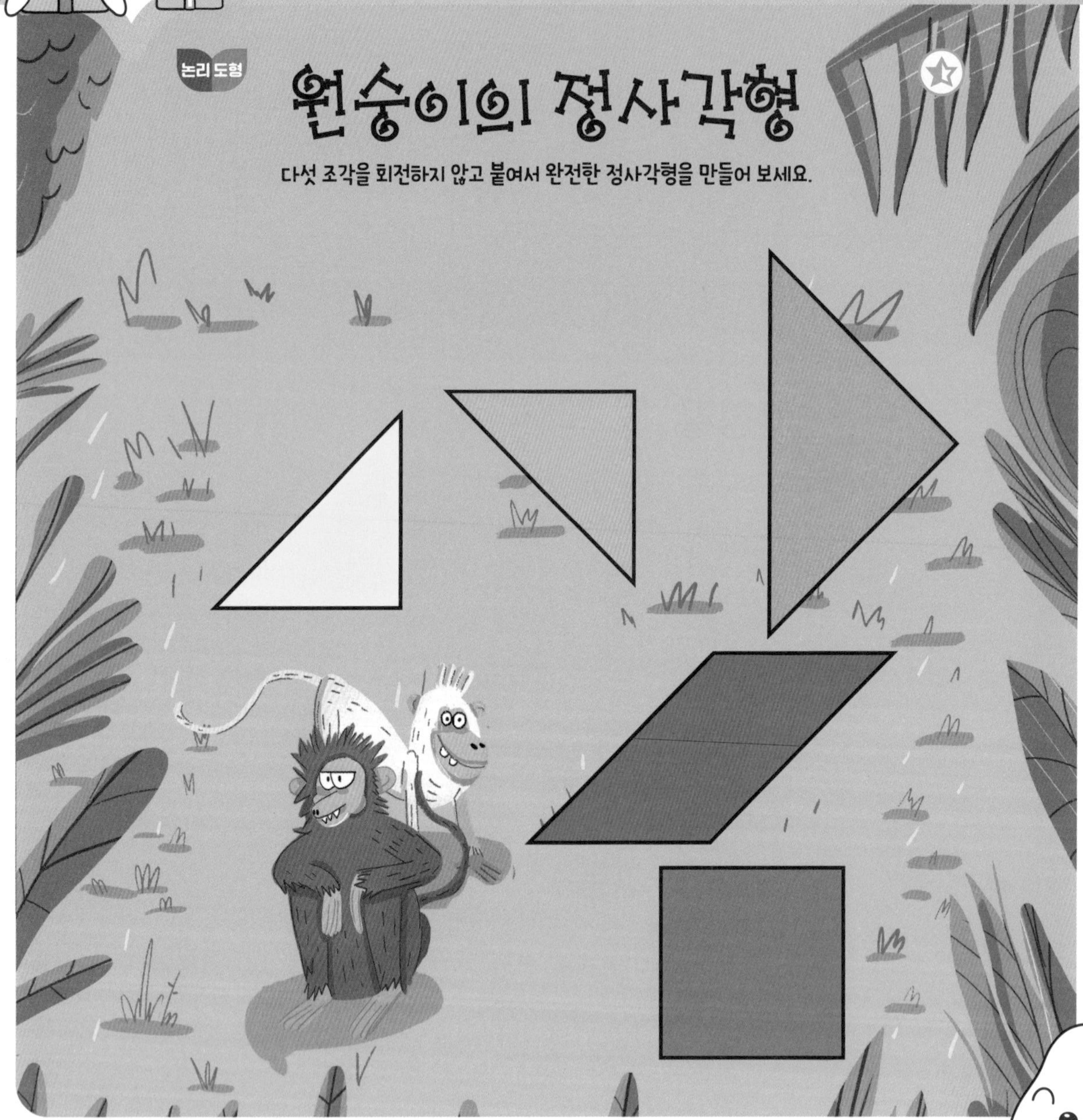
논리 도형
원숭이의 정사각형
다섯 조각을 회전하지 않고 붙여서 완전한 정사각형을 만들어 보세요.

해답

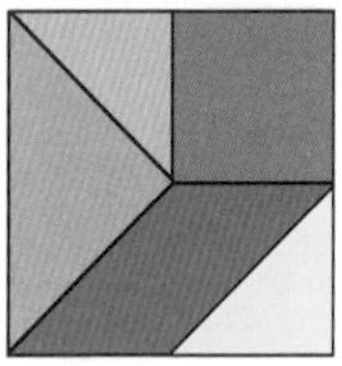

수학 퍼즐

브레인알파 「수학 퍼즐」 교재 내용입니다.

수학 퍼즐 맛보기

비교 도형

정확한 모양

회전할 때 아래 흰색 공간에 정확히 맞는 모양을 찾아보세요.

해답

3을 시계 방향으로 반의 반바퀴 돌리면 주어진 흰색 공간에 정확히 맞는 모양이 돼요.

브레인알파 「수학 퍼즐」 교재 내용입니다.

2. 각도

지도 가이드

각도 4학년 1학기

1. 각도의 뜻을 알고 각도의 단위를 알 수 있습니다.
2. 각도기의 사용법을 알고 각도기를 이용하여 각도를 잴 수 있습니다.
3. 각도기와 자를 사용하여 주어진 크기의 각을 그릴 수 있습니다.
4. 각도의 합과 차를 구할 수 있습니다.
5. 삼각형의 세 각의 크기의 합, 사각형의 네 각의 크기의 합을 알 수 있습니다.

학습 계획표

번호	쪽수	공부한 날	성취도
01	64~67쪽	월 일	☺ 😐 ☹
02	68~71쪽	월 일	☺ 😐 ☹
03	72~75쪽	월 일	☺ 😐 ☹
04	76~79쪽	월 일	☺ 😐 ☹
05	80~83쪽	월 일	☺ 😐 ☹
06	84~87쪽	월 일	☺ 😐 ☹
07	88~91쪽	월 일	☺ 😐 ☹
08	92~95쪽	월 일	☺ 😐 ☹
09	96~97쪽	월 일	☺ 😐 ☹

교 과 서 개 념 을 배 워 요

01 각의 크기 비교

학습목표 • 여러 가지 각의 크기를 비교할 수 있어요.

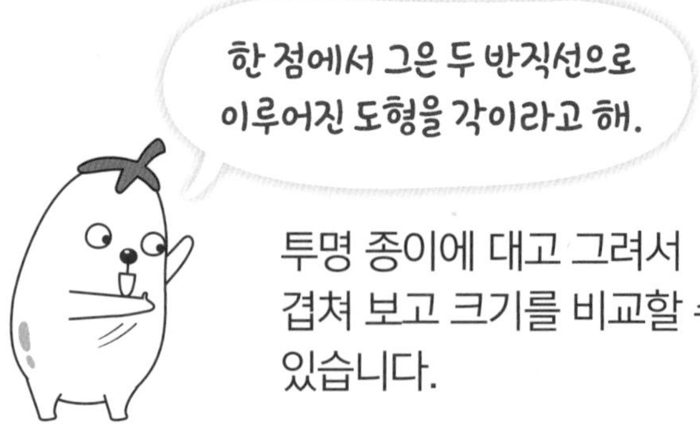

한 점에서 그은 두 반직선으로 이루어진 도형을 각이라고 해.

각이 벌어진 정도를 비교해서 각의 크기가 '크다', 각의 크기가 '작다'로 나타내요.

투명 종이에 대고 그려서 겹쳐 보고 크기를 비교할 수 있습니다.

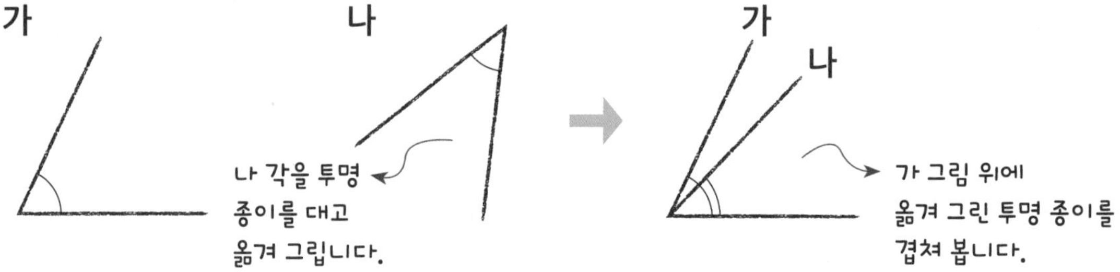

가
나
나 각을 투명 종이를 대고 옮겨 그립니다.
가
나
가 그림 위에 옮겨 그린 투명 종이를 겹쳐 봅니다.

기준이 되는 각을 정해 몇 개 만큼인지로 비교할 수 있습니다.

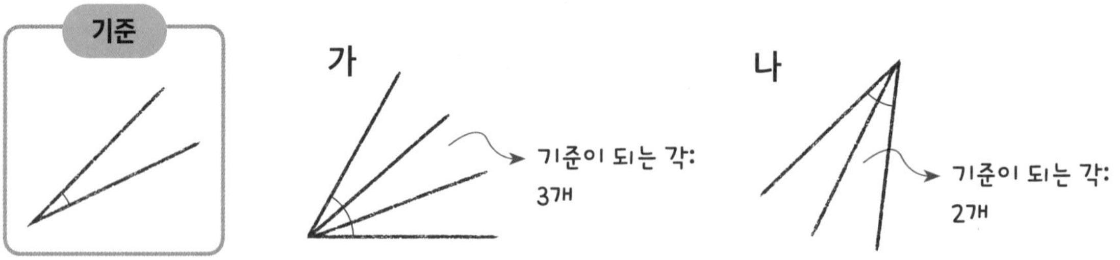

기준
가
기준이 되는 각: 3개
나
기준이 되는 각: 2개

개념문제

두 피자 조각의 각 중에서 더 작은 각을 찾아 ○표 하세요.

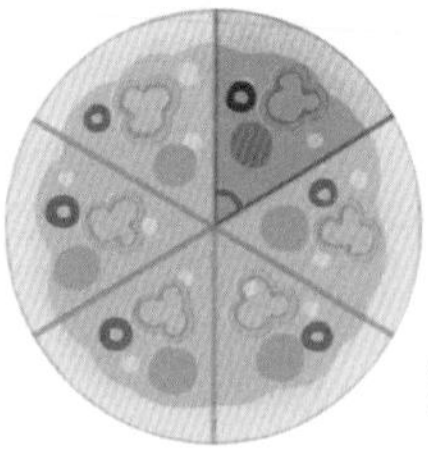
( )

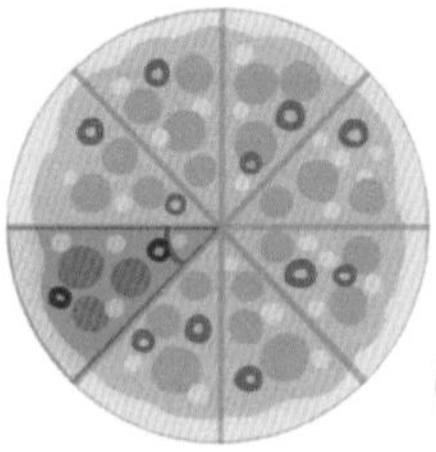
(○)

문제로 개념을 확인해요

쓰기

가장 많이 벌어진 각에 ○표, 가장 적게 벌어진 각에 △표 하세요.

(　　　　　　) (　　　　　　) (　　　　　　)

(　　　　　　) (　　　　　　) (　　　　　　)

(　　　　　　) (　　　　　　) (　　　　　　)

(　　　　　　) (　　　　　　) (　　　　　　)

정답 106쪽

문제로 개념을 확인해요

색칠하기

주어진 각만큼 색칠하고, 더 큰 각에 ○표 하세요.

기준

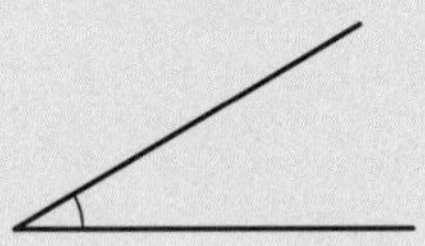

기준의 2개 만큼

( )

기준의 3개 만큼

( )

기준

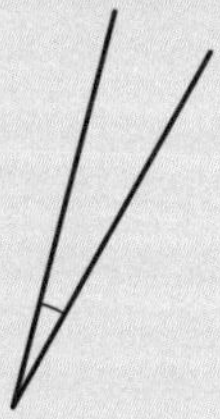

기준의 5개 만큼

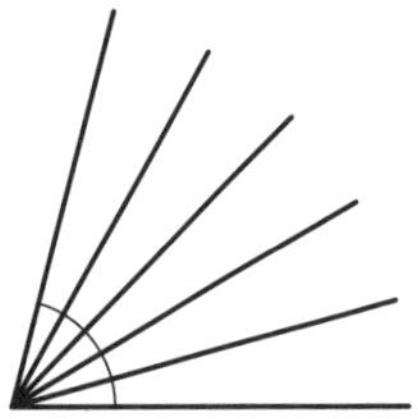

( )

기준의 4개 만큼

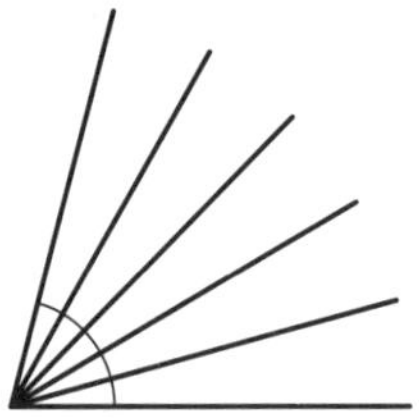

( )

기준

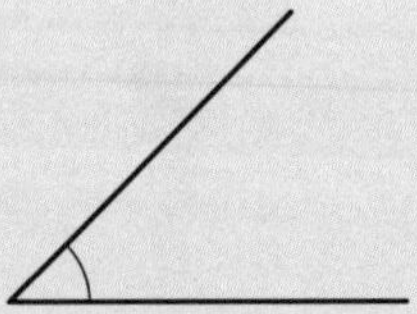

기준의 3개 만큼

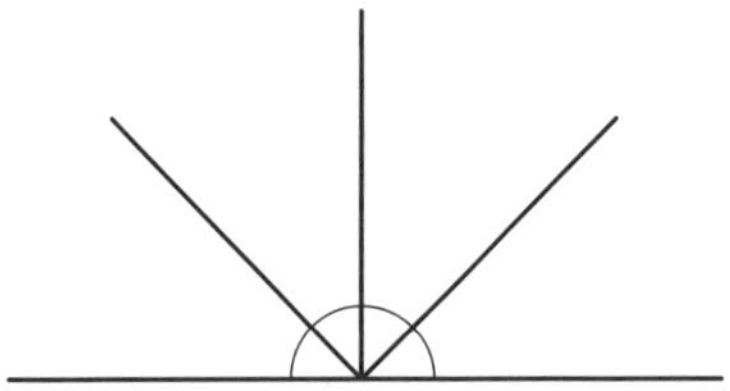

( )

기준의 4개 만큼

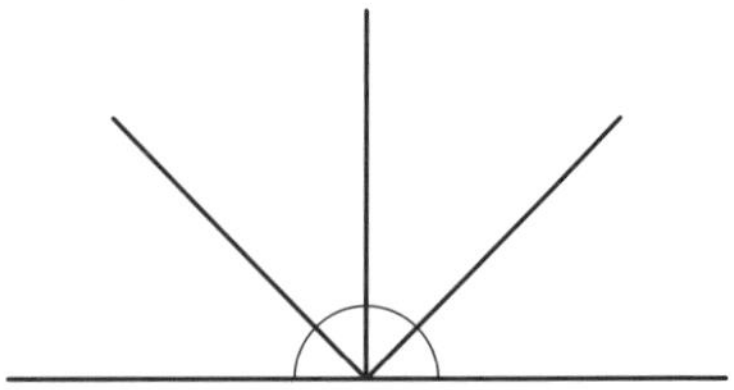

( )

문제로 개념을 확인해요

쓰기

각의 크기를 비교하여 가장 큰 것부터 차례로 1, 2, 3을 쓰세요.

각의 크기는
변이 벌어진
정도만
비교하는 거야.

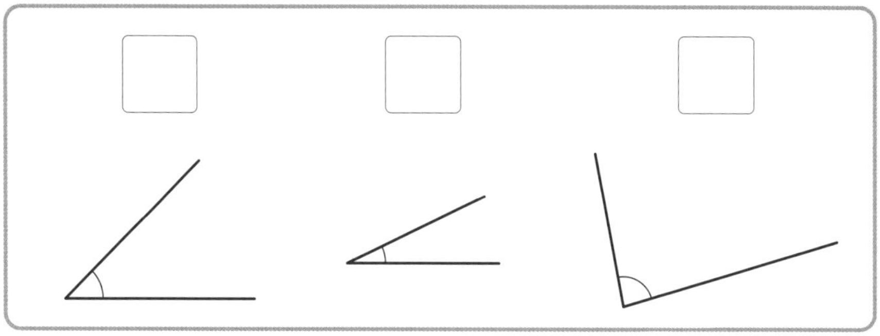

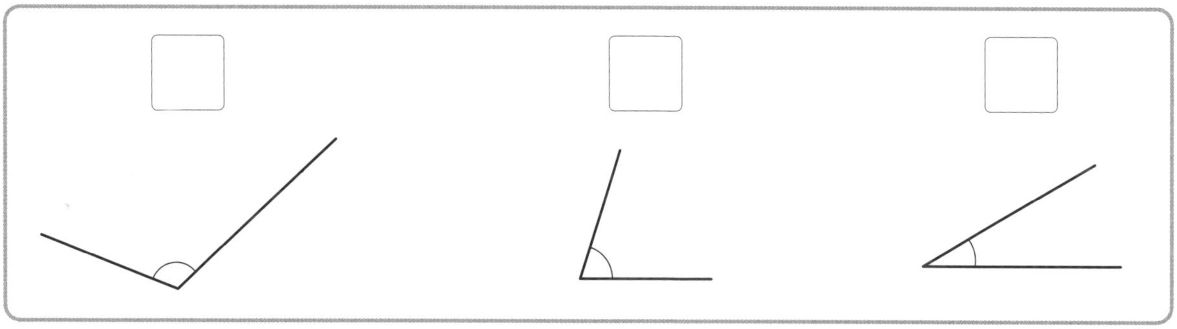

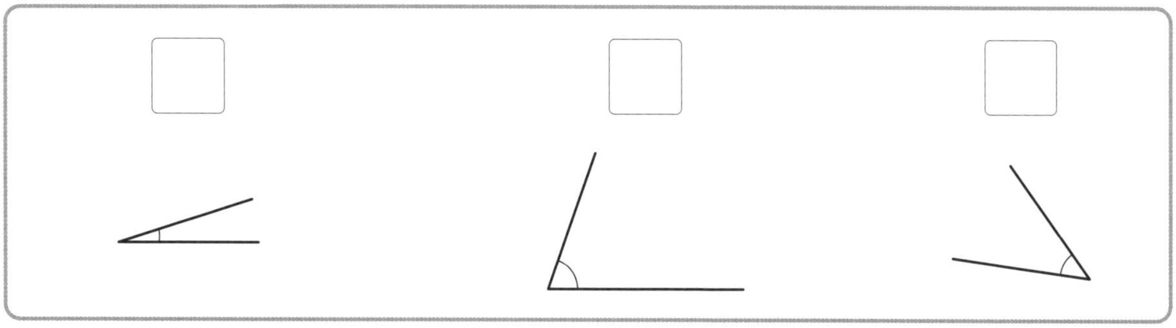

교 과 서 개 념 을 배 워 요

02 각의 크기 재기

학습목표
- 각도의 뜻을 알고 각도의 단위인 도(°)를 알 수 있어요.
- 각도기의 사용법을 익혀 각도기로 각도를 잴 수 있어요.

각의 크기를
각도라고 해.

직각을 똑같이 90으로 나눈 것 중 하나를 1도라 하고 1°라고 써요.

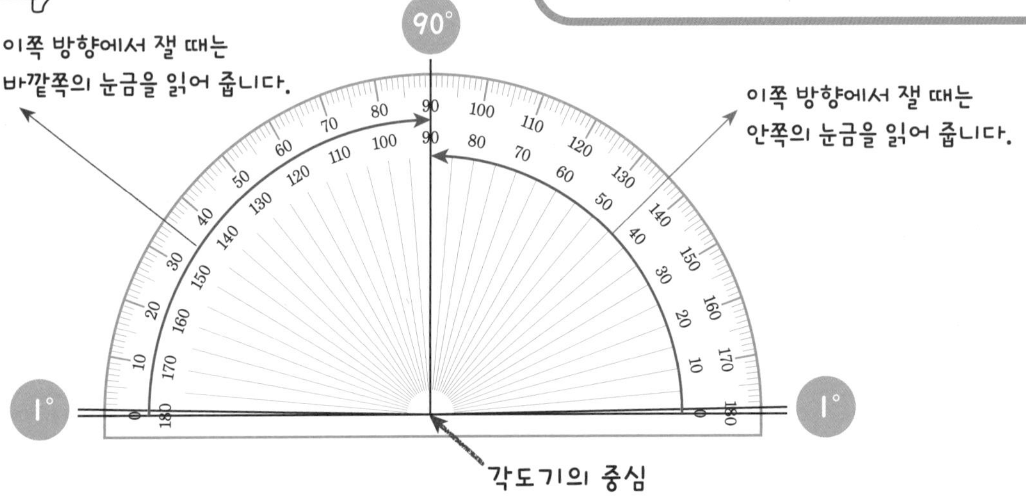

90°
이쪽 방향에서 잴 때는
바깥쪽의 눈금을 읽어 줍니다.
이쪽 방향에서 잴 때는
안쪽의 눈금을 읽어 줍니다.
1°
1°
각도기의 중심

각도기를 이용하여 각도를 재고 읽는 방법

- 각도기의 중심과 각의 꼭짓점을 맞춥니다.
- 각도기의 밑금과 각의 한 변을 맞춥니다.
- 각도를 읽을 때는 각도기의 밑금과 각의 한 변이 만난 쪽의 눈금에서 시작하여 각의 나머지 변이 각도기의 눈금과 만나는 부분을 읽습니다.

개념문제 각도기의 중심과 밑금을 바르게 맞춘 것에 ○표 하세요.

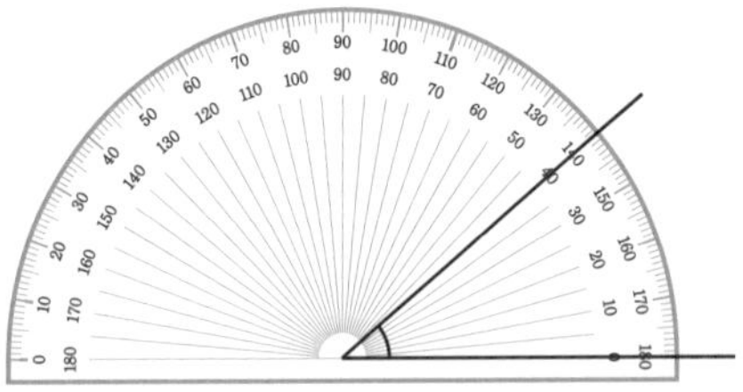

(○)

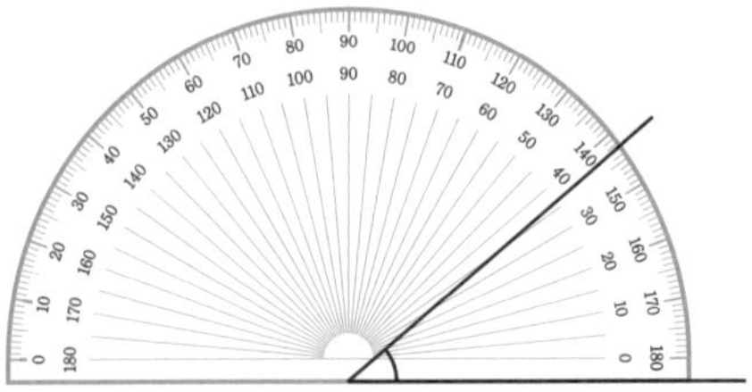

(   )

문제로 개념을 확인해요

선 잇기

각도기를 사용하여 각도를 바르게 잰 것을 찾아 선으로 이으세요.

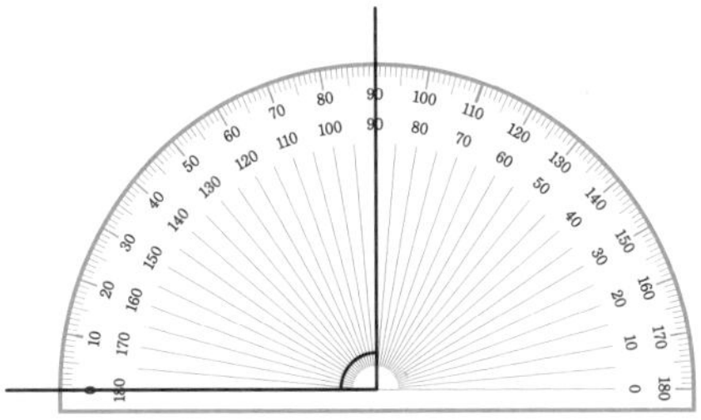

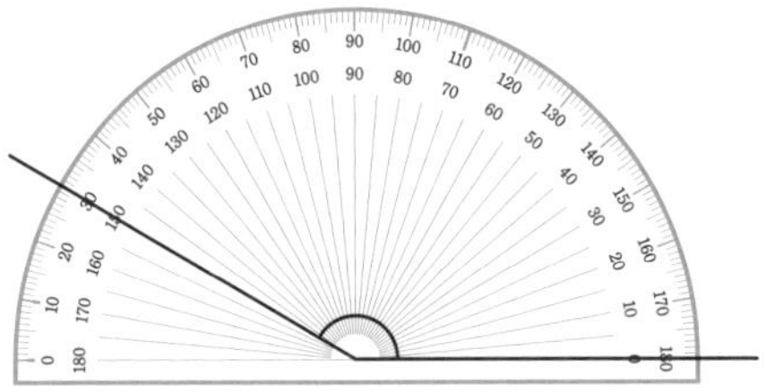

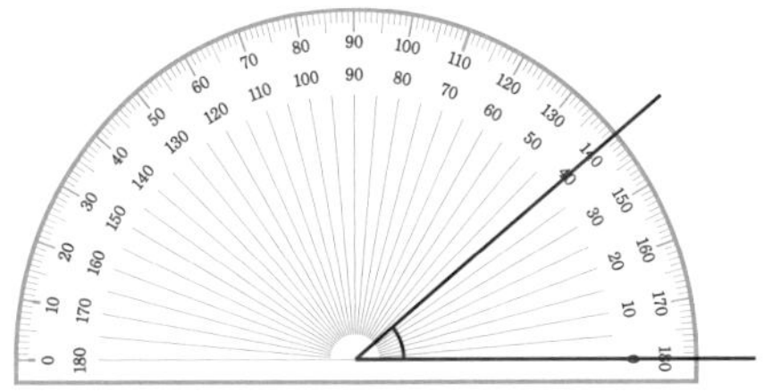

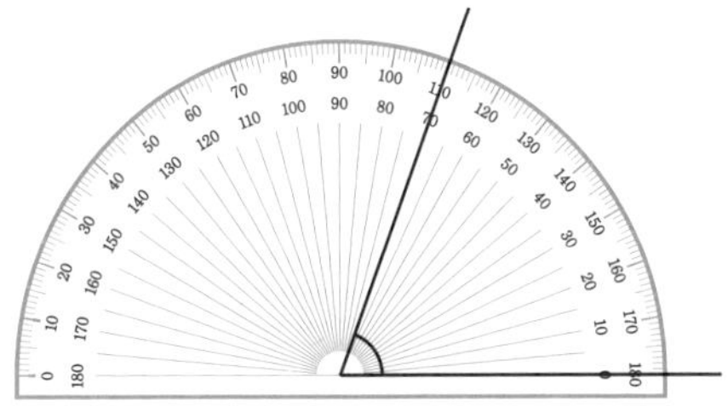

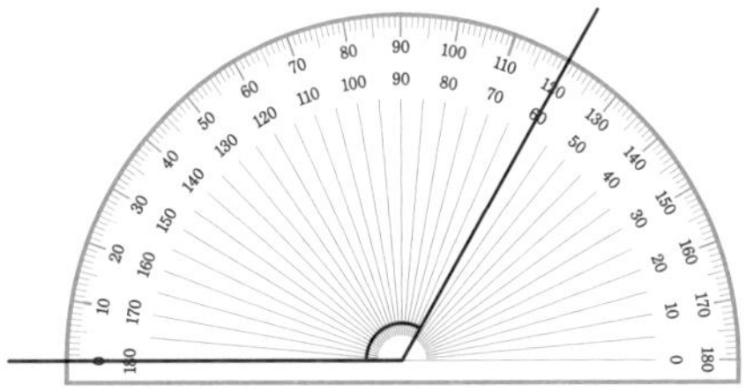

40°

90°

120°

70°

150°

문제로 개념을 확인해요

쓰기

각도기를 이용하여 각도를 재어 보세요.

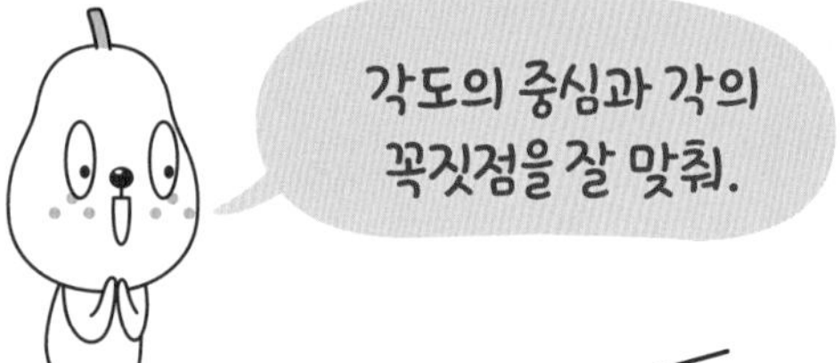
각도의 중심과 각의 꼭짓점을 잘 맞춰.

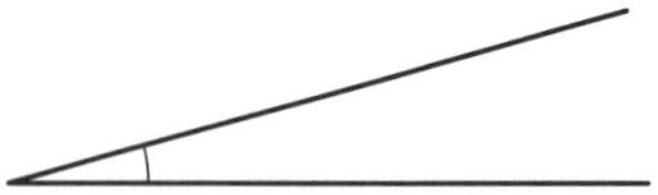

( )°

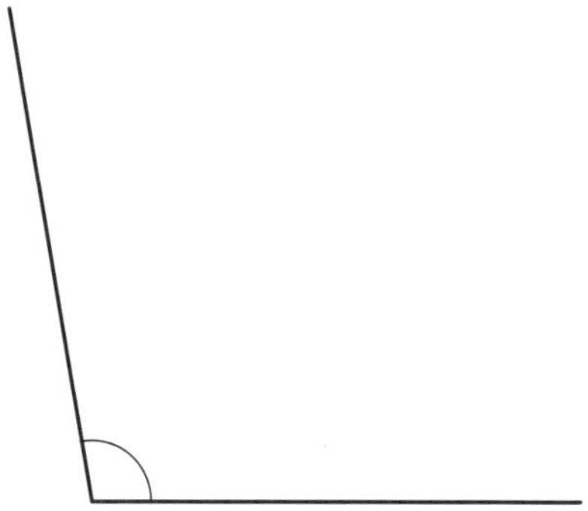

( )°

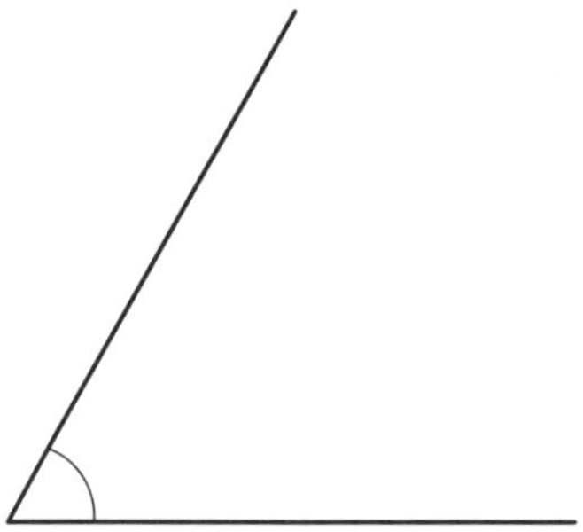

( )°

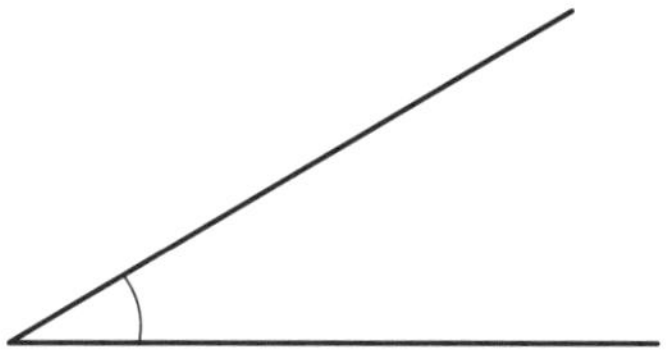

( )°

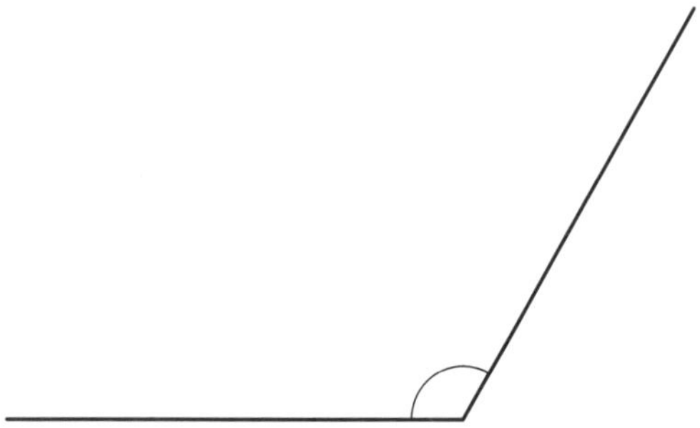

( )°

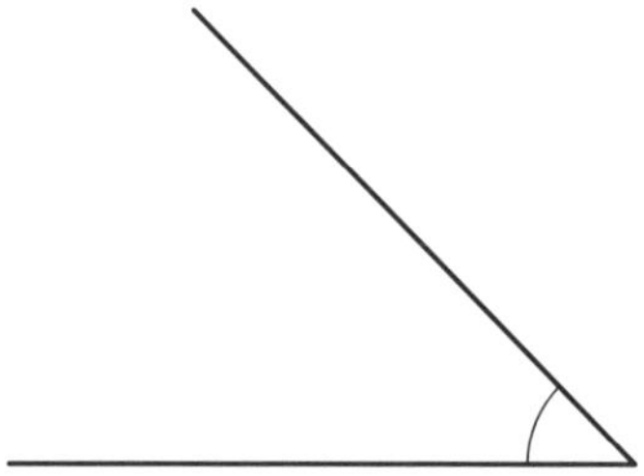

( )°

정답 106쪽

문제로 개념을 확인해요

쓰기

각도기를 이용하여 여러 가지 도형의 각도를 재어 보세요.

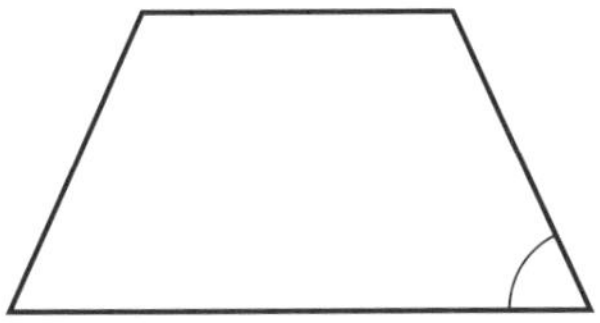

(   )°

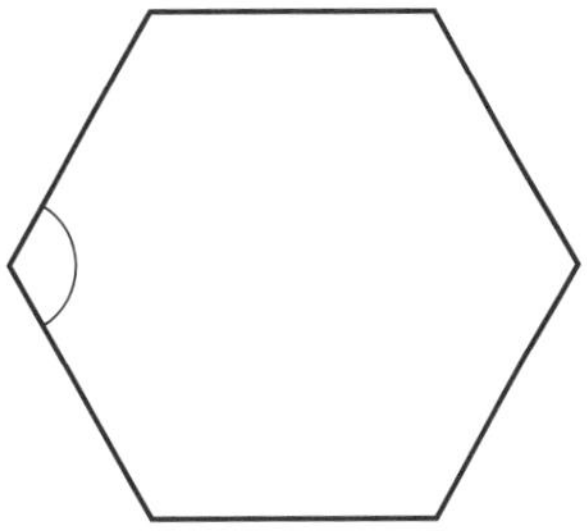

(   )°

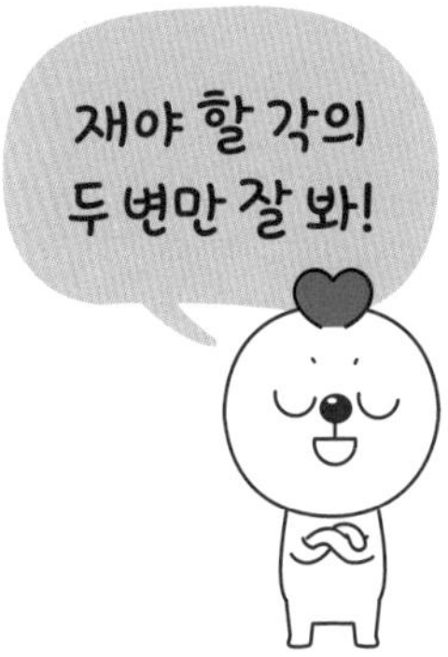
재야 할 각의
두 변만 잘 봐!

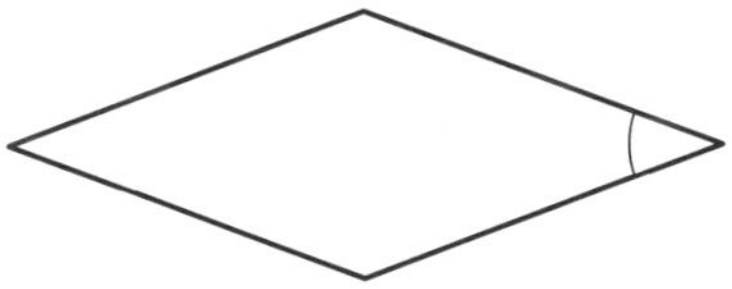

(   )°

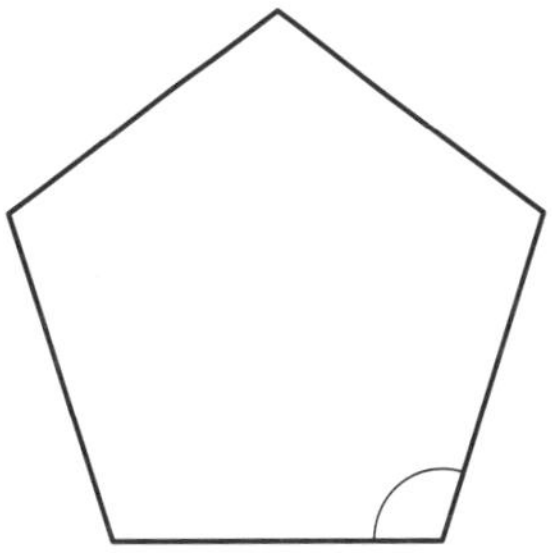

(   )°

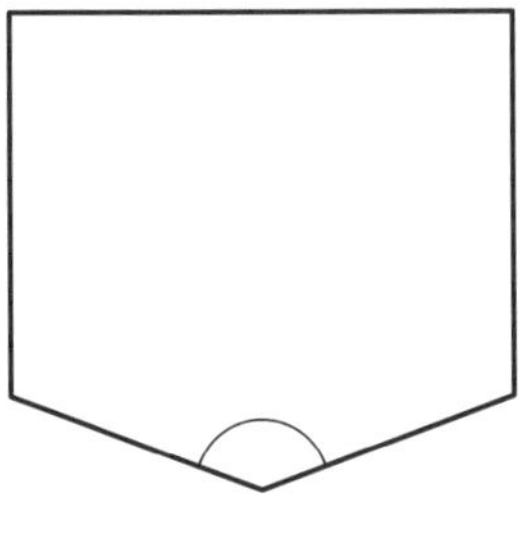

(   )°

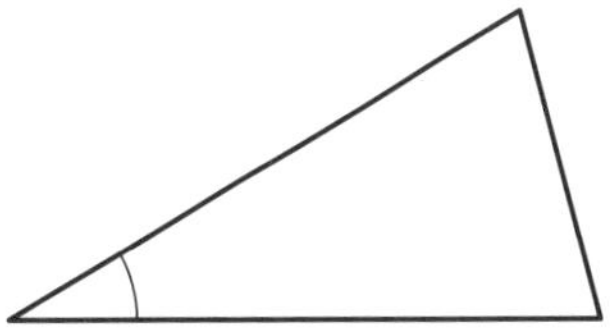

(   )°

교 과 서 개 념 을 배 워 요

03 크기가 주어진 각 그리기

학습목표 ● 각도기와 자를 이용하여 여러 각도의 각을 그릴 수 있어요.

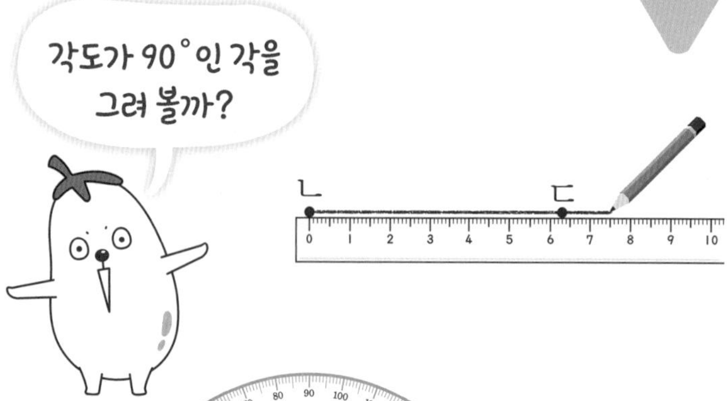

① 자를 사용하여 각의 한 변 ㄴㄷ을 그립니다.

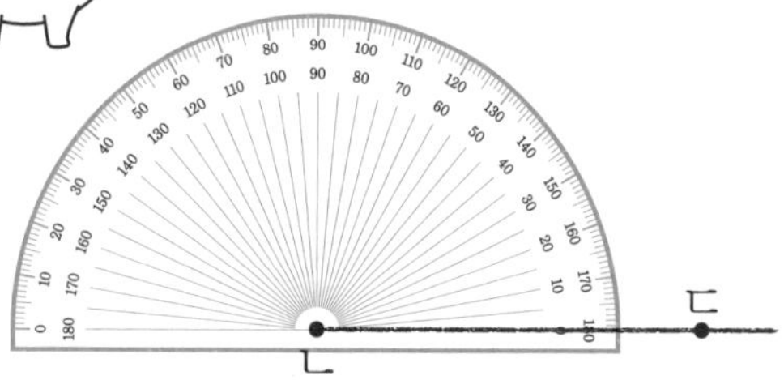

② 각도기의 중심과 점 ㄴ을 맞추고, 각도기의 밑금과 각의 한 변인 변 ㄴㄷ을 맞춥니다.

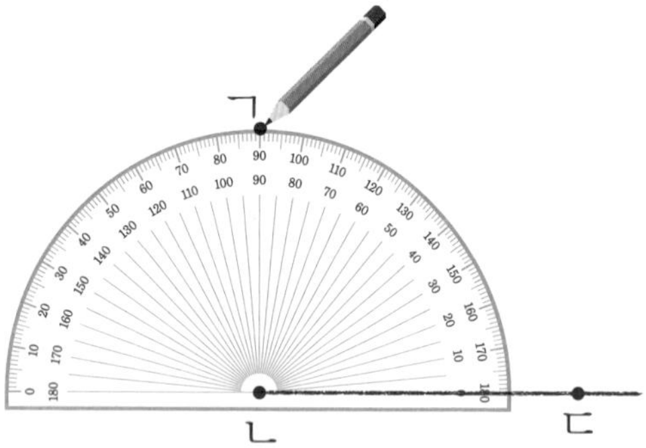

③ 각도기의 밑금에서 시작하여 각도가 90°가 되는 눈금에 점 ㄱ을 표시합니다.

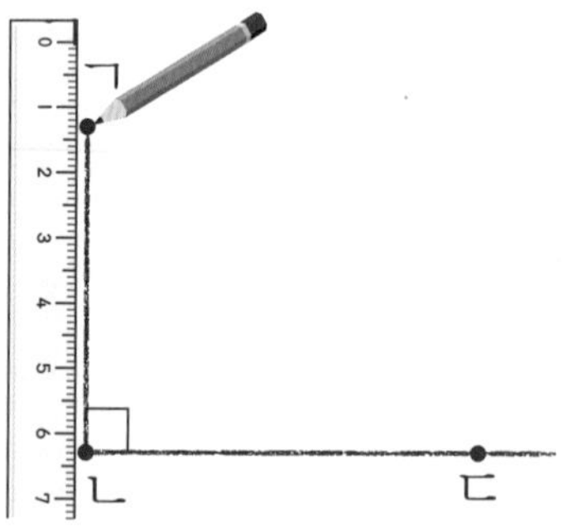

④ 각도기를 떼고, 자를 이용하여 변 ㄱㄴ을 그어 각도가 90°인 각 ㄱㄴㄷ을 완성합니다.

문제로 개념을 확인해요

그리기

주어진 각도의 각을 각도기 위에 그려 보세요.

120°

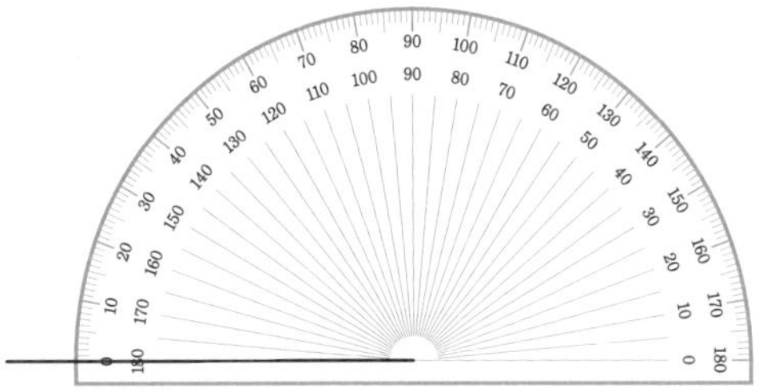

160°

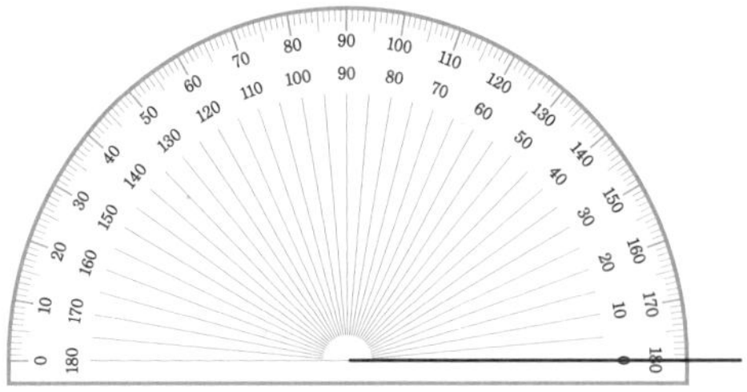

65°

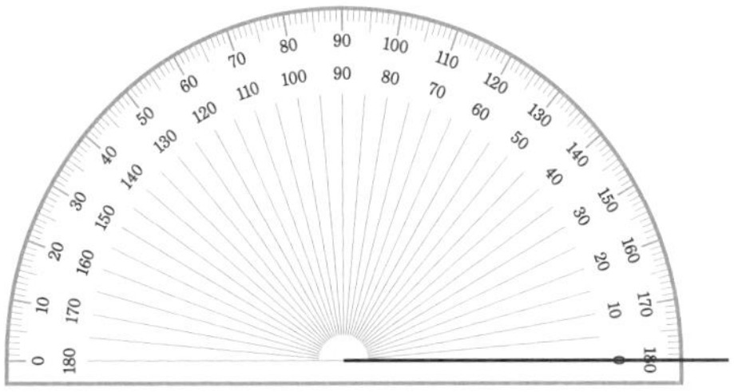

90°

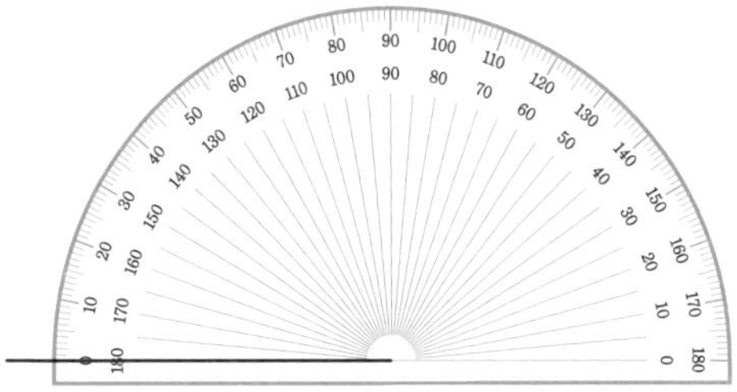

50°

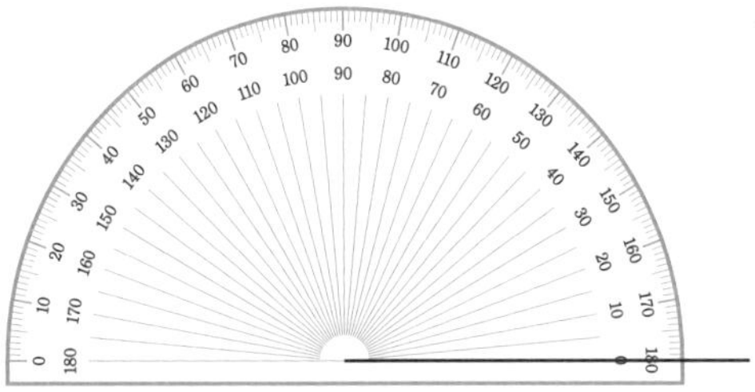

145°

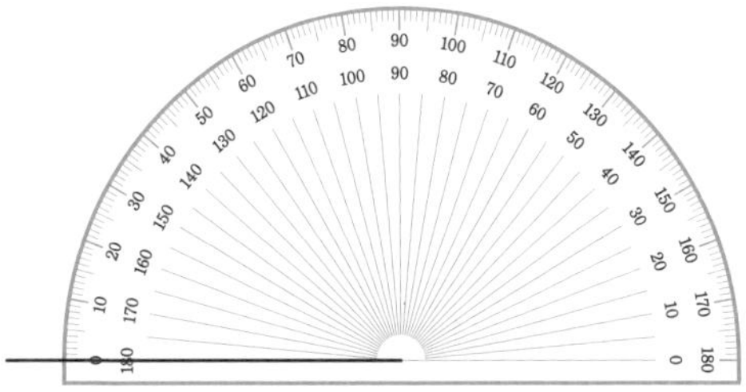

정답 107쪽

문제로 개념을 확인해요

그리기

각도기와 자를 이용하여 주어진 각도의 각을 그리세요.

선분의 두 점 중에서
어느 점을 각의 꼭짓점으로
할 지 정해 봐!

110°

50°

165°

80°

140°

정답 107쪽

문제로 개념을 확인해요

그리기

각도기와 자를 이용하여 주어진 각도의 각을 그리세요.

30°

45°

90°

60°

100°

145°

교과서 개념을 배워요

04 예각, 둔각

학습목표 ▸ 직각과 비교하는 활동을 통해 예각, 둔각을 알 수 있어요.

각도가 0°보다 크고 직각보다 작은 각을 예각, 각도가 직각보다 크고 180°보다 작은 각을 둔각이라고 해요.

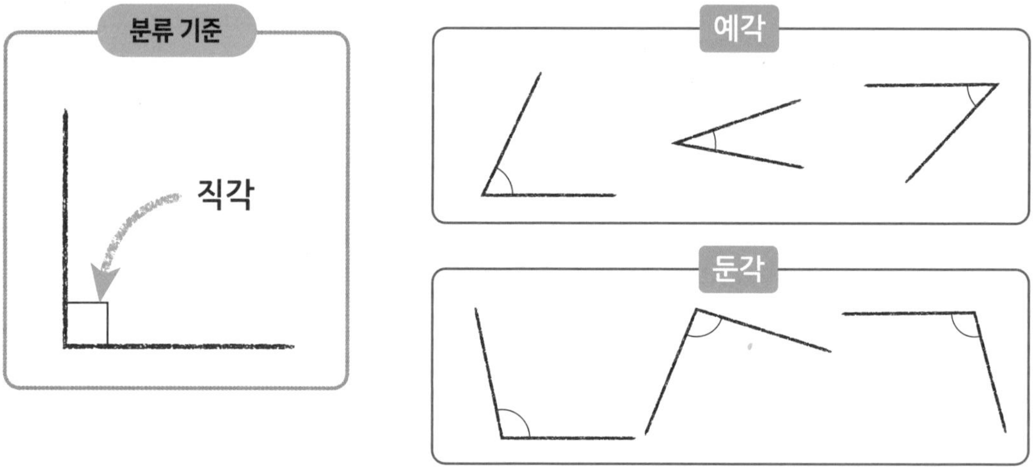

개념문제

주어진 각을 예각, 직각, 둔각으로 분류하여 기호를 쓰세요.

예각	직각	둔각
가	다	나, 라

문제로 개념을 확인해요

그리기

주어진 선분을 이용하여 예각과 둔각을 그리세요.

예각

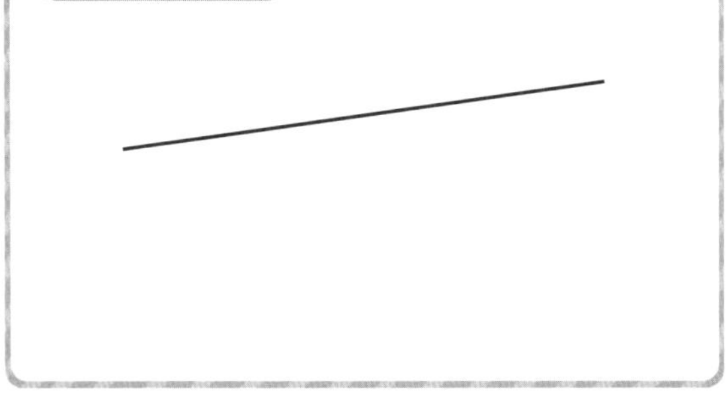

둔각

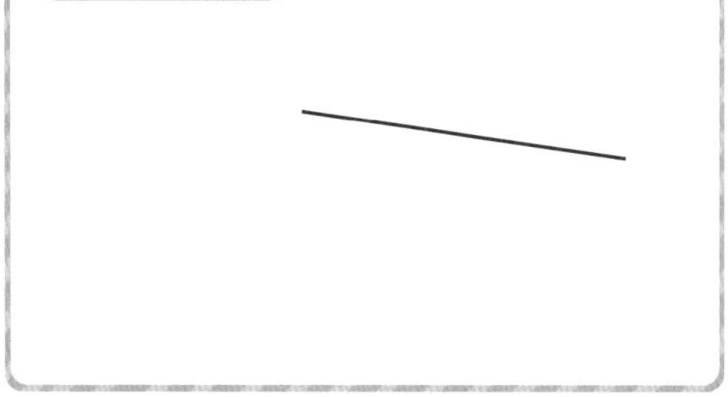

예각

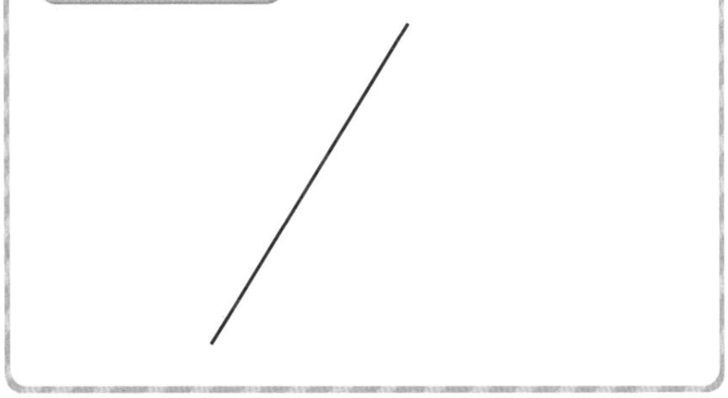

둔각

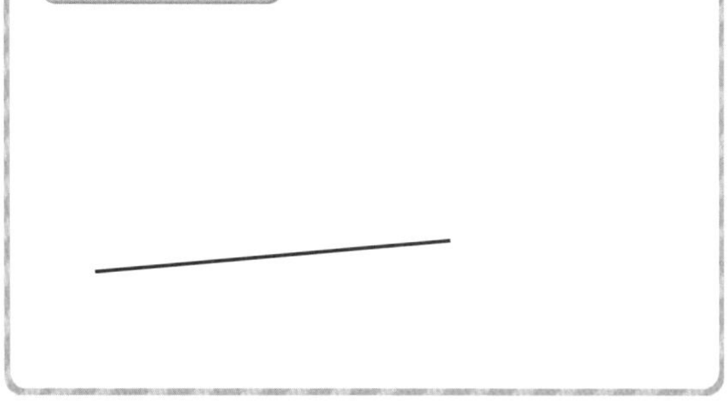

예각

둔각

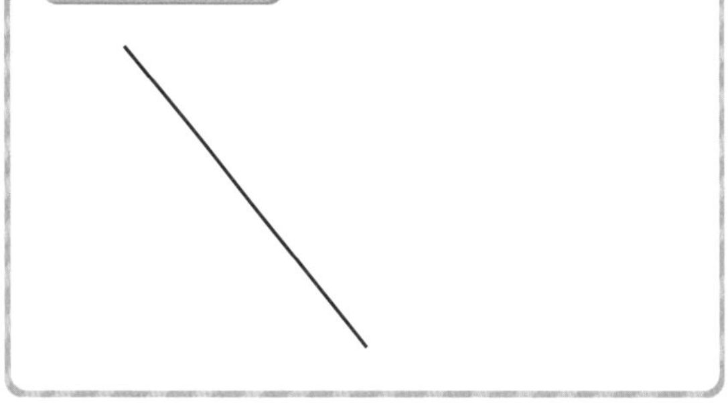

정답 107쪽

문제로 개념을 확인해요

쓰기

각을 보고 예각이면 '예', 직각이면 '직', 둔각이면 '둔'이라고 □ 안에 쓰세요.

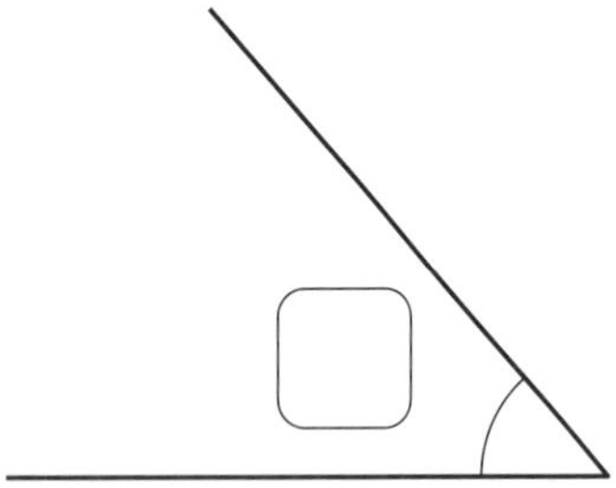

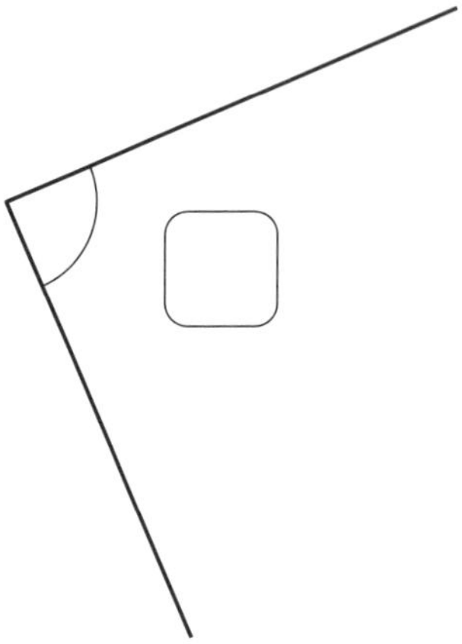

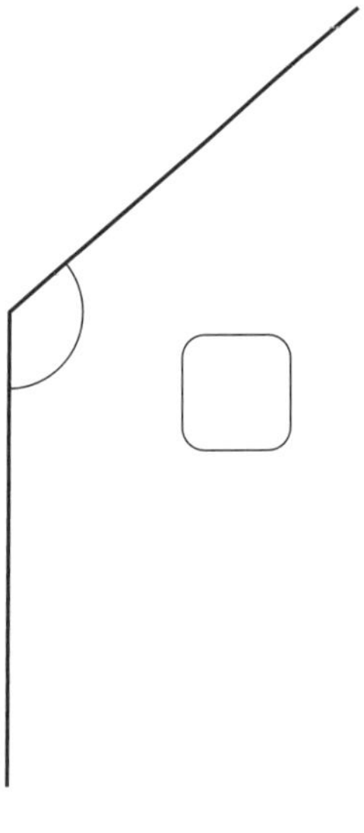

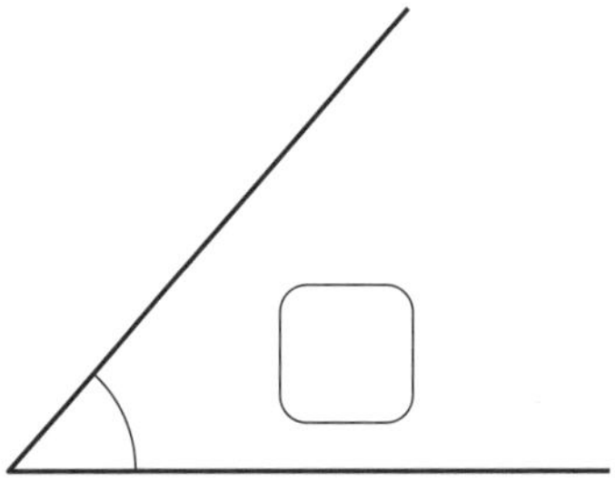

정답 107쪽

문제로 개념을 확인해요

선 잇기

시계의 긴바늘과 짧은바늘이 이루는 작은 쪽의 각이 예각, 직각, 둔각 중 어느 것인지 찾아 선으로 이으세요.

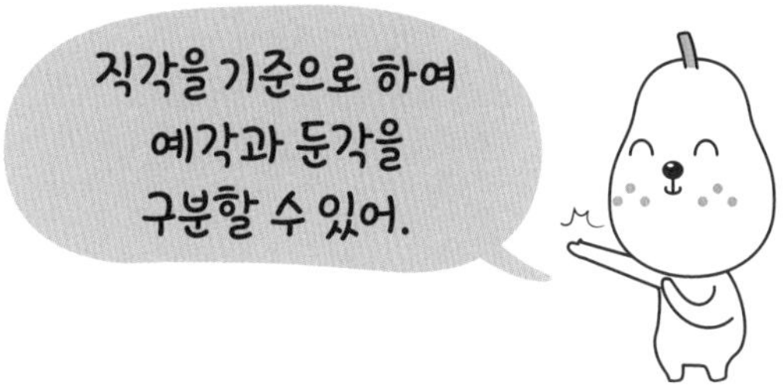

직각을 기준으로 하여 예각과 둔각을 구분할 수 있어.

- 예각
- 직각
- 둔각

교과서 개념을 배워요

05 각도의 합과 차

학습목표 • 각도의 합과 차를 구할 수 있어요.

각도의 합과 차는 자연수의 덧셈과 뺄셈 방법으로 계산한 다음 °를 붙여요.

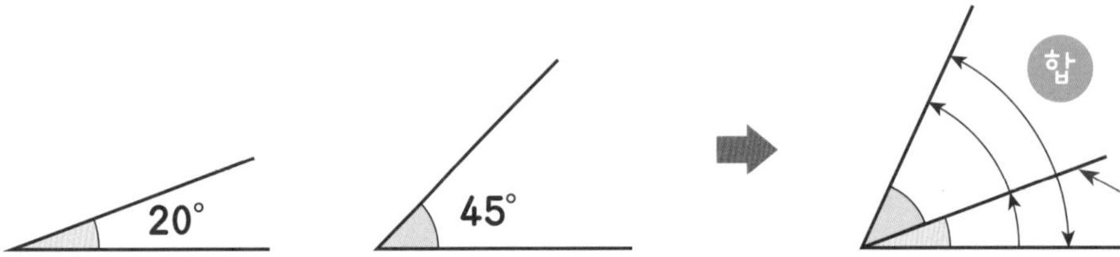

두 각을 이어 붙일 때는 각의 꼭짓점과 한 변이 겹치도록 붙여야 합니다.

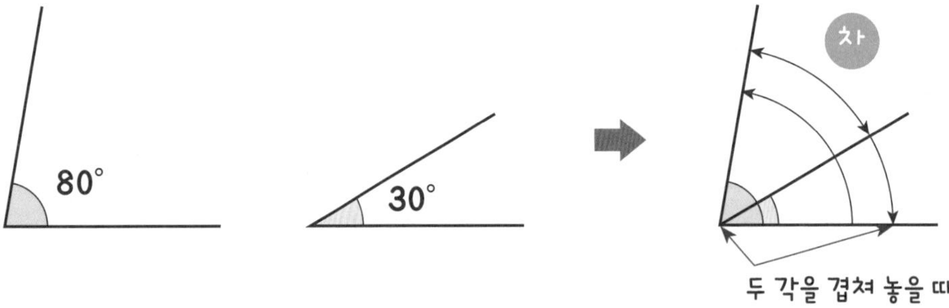

두 각을 겹쳐 놓을 때는 각의 꼭짓점과 한 변이 겹치도록 놓아야 합니다.

개념문제 그림을 보고 각도의 합과 차를 구하세요.

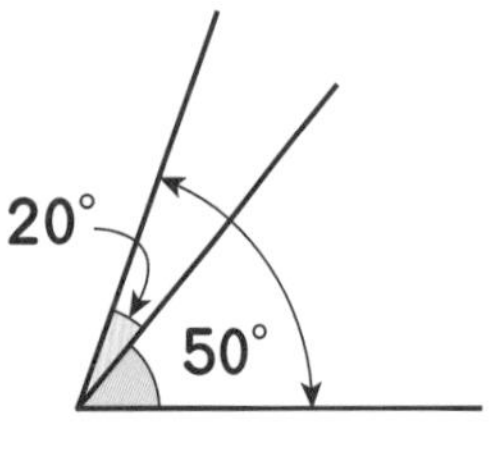

$20^\circ + 50^\circ =$ 70 °

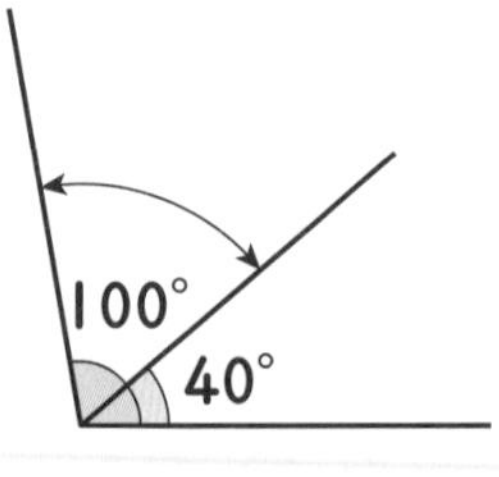

$100^\circ - 40^\circ =$ 60 °

문제로 개념을 확인해요

쓰기

그림을 보고 두 각도의 합을 구하세요.

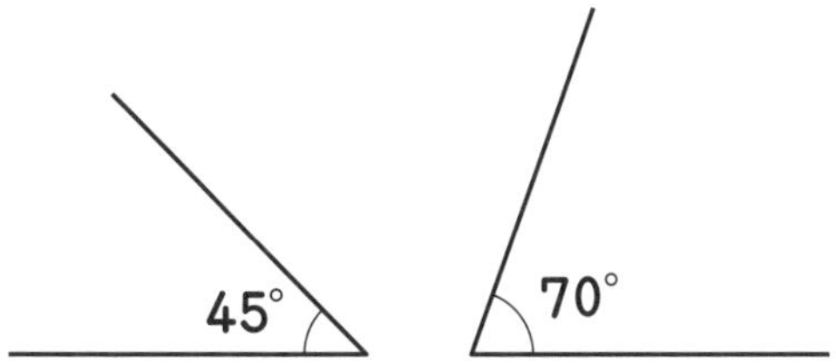

□° + □° = □°

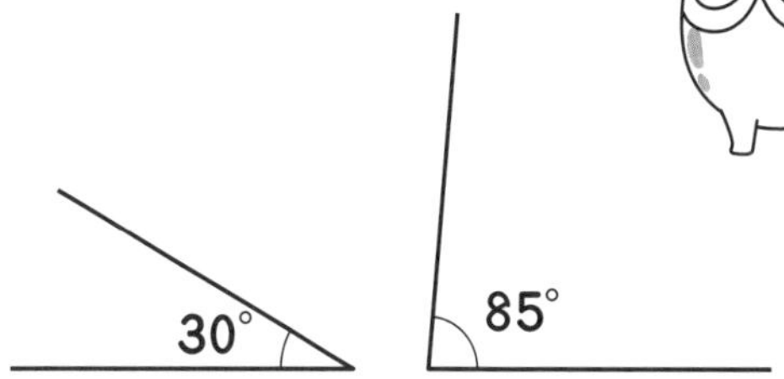

□° + □° = □°

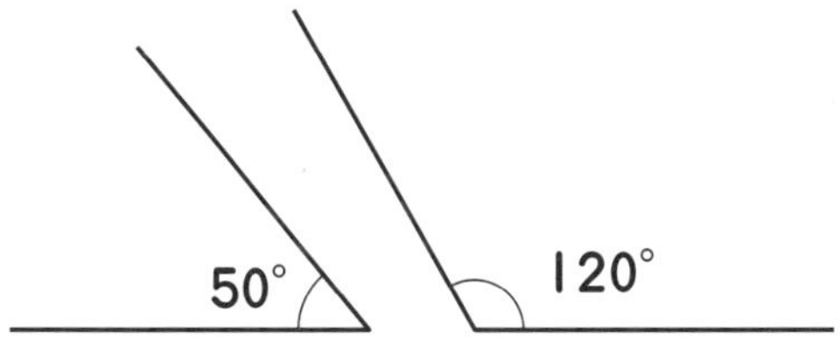

□° + □° = □°

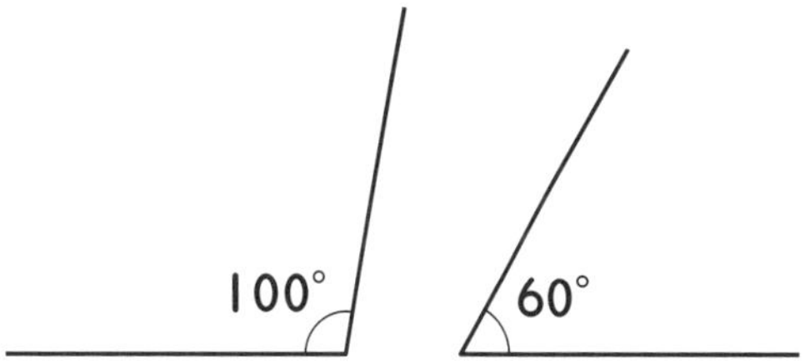

□° + □° = □°

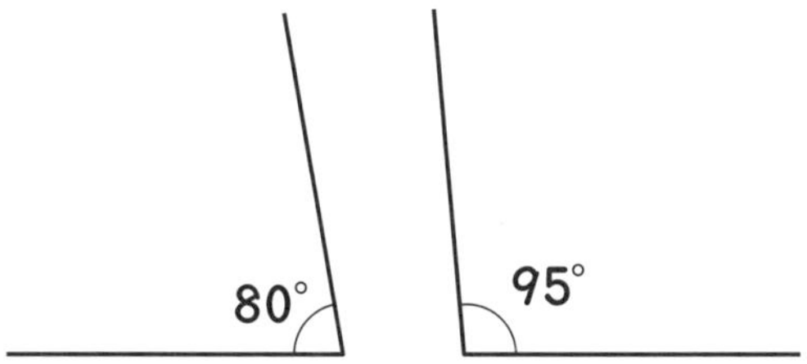

□° + □° = □°

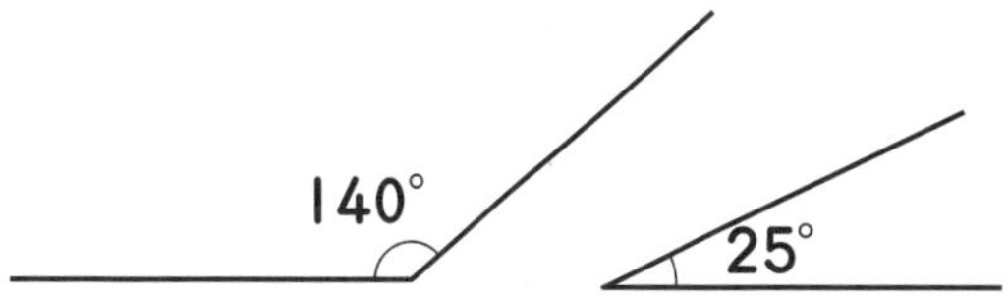

□° + □° = □°

정답 107쪽

문제로 개념을 확인해요

쓰기

그림을 보고 두 각도의 차를 구하세요.

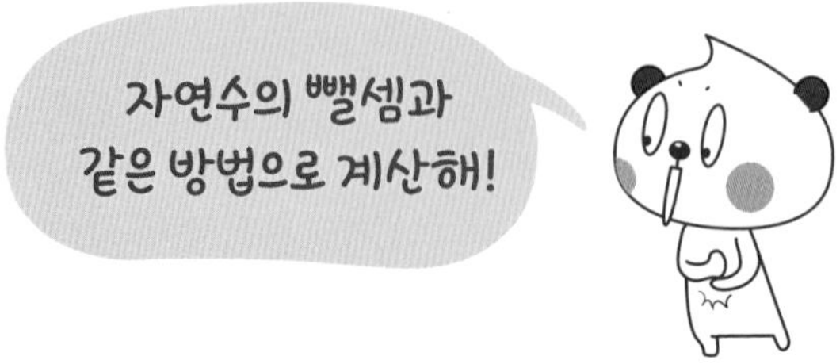

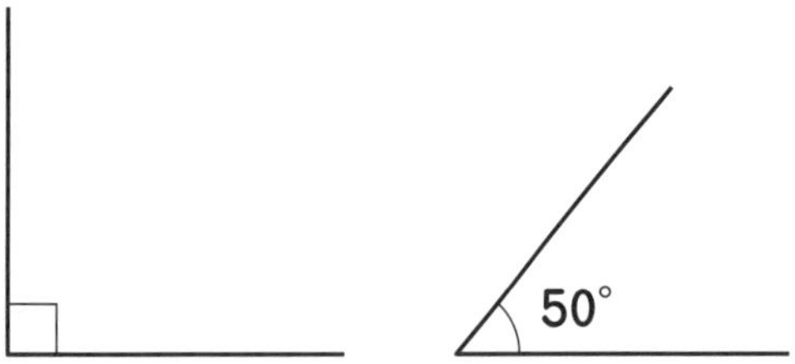

□° − □° = □°

□° − □° = □°

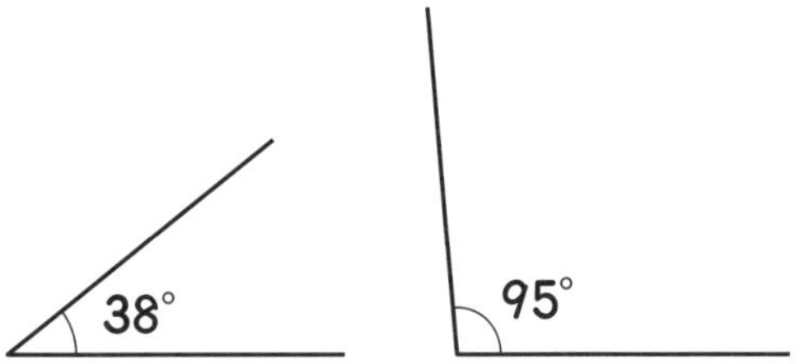

□° − □° = □°

□° − □° = □°

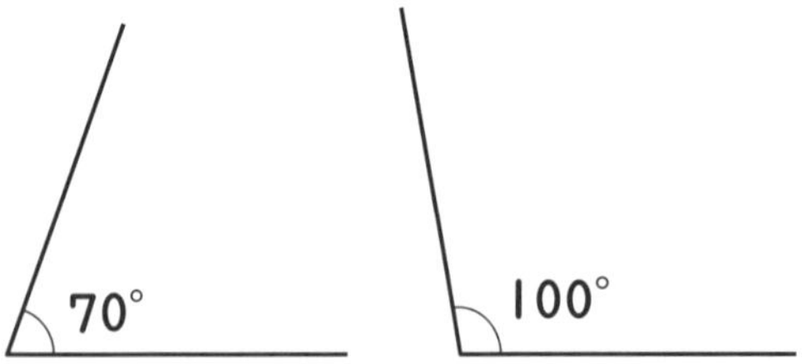

□° − □° = □°

□° − □° = □°

정답 107쪽

문 제 로 개 념 을 확 인 해 요

계산하기

각도의 합과 차를 구하세요.

자연수의 덧셈, 뺄셈과
같은 방법으로 계산한
다음 °를 붙여 줘!

$82^\circ+75^\circ=\square^\circ$

$90^\circ-52^\circ=\square^\circ$

$117^\circ+13^\circ=\square^\circ$

$45^\circ-20^\circ=\square^\circ$

$48^\circ+35^\circ=\square^\circ$

$110^\circ-35^\circ=\square^\circ$

$99^\circ+20^\circ=\square^\circ$

$120^\circ-45^\circ=\square^\circ$

$35^\circ+65^\circ=\square^\circ$

$145^\circ-55^\circ=\square^\circ$

$120^\circ+55^\circ=\square^\circ$

$150^\circ-60^\circ=\square^\circ$

$50^\circ+45^\circ=\square^\circ$

$165^\circ-75^\circ=\square^\circ$

정답 107쪽

교 과 서 개 념 을 배 워 요

06 삼각형의 세 각의 크기의 합

학습목표 • 삼각형의 세 각의 크기의 합이 180°임을 알 수 있어요.

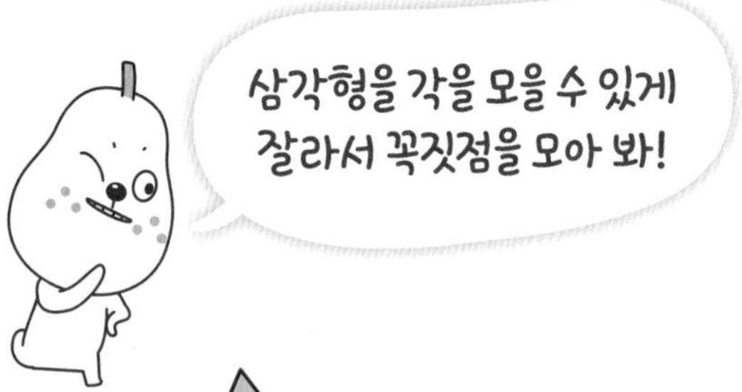
삼각형을 각을 모을 수 있게
잘라서 꼭짓점을 모아 봐!

삼각형의 세 각의 크기의 합은 180°예요.

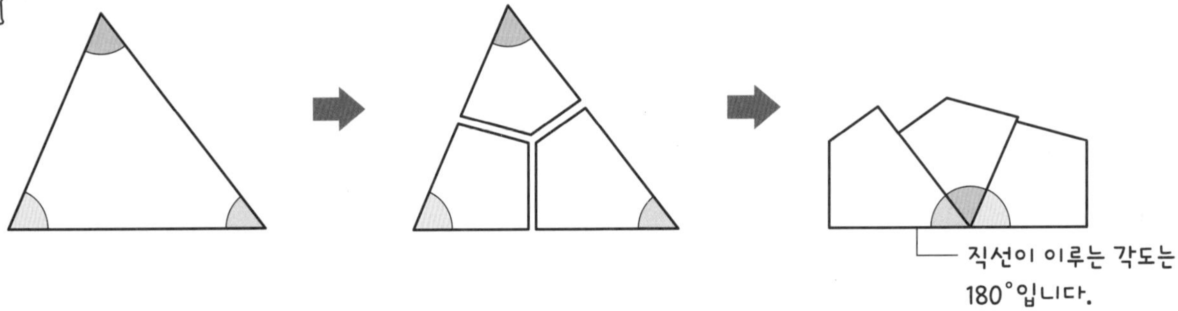
직선이 이루는 각도는
180°입니다.

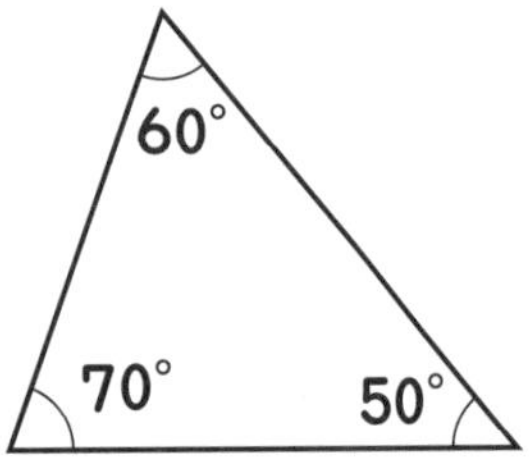
60°
70°
50°

(세 각의 크기의 합)
$=60^\circ+70^\circ+50^\circ$
$=180^\circ$

모양과 크기가 달라도
삼각형의 세 각의
크기의 합은 180°야!

개념문제 각도기를 이용하여 삼각형의 세 각의 크기를 재어 보고 세 각의 크기의 합을 구하세요.

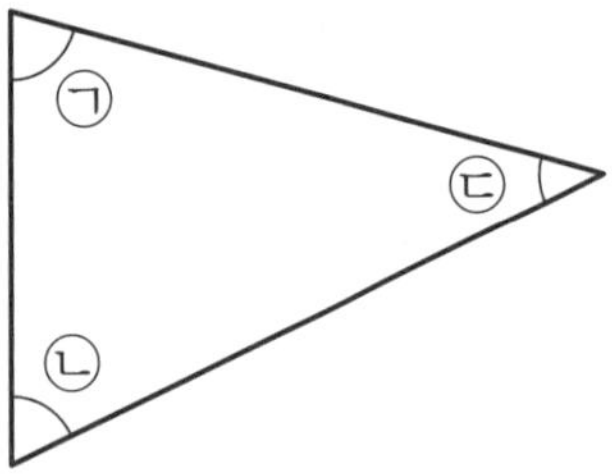
㉠
㉢
㉡

	㉠	㉡	㉢
각도	75°	65°	40°

→ 세 각의 크기의 합: 180°

문 제 로 개 념 을 확 인 해 요

쓰기

그림을 보고 나머지 두 각의 합을 구하세요.

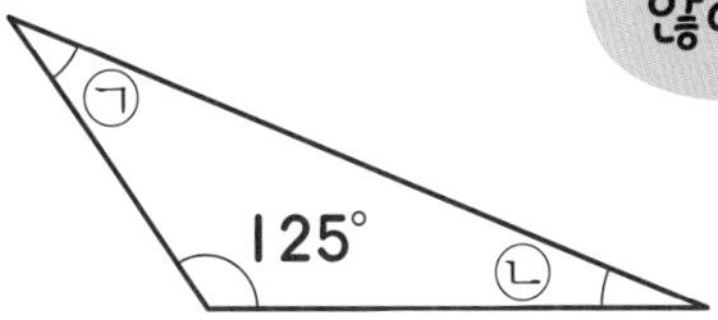

㉠+㉡= ☐°

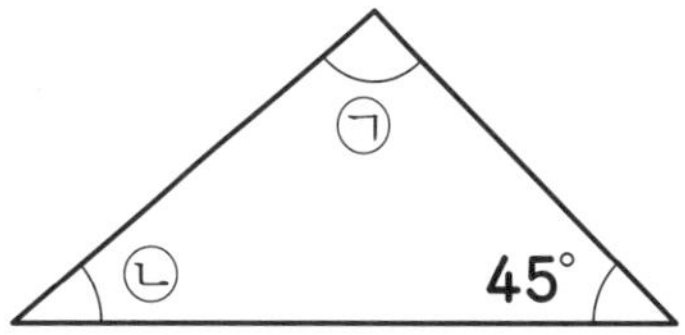

㉠+㉡= ☐°

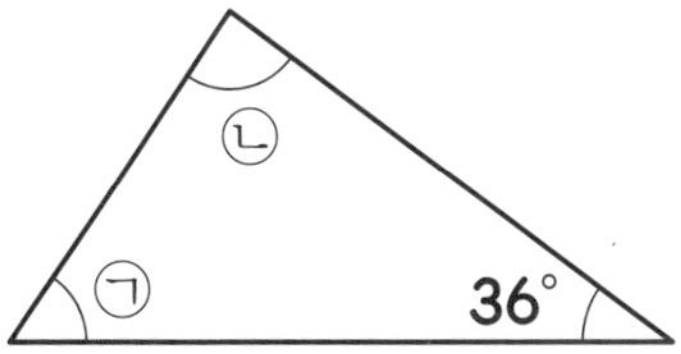

㉠+㉡= ☐°

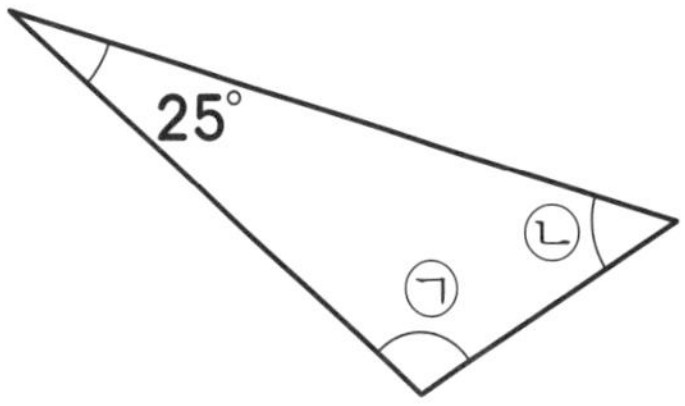

㉠+㉡= ☐°

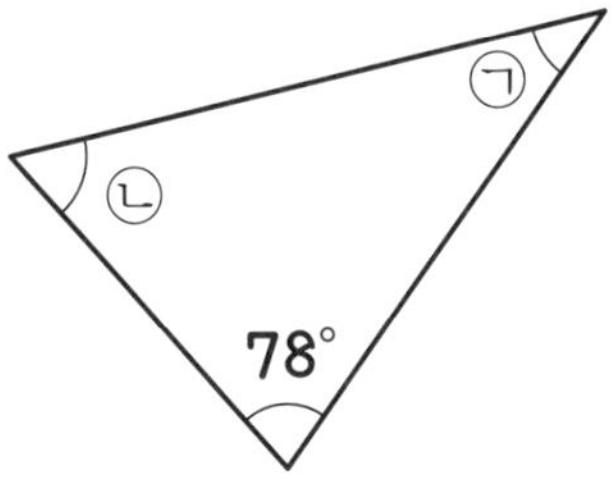

㉠+㉡= ☐°

㉠+㉡= ☐°

문제로 개념을 확인해요

쓰기

그림을 보고 ㉠의 각도를 구하세요.

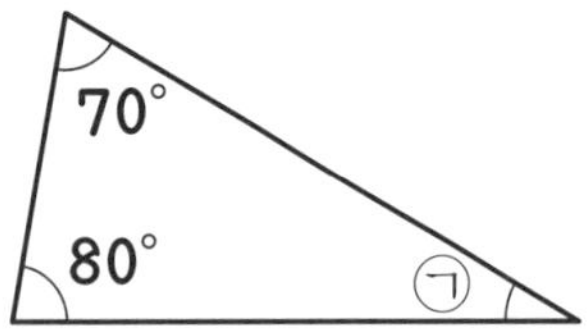

(　　　　　　　　)°

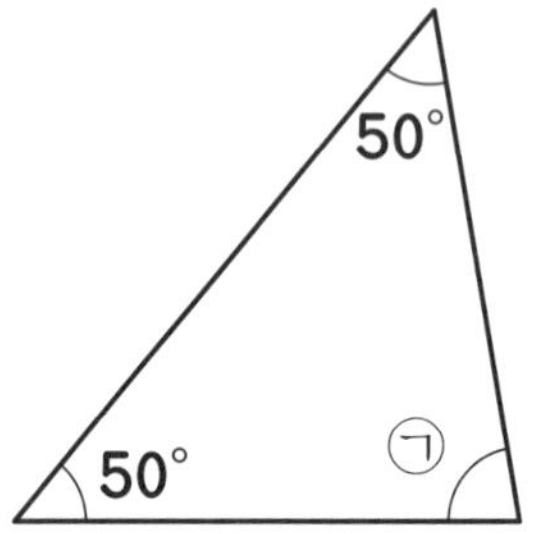

(　　　　　　　　)°

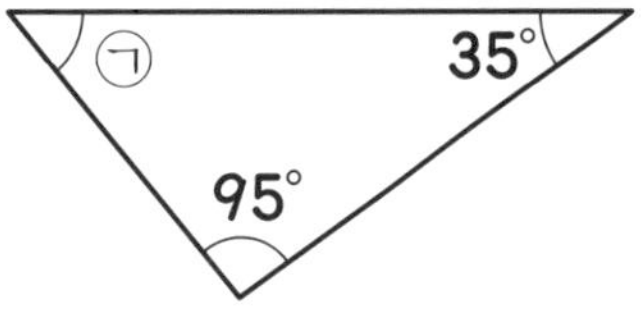

(　　　　　　　　)°

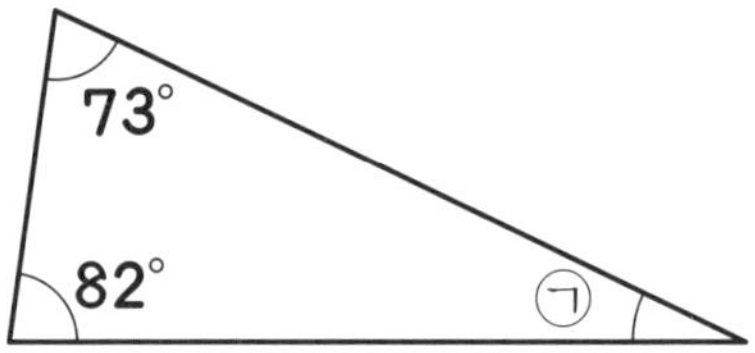

(　　　　　　　　)°

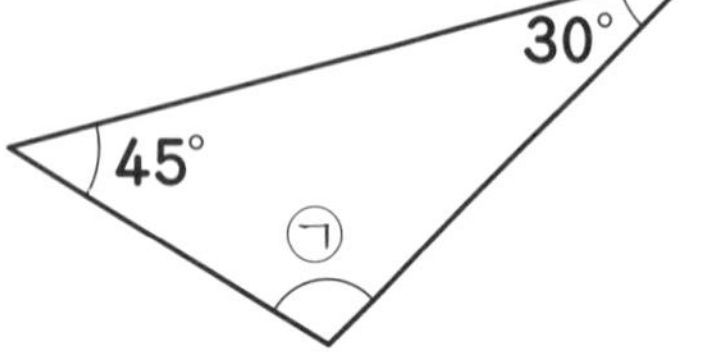

(　　　　　　　　)°

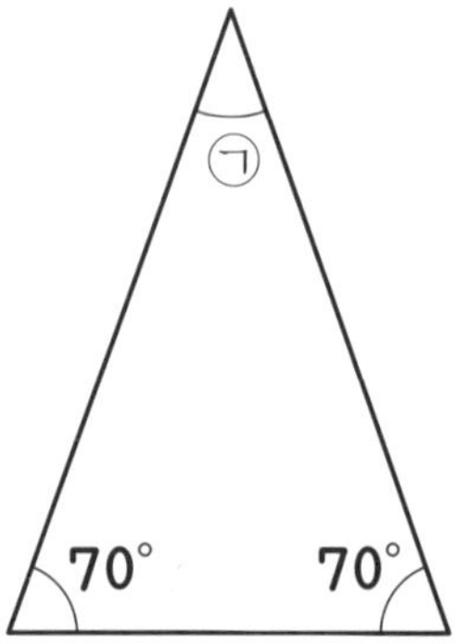

(　　　　　　　　)°

정답 108쪽

문 제 로 개 념 을 확 인 해 요

쓰기

삼각형의 세 각의 크기의 합을 이용하여 □ 안에 알맞은 각도를 구하세요.

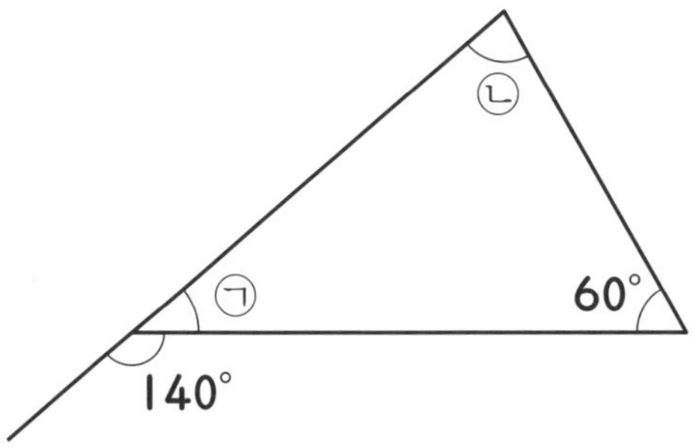

㉠: □°, ㉡: □°

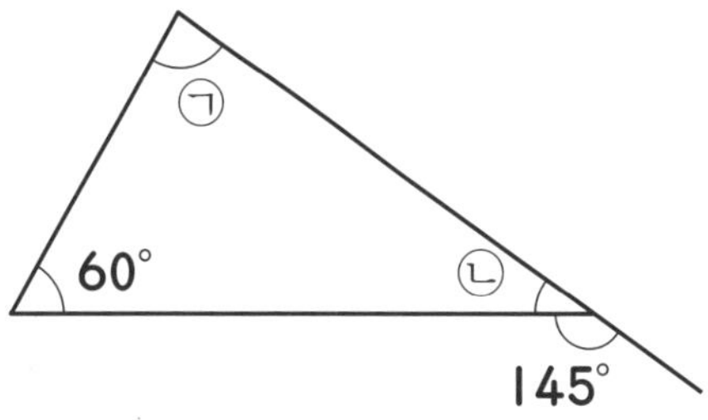

㉠: □°, ㉡: □°

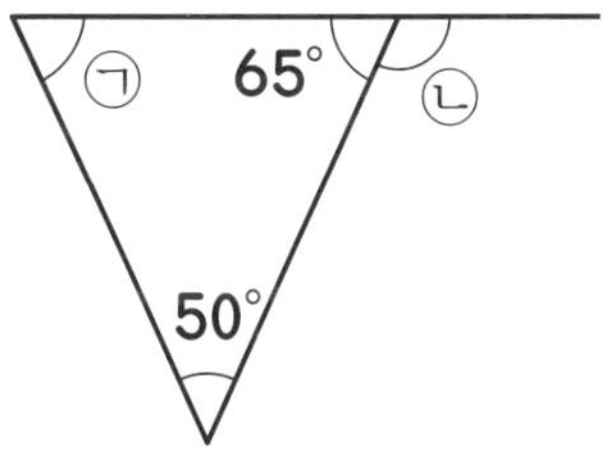

㉠: □°, ㉡: □°

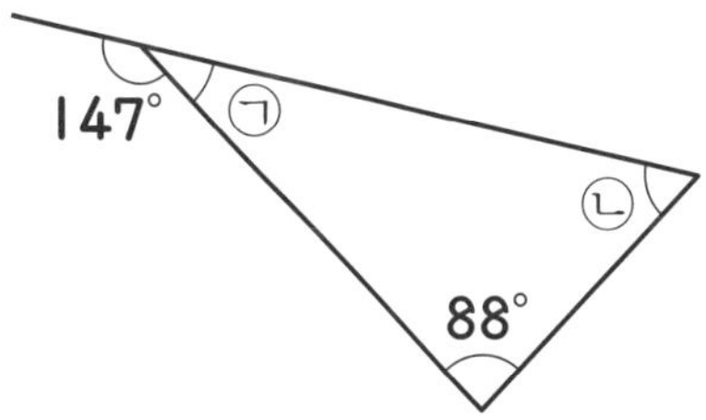

㉠: □°, ㉡: □°

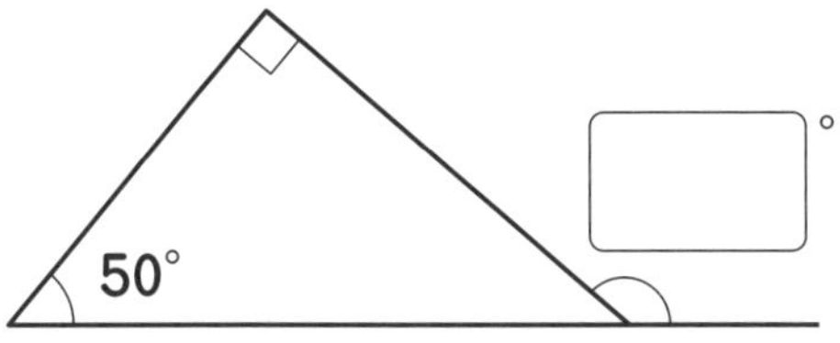

□°

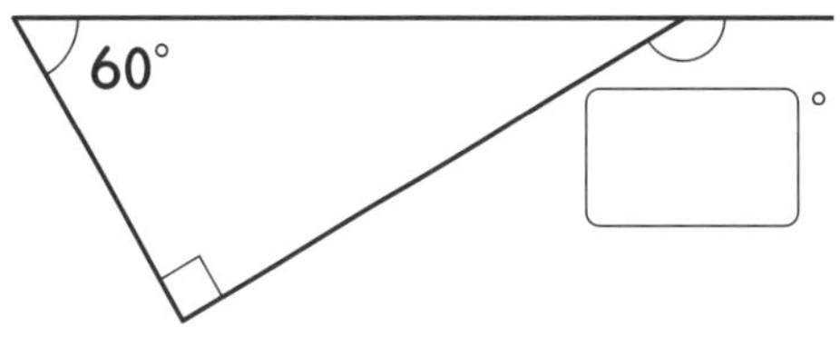

□°

교과서 개념을 배워요

07 사각형의 네 각의 크기의 합

학습목표 ● 사각형의 네 각의 크기의 합이 360°임을 알 수 있어요.

사각형을 각을 모을 수 있게
잘라서 꼭짓점을 모아 봐!

사각형의 네 각의 크기의 합은 360°예요.

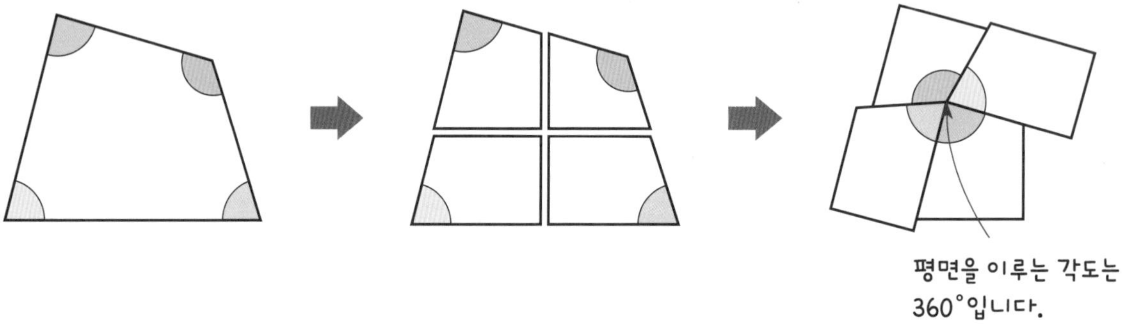

평면을 이루는 각도는
360°입니다.

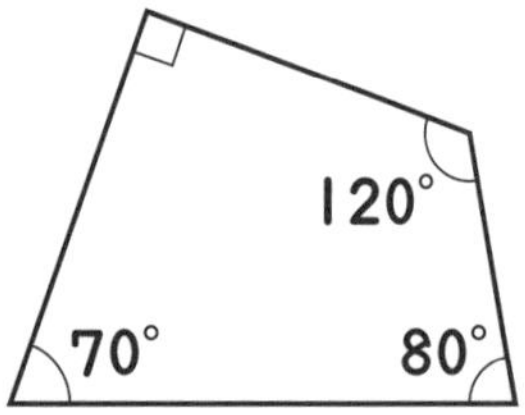

120°
70°
80°

(네 각의 크기의 합)
=90°+70°+80°+120°
=360°

개념문제 각도기를 이용하여 사각형의 네 각의 크기를 재어 보고 네 각의 크기의 합을 구하세요.

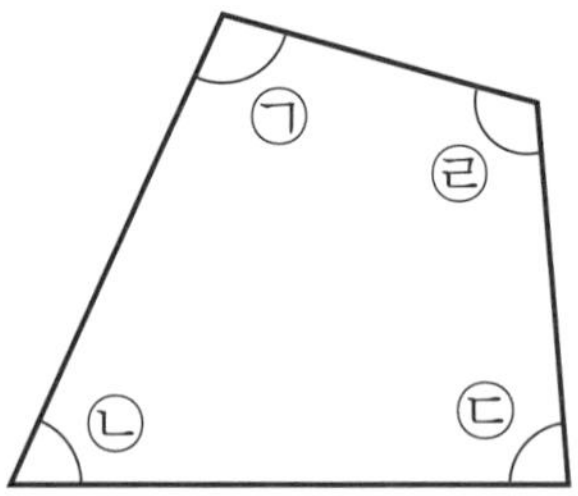

㉠
㉣
㉡
㉢

	㉠	㉡	㉢	㉣
각도	100°	65°	85°	110°

→ 네 각의 크기의 합: 360 °

문제로 개념을 확인해요

쓰기

그림을 보고 나머지 두 각의 합을 구하세요.

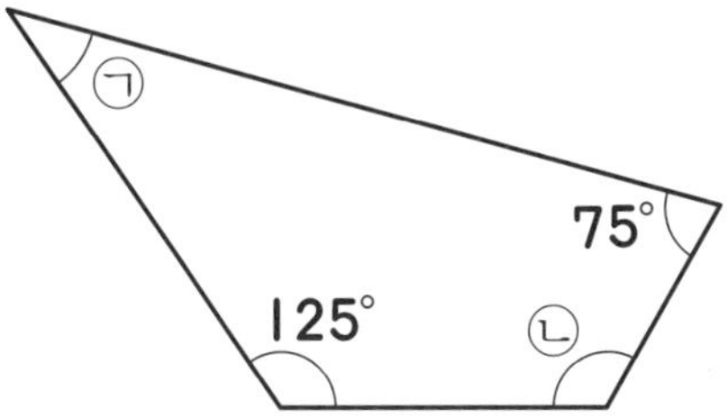

㉠+㉡= □°

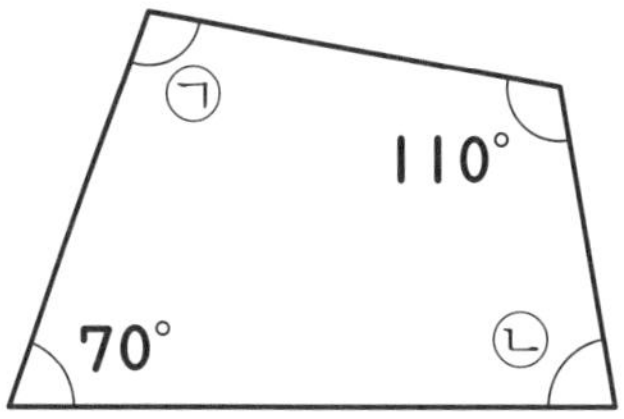

㉠+㉡= □°

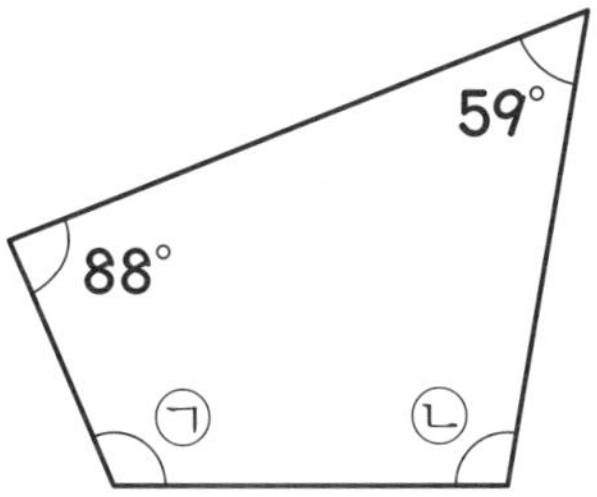

㉠+㉡= □°

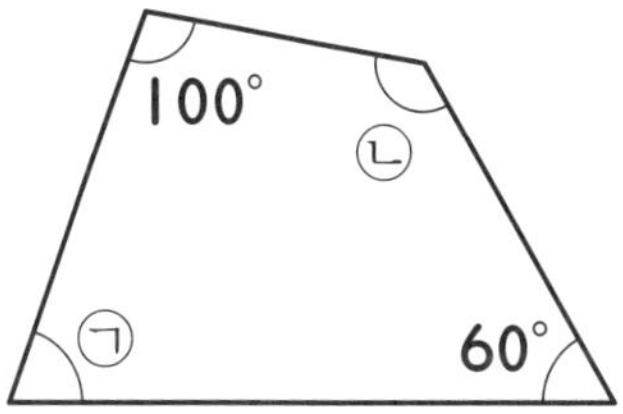

㉠+㉡= □°

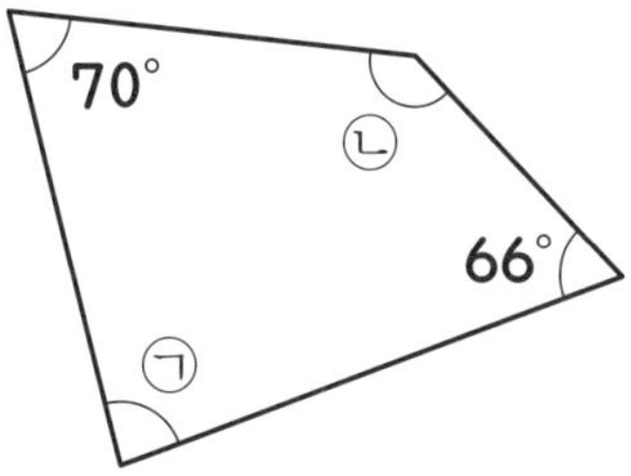

㉠+㉡= □°

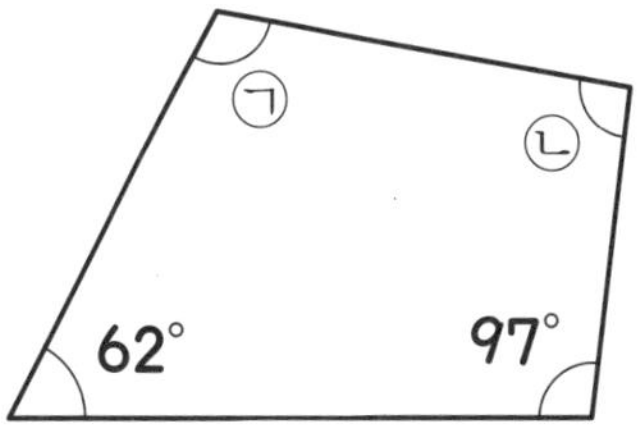

㉠+㉡= □°

문제로 개념을 확인해요

쓰기

그림을 보고 ㉠의 각도를 구하세요.

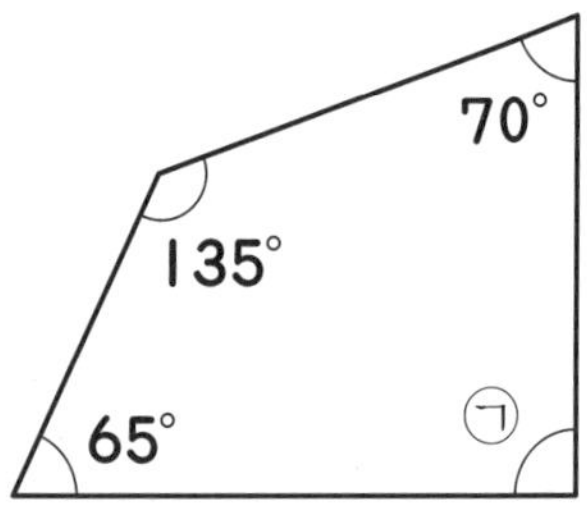

(　　　　　　　　)°

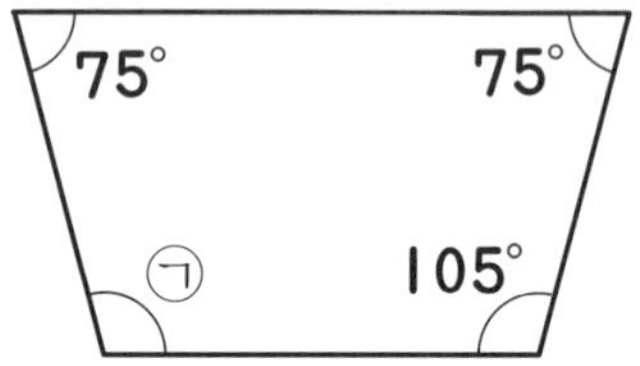

(　　　　　　　　)°

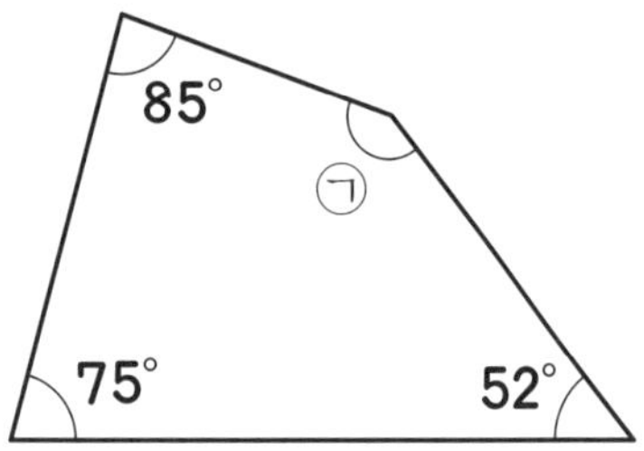

(　　　　　　　　)°

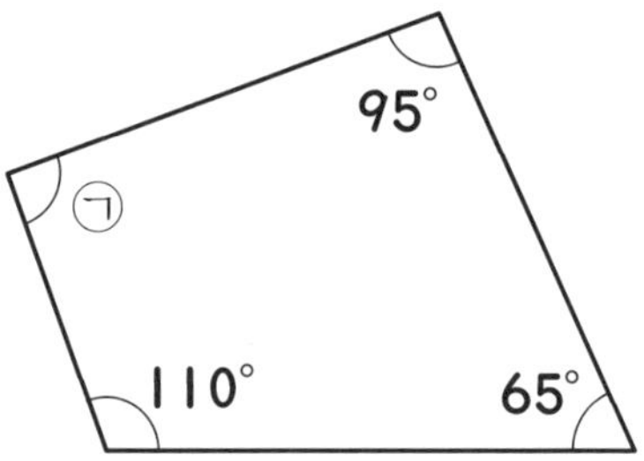

(　　　　　　　　)°

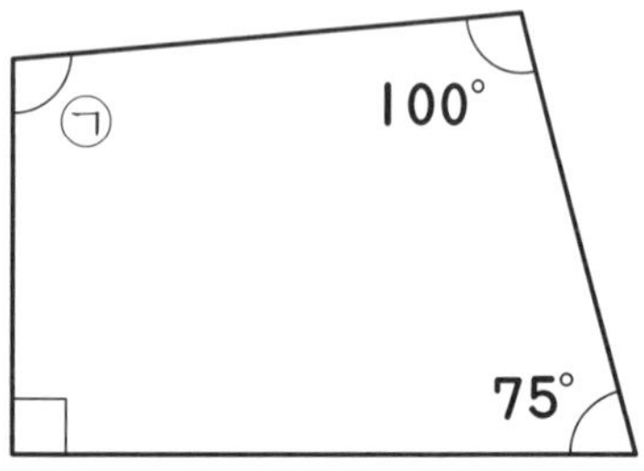

(　　　　　　　　)°

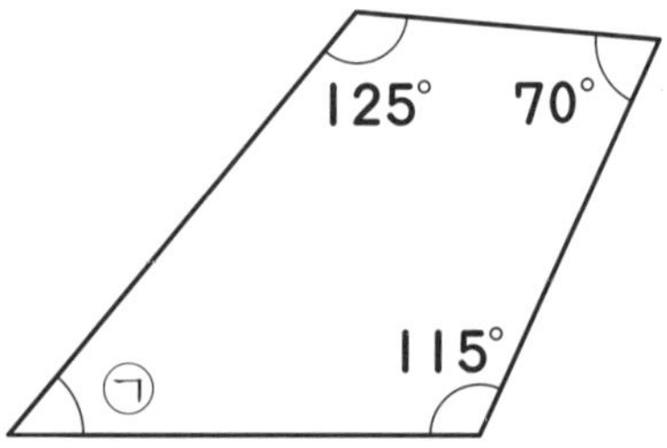

(　　　　　　　　)°

문제로 개념을 확인해요

쓰기

사각형의 네 각의 크기의 합을 이용하여 □ 안에 알맞은 각도를 구하세요.

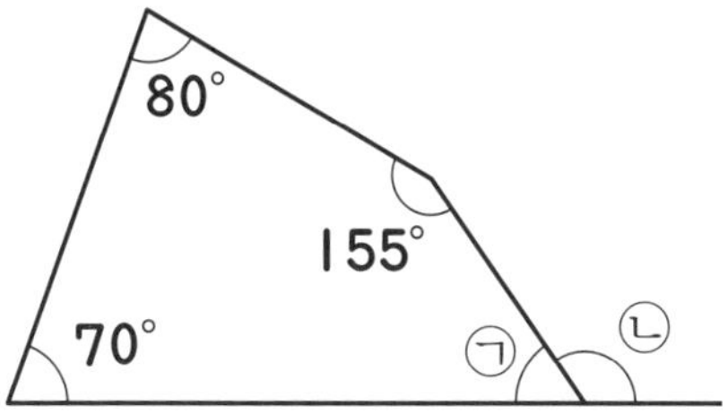

㉠: □°, ㉡: □°

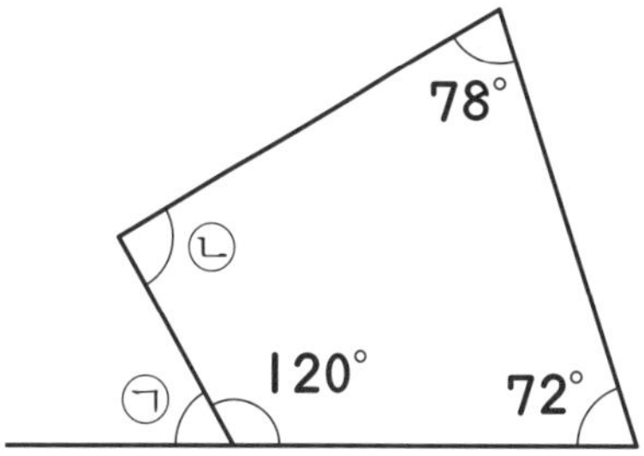

㉠: □°, ㉡: □°

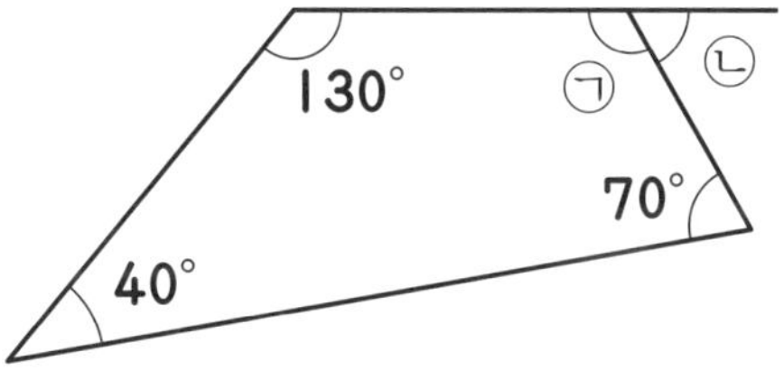

㉠: □°, ㉡: □°

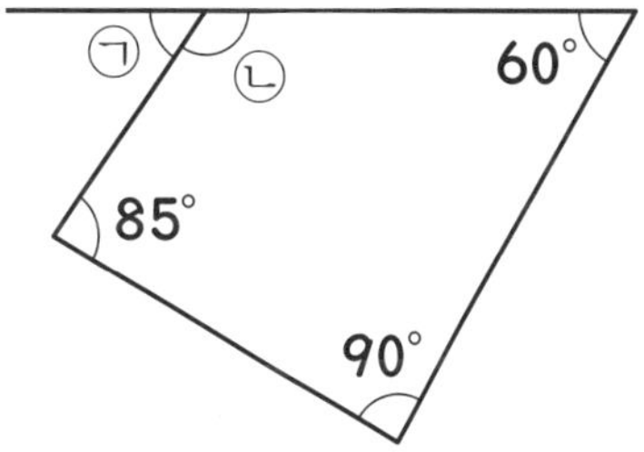

㉠: □°, ㉡: □°

□°

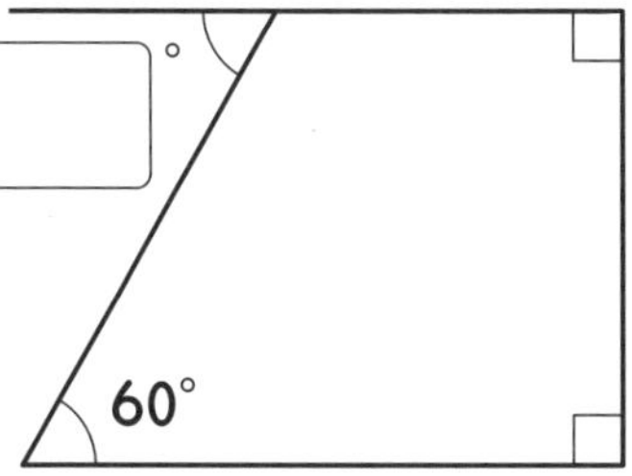

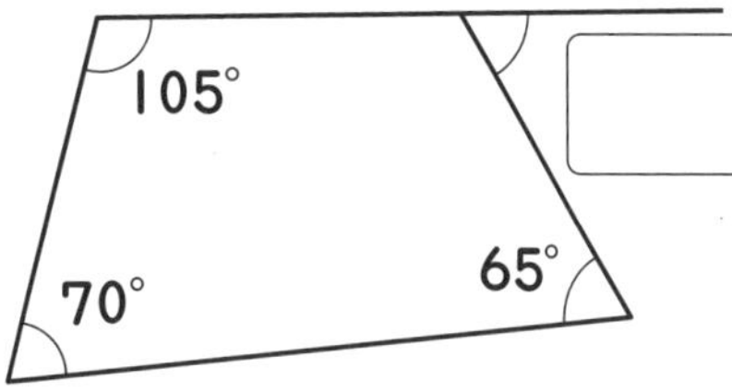

□°

08 그림과 글로 배워요

1 오른쪽 그림에서 크고 작은 둔각은 모두 몇 개인지 구하세요.

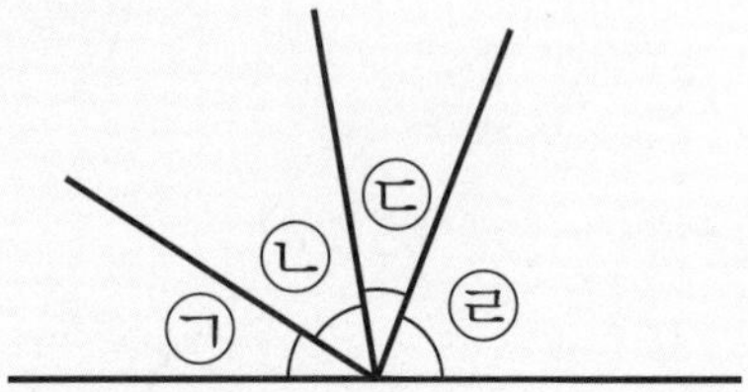

㉠과 같이 1개짜리 각 중 둔각은 ☐ 개입니다.

㉠+㉡과 같이 2개짜리 각 중 둔각은 ☐ 개입니다.

㉠+㉡+㉢과 같이 3개짜리 각 중 둔각은 ☐ 개입니다.

크고 작은 둔각은 모두 ☐ 개입니다.

그림에서 찾을 수 있는 둔각은 모두 ________ 개입니다.

정답 108쪽

2 두 직각 삼각자를 그림과 같이 겹쳤습니다. ㉠의 각도를 구하세요.

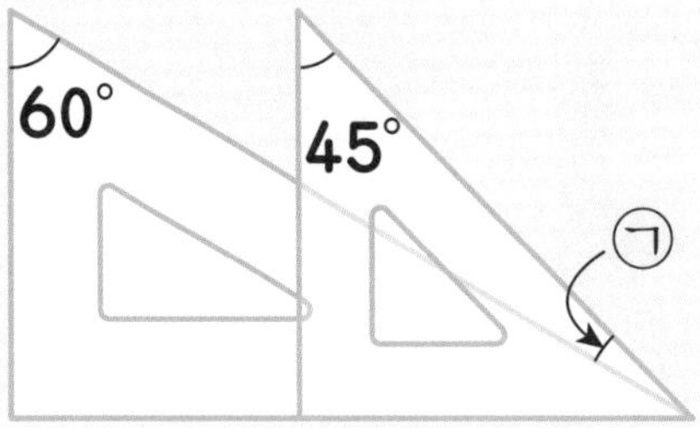

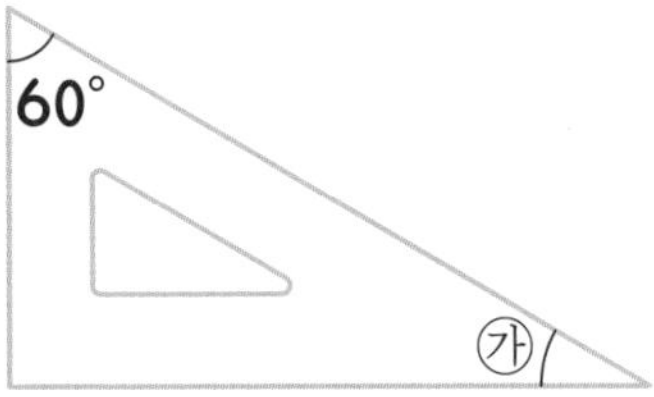

㉮의 각도는

180°－60°－90°＝□° 입니다.

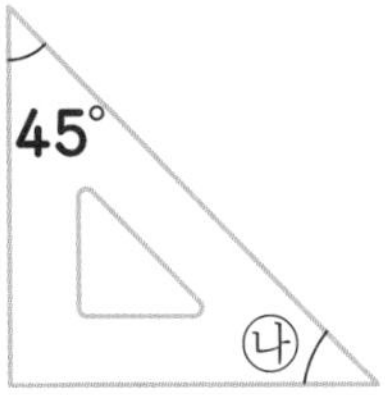

㉯의 각도는

180°－45°－90°＝□° 입니다.

㉠의 각도는 ㉯－㉮＝□° 입니다.

㉠의 각도는 ______ ° 입니다.

3 ㉠의 각도는 몇 도인지 구하세요.

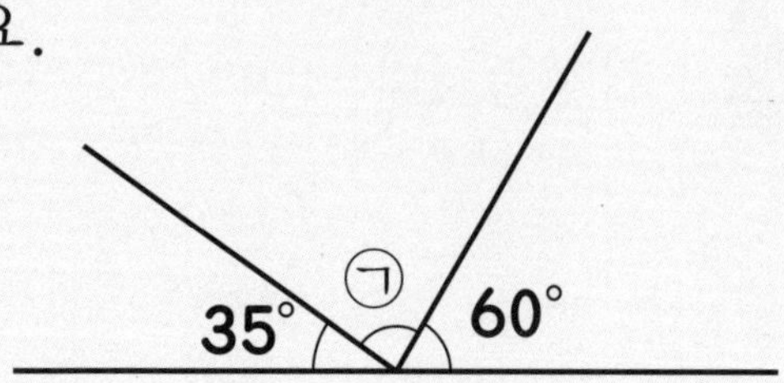

조건 ① 직선은 □° 입니다.

② 35°+㉠+60°=□°

풀이 ㉠=180°−(35°+60°)=180°−□°

답 ㉠의 각도는 ______°입니다.

4 □ 안에 알맞은 수를 구하세요.

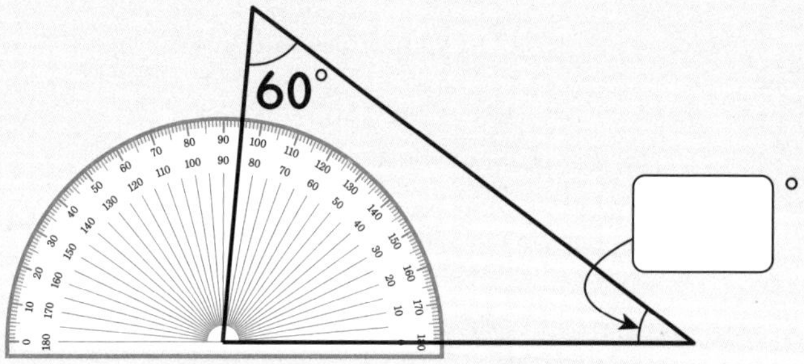

조건 ① 각도기로 알 수 있는 삼각형의 한 각의 크기: □°

② 삼각형의 세 각의 크기의 합: □°

풀이 (□ 안에 알맞은 수)=(삼각형의 세 각의 크기의 합)−(삼각형의 두 각의 합)

=180°−(60°+□°)

=180°−□°=□°

답 □ 안에 알맞은 수는 ______ 입니다.

5

㉠과 ㉡의 각도의 합을 구하세요.

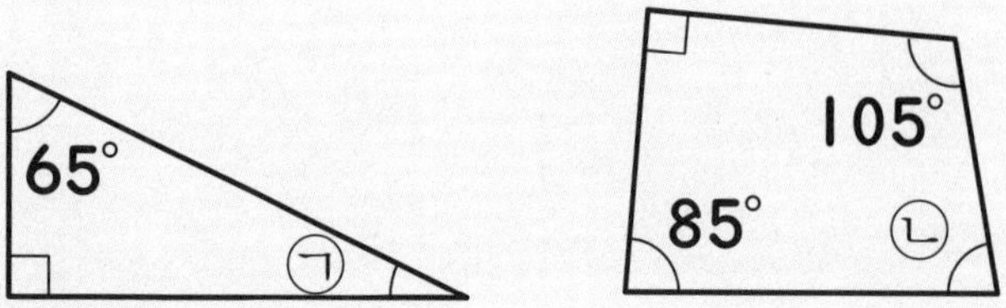

조건 ① 삼각형의 세 각의 크기의 합은 180°이므로

(㉠의 크기)=180°−65°−90°=□° 입니다.

② 사각형의 네 각의 크기의 합은 360°이므로

(㉡의 크기) =360°−90°−85°−105°=□° 입니다.

풀이 (㉠과 ㉡의 각도의 합)=□°+□°=□°

답 ㉠과 ㉡의 각도의 합은 ______ °입니다.

6

㉠과 ㉡의 각도의 차를 구하세요.

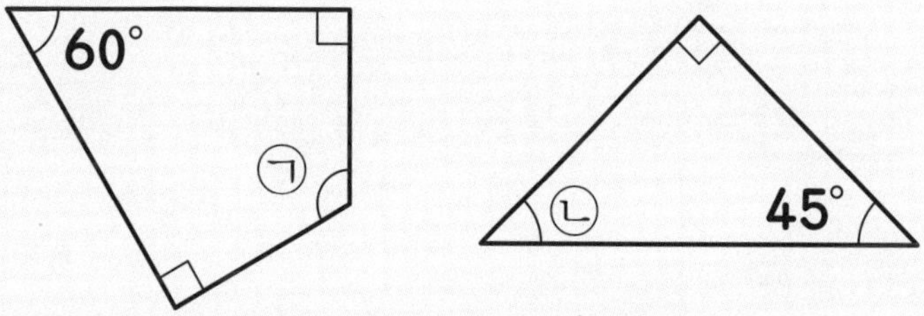

조건 ① 사각형의 네 각의 크기의 합은 360°이므로

(㉠의 크기)=360°−60°−90°−90°=□° 입니다.

② 삼각형의 세 각의 크기의 합은 180°이므로

(㉡의 크기) =180°−90°−45°=□° 입니다.

풀이 (㉠과 ㉡의 각도의 차)=□°−□°=□°

답 ㉠과 ㉡의 각도의 차는 ______ °입니다.

09 마무리 평가

각의 크기를 비교하여 가장 큰 것부터 차례로 1, 2, 3을 쓰세요.

❶

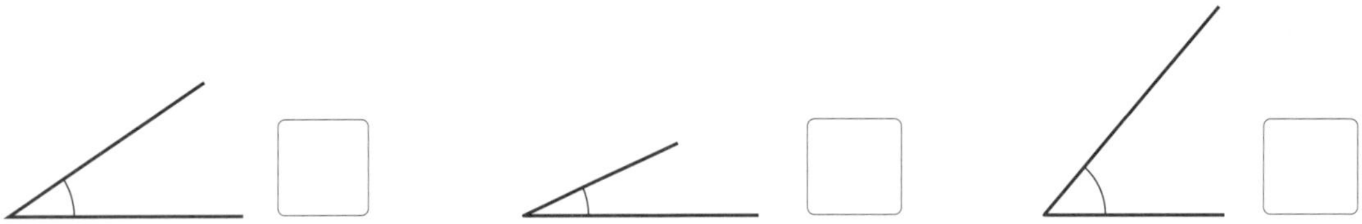

❷

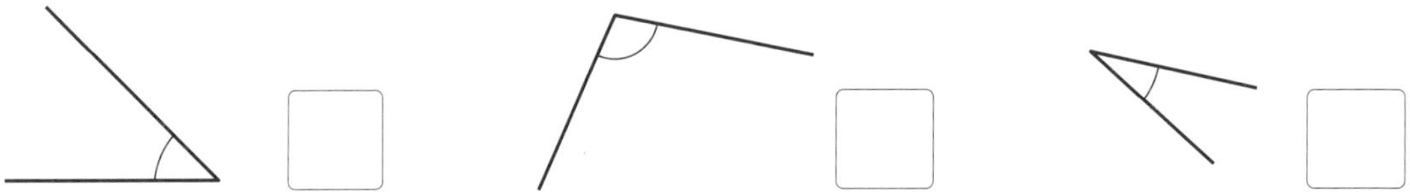

각도기를 이용하여 각도를 재어 보세요.

❸

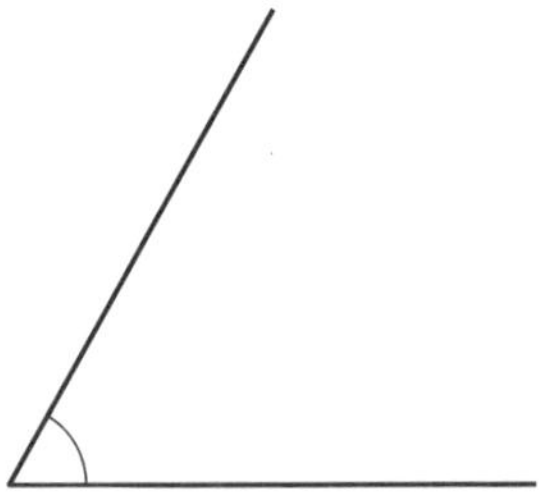

(　　　　　　　　)°

❹

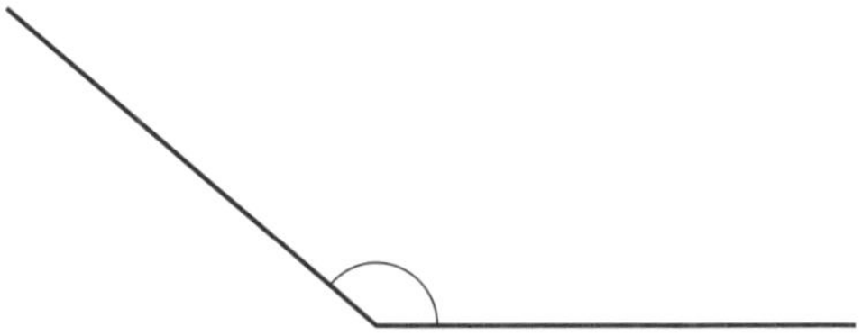

(　　　　　　　　)°

❺

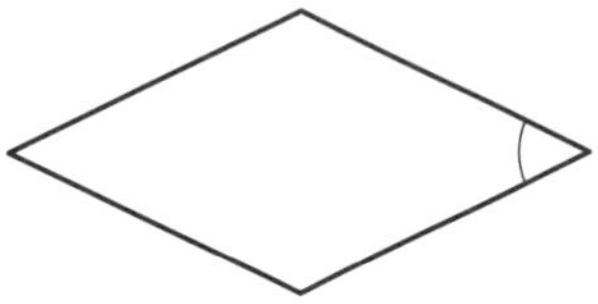

(　　　　　　　　)°

❻

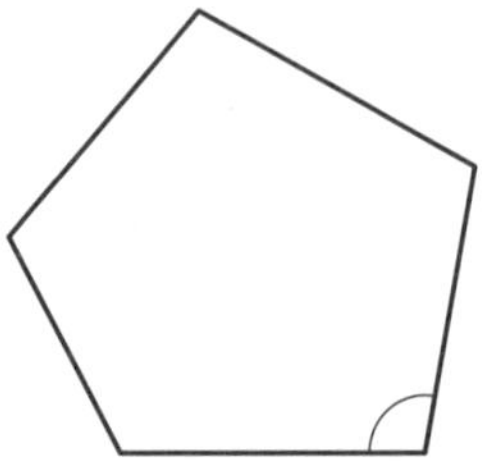

(　　　　　　　　)°

정답 109쪽

주어진 각도의 각을 각도기 위에 그려 보세요.

❼ 145°

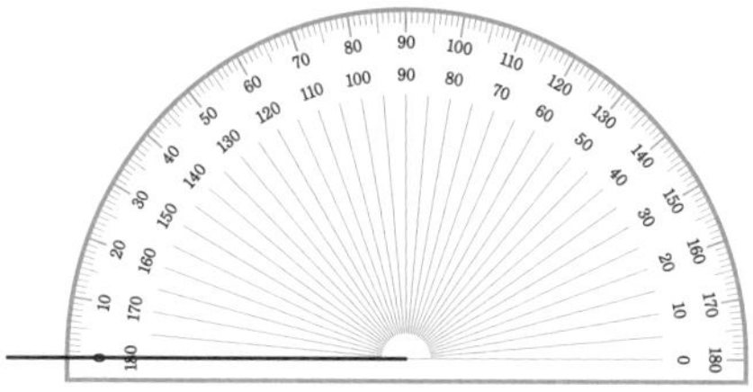

❽ 70°

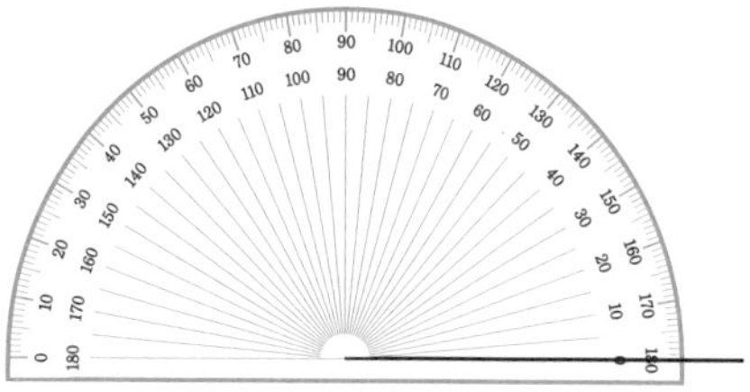

시계의 긴바늘과 짧은바늘이 이루는 작은 쪽의 각이 예각이면 '예', 직각이면 '직', 둔각이면 '둔'을 쓰세요.

❾

❿

⓫

각도의 합과 차를 구하세요.

⓬ 85°+30°=□°

⓭ 130°−40°=□°

⓮ 45°+72°=□°

⓯ 165°−95°=□°

□ 안에 알맞은 각도를 구하세요.

⓰

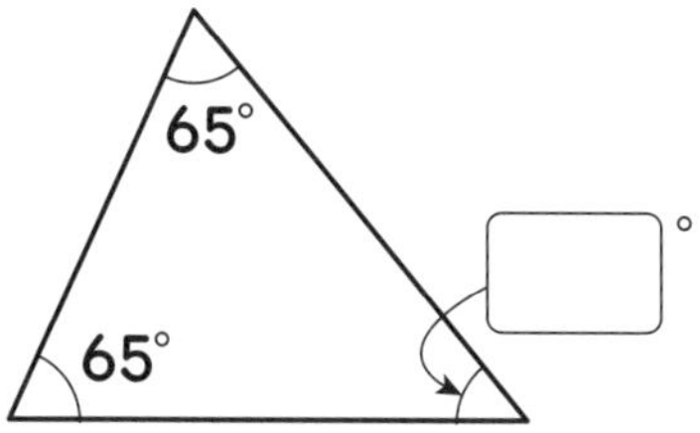

⓱

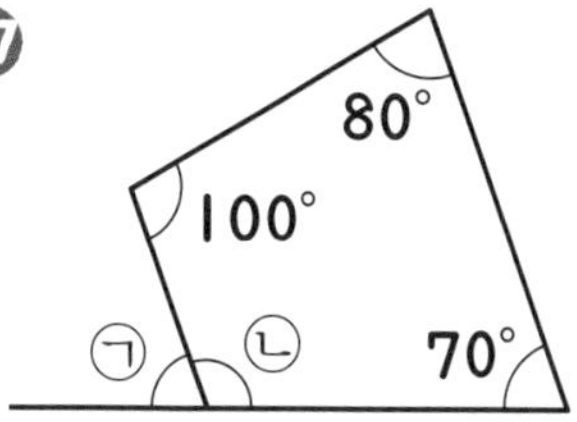

㉠: □°

㉡: □°

한눈에 보는 개념 노트

1 각의 크기 비교

각이 벌어진 정도를 비교해서 더 많이 벌어진 쪽의 각의 크기가 '크다', 더 적게 벌어진 쪽의 각의 크기가 '작다'로 나타냅니다.

2 각의 크기 재기

각의 크기를 각도라고 하고, 직각을 똑같이 90으로 나눈 것 중 하나를 1도라 하고, 1°라고 씁니다. 직각의 크기는 90°입니다.

각도기를 이용하여 각도를 재고 읽는 방법

① 각도기의 중심과 각의 꼭짓점을 맞춥니다.
② 각도기의 밑금과 각의 한 변을 맞춥니다.
③ 각도를 읽을 때는 각도기의 밑금과 각의 한 변이 만난 쪽의 눈금에서 시작하여 각의 나머지 변이 각도기의 눈금과 만나는 부분을 읽습니다.

각도기의 눈금을 보면 바깥쪽과 안쪽에 숫자가 반대 방향으로 써 있어!

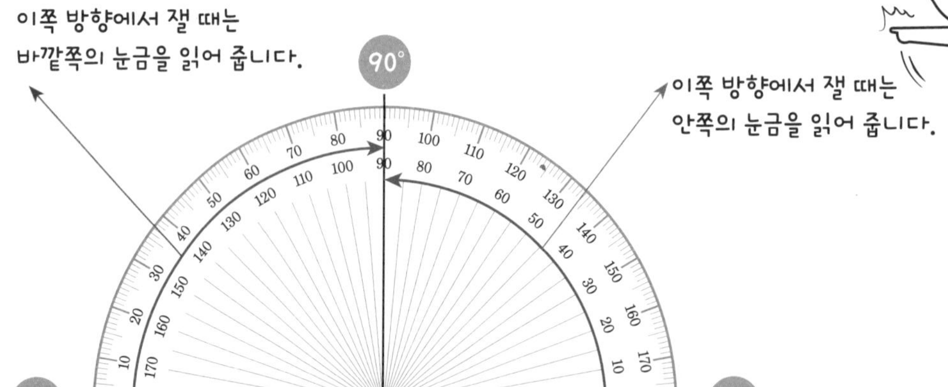

이쪽 방향에서 잴 때는 바깥쪽의 눈금을 읽어 줍니다.
90°
이쪽 방향에서 잴 때는 안쪽의 눈금을 읽어 줍니다.
1°
1°

3

각 그리기

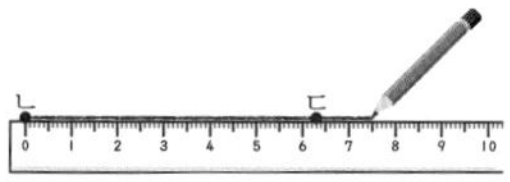

① 자를 사용하여 각의 한 변 ㄴㄷ을 그립니다.

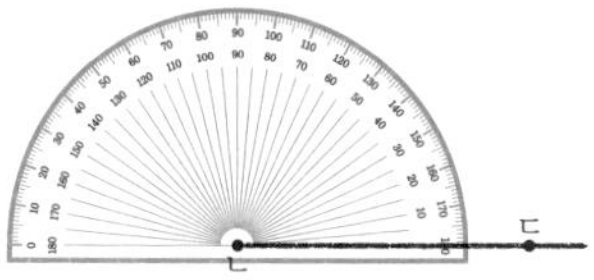

② 각도기의 중심과 점 ㄴ을 맞추고, 각도기의 밑금과 각의 한 변인 ㄴㄷ을 맞춥니다.

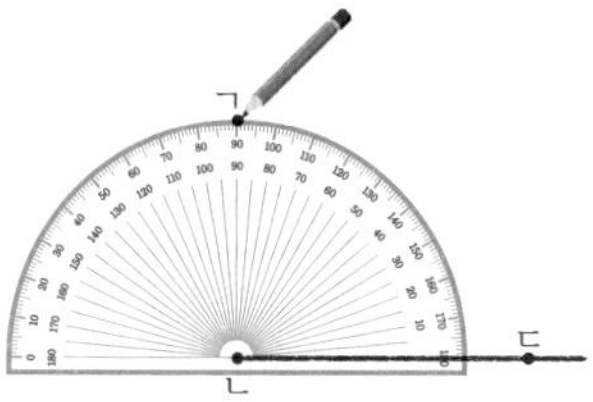

③ 각도기의 밑금에서 시작하여 각도가 90°가 되는 눈금에 점 ㄱ을 표시합니다.

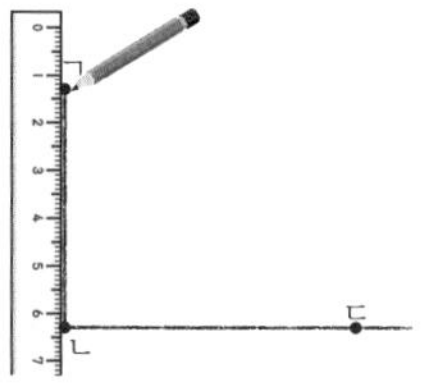

④ 각도기를 떼고, 자를 이동하여 변 ㄱㄴ을 그어 각도가 90°인 각 ㄱㄴㄷ을 완성합니다.

4

예각, 둔각, 각도의 합과 차

- 각도가 0°보다 크고 직각보다 작은 각을 예각이라고 합니다.
- 직각보다 크고 180°보다 작은 각을 둔각이라고 합니다.
- 각도의 합과 차는 자연수의 덧셈, 뺄셈과 같은 방법으로 계산한 다음 °를 붙입니다.

5

삼각형의 세 각의 합, 사각형의 네 각의 합

- 삼각형의 세 각의 크기의 합은 180°입니다.
- 사각형의 네 각의 크기의 합은 360°입니다.

수학 퍼즐 맛보기

비교 공간

마술사의 주문

마술사가 주문을 보낼 때마다 주문이 벽에 부딪혀 직각으로 전달되면서 벽에서 벽으로 계속 이어져요.
마술사의 주문이 마지막으로 전달된 벽은 어느 것일까요?

종이를 반듯하게 두 번 접었을 때 생기는 각을 직각이라고 해!

해답

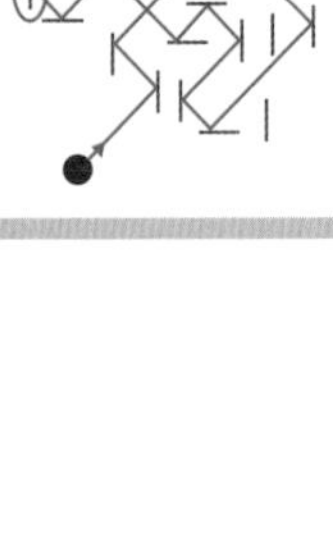

패턴 퍼즐

브레인알파 「패턴 퍼즐」 교재 내용입니다.

정답

09쪽

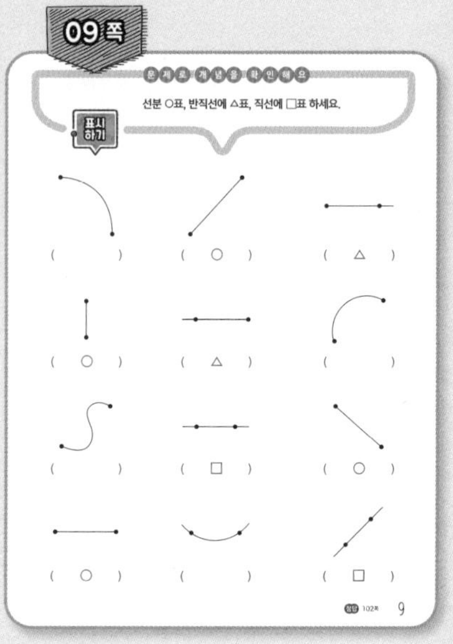
문제로 개념을 확인해요

표시하기

선분 ○표, 반직선에 △표, 직선에 □표 하세요.

( ) (○) (△)

(○) (△) ( )

( ) (□) (○)

(○) ( ) (□)

정답 102쪽 9

10쪽

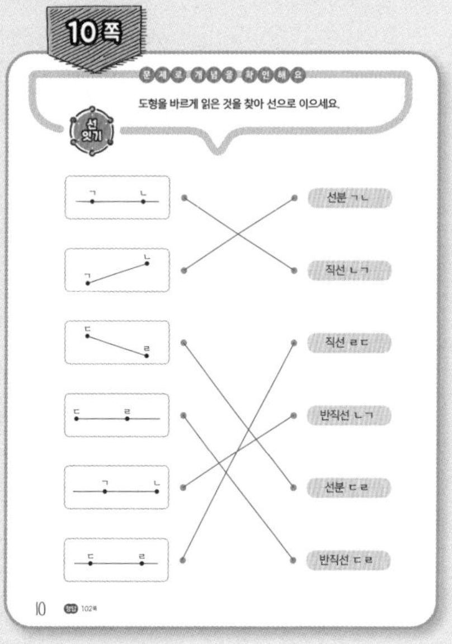
문제로 개념을 확인해요

선 잇기

도형을 바르게 읽은 것을 찾아 선으로 이으세요.

선분 ㄱㄴ

직선 ㄴㄱ

직선 ㄹㄷ

반직선 ㄴㄱ

선분 ㄷㄹ

반직선 ㄷㄹ

10 정답 102쪽

11쪽

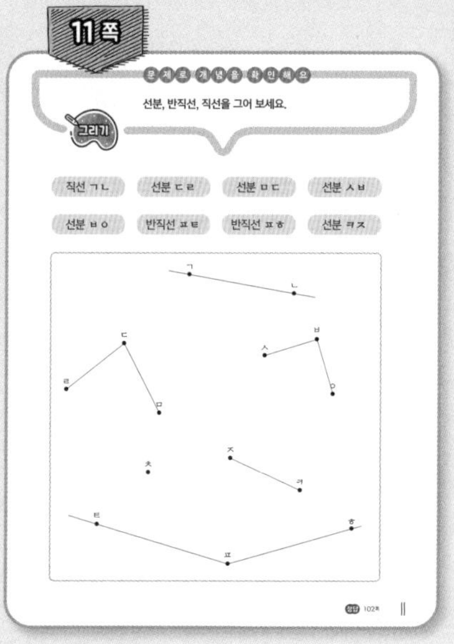
문제로 개념을 확인해요

그리기

선분, 반직선, 직선을 그어 보세요.

직선 ㄱㄴ 선분 ㄷㄹ 선분 ㅁㄷ 선분 ㅅㅂ

선분 ㅂㅇ 반직선 ㅍㅌ 반직선 ㅍㅎ 선분 ㅋㅈ

정답 102쪽 11

13쪽

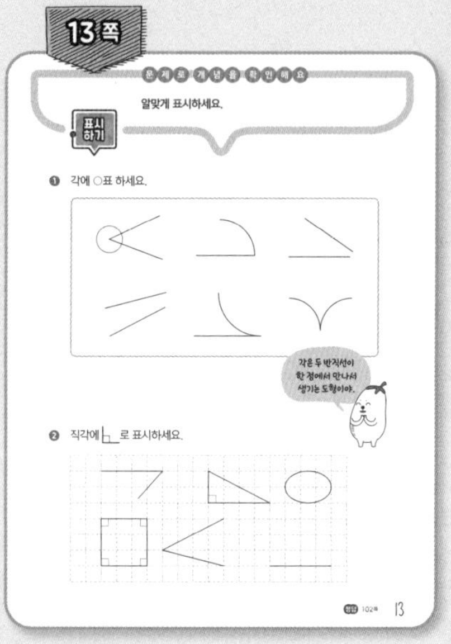
문제로 개념을 확인해요

표시하기

알맞게 표시하세요.

❶ 각에 ○표 하세요.

각은 두 반직선이 한 점에서 만나서 생기는 도형이야.

❷ 직각에 ⌞ 로 표시하세요.

정답 102쪽 13

14쪽

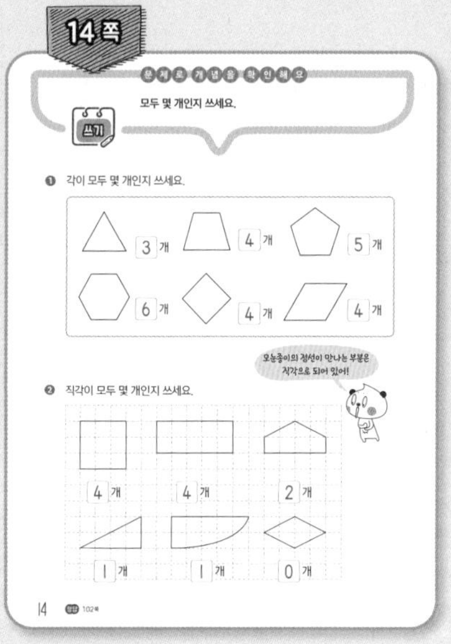
문제로 개념을 확인해요

쓰기

모두 몇 개인지 쓰세요.

❶ 각이 모두 몇 개인지 쓰세요.

3 개 4 개 5 개

6 개 4 개 4 개

모눈종이의 점선이 만나는 부분은 직각으로 되어 있어!

❷ 직각이 모두 몇 개인지 쓰세요.

4 개 4 개 2 개

1 개 1 개 0 개

14 정답 102쪽

15쪽

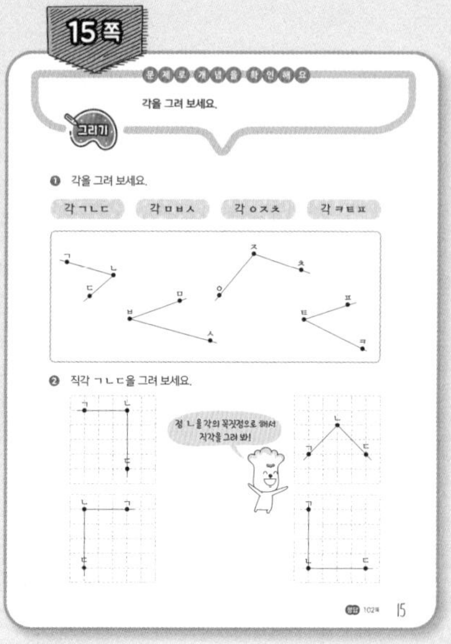
문제로 개념을 확인해요

그리기

각을 그려 보세요.

❶ 각을 그려 보세요.

각 ㄱㄴㄷ 각 ㅁㅂㅅ 각 ㅇㅈㅊ 각 ㅋㅌㅍ

❷ 직각 ㄱㄴㄷ을 그려 보세요.

점 ㄴ을 각의 꼭짓점으로 해서 직각을 그려 봐!

정답 102쪽 15

17쪽

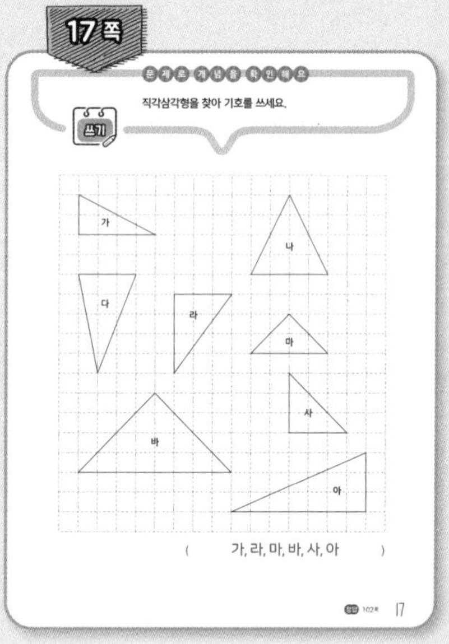
문제로 개념을 확인해요

쓰기

직각삼각형을 찾아 기호를 쓰세요.

(가, 라, 마, 바, 사, 아)

정답 102쪽 17

18쪽

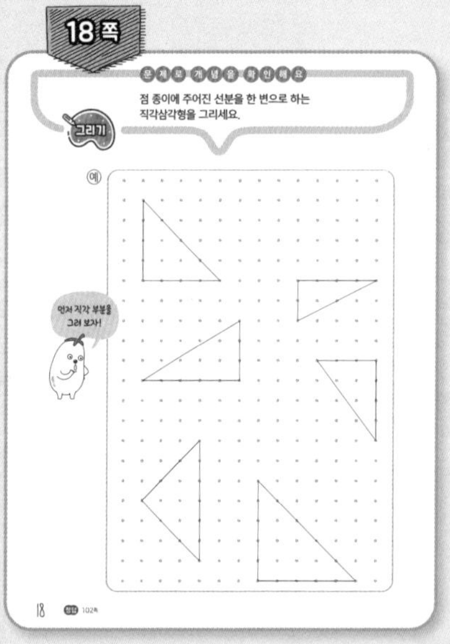
문제로 개념을 확인해요

그리기

점 종이에 주어진 선분을 한 변으로 하는 직각삼각형을 그리세요.

예

먼저 직각 부분을 그려 보자!

18 정답 102쪽

19쪽

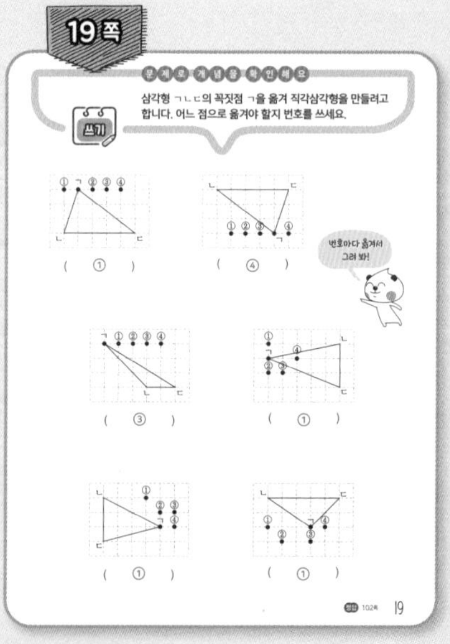
문제로 개념을 확인해요

쓰기

삼각형 ㄱㄴㄷ의 꼭짓점 ㄱ을 옮겨 직각삼각형을 만들려고 합니다. 어느 점으로 옮겨야 할지 번호를 쓰세요.

(①) (④)

번호마다 옮겨서 그려 봐!

(③) (①)

(①) (①)

정답 102쪽 19

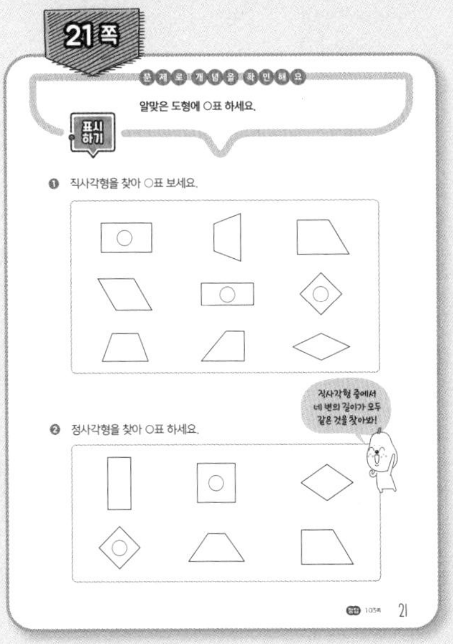
21쪽

문제로 개념을 확인해요

표시하기 알맞은 도형에 ○표 하세요.

❶ 직사각형을 찾아 ○표 보세요.

❷ 정사각형을 찾아 ○표 하세요.

직사각형 중에서 네 변의 길이가 모두 같은 것을 찾아봐!

정답 105쪽 21

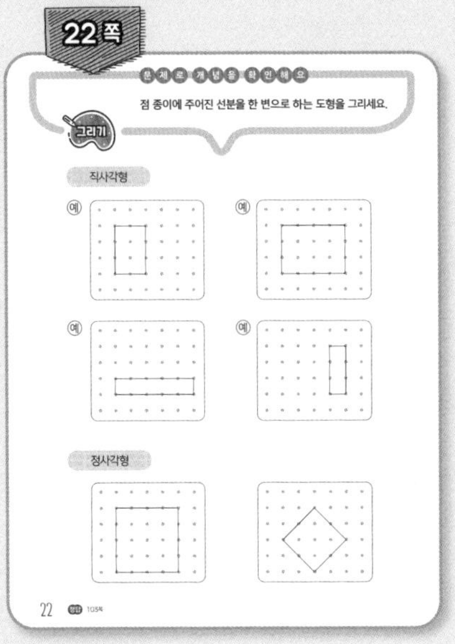
22쪽

문제로 개념을 확인해요

그리기 점 종이에 주어진 선분을 한 변으로 하는 도형을 그리세요.

직사각형

예 예

예 예

정사각형

22 정답 105쪽

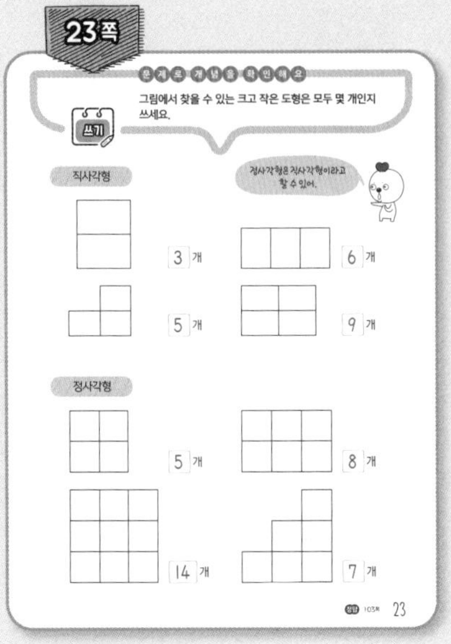
23쪽

문제로 개념을 확인해요

쓰기 그림에서 찾을 수 있는 크고 작은 도형은 모두 몇 개인지 쓰세요.

직사각형

정사각형은 직사각형이라고 할 수 있어.

3 개 6 개

5 개 9 개

정사각형

5 개 8 개

14 개 7 개

정답 105쪽 23

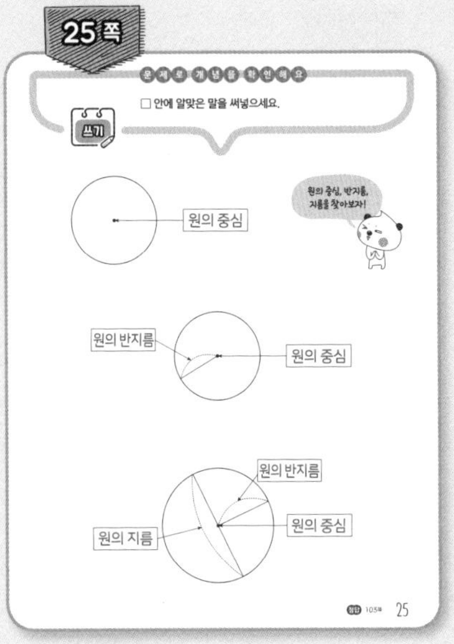
25쪽

문제로 개념을 확인해요

쓰기 □ 안에 알맞은 말을 써넣으세요.

원의 중심

원의 중심, 반지름, 지름을 찾아보자!

원의 반지름 원의 중심

원의 반지름

원의 지름 원의 중심

정답 105쪽 25

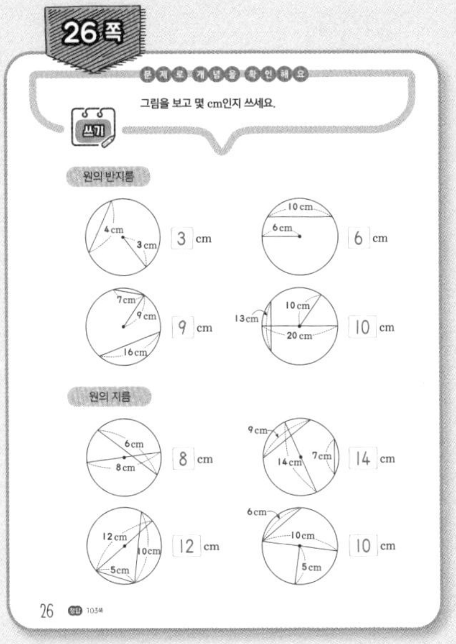
26쪽

문제로 개념을 확인해요

쓰기 그림을 보고 몇 cm인지 쓰세요.

원의 반지름

4 cm, 3 cm — 3 cm

10 cm, 6 cm — 6 cm

7 cm, 9 cm, 16 cm — 9 cm

13 cm, 10 cm, 20 cm — 10 cm

원의 지름

6 cm, 8 cm — 8 cm

9 cm, 14 cm, 7 cm — 14 cm

12 cm, 10 cm, 5 cm — 12 cm

6 cm, 10 cm, 5 cm — 10 cm

26 정답 105쪽

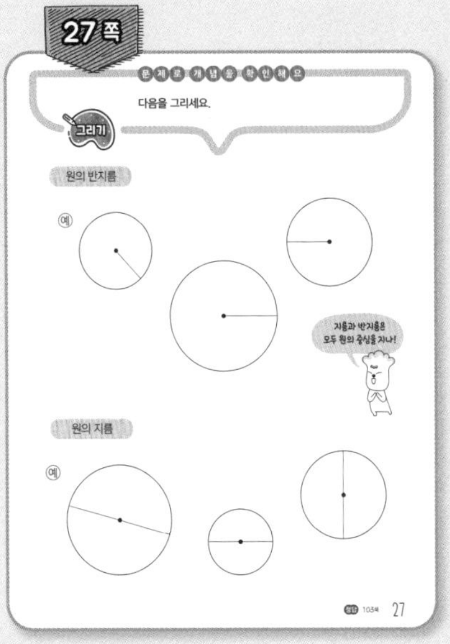
27쪽

문제로 개념을 확인해요

그리기 다음을 그리세요.

원의 반지름

예

지름과 반지름은 모두 원의 중심을 지나!

원의 지름

예

정답 105쪽 27

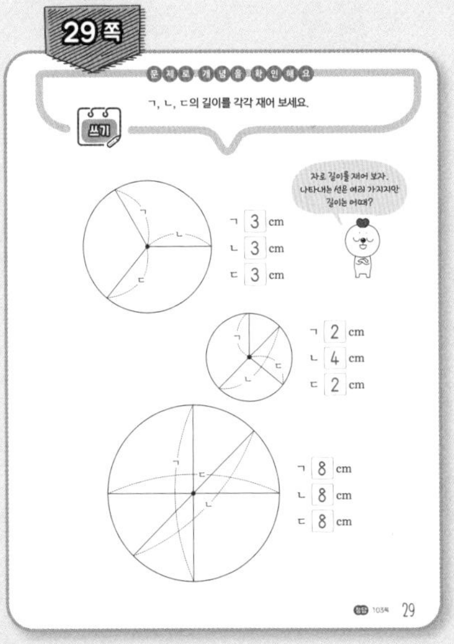
29쪽

문제로 개념을 확인해요

쓰기 ㄱ, ㄴ, ㄷ의 길이를 각각 재어 보세요.

자로 길이를 재어 보자. 나타내는 선은 여러 가지지만 길이는 어때?

ㄱ 3 cm
ㄴ 3 cm
ㄷ 3 cm

ㄱ 2 cm
ㄴ 4 cm
ㄷ 2 cm

ㄱ 8 cm
ㄴ 8 cm
ㄷ 8 cm

정답 105쪽 29

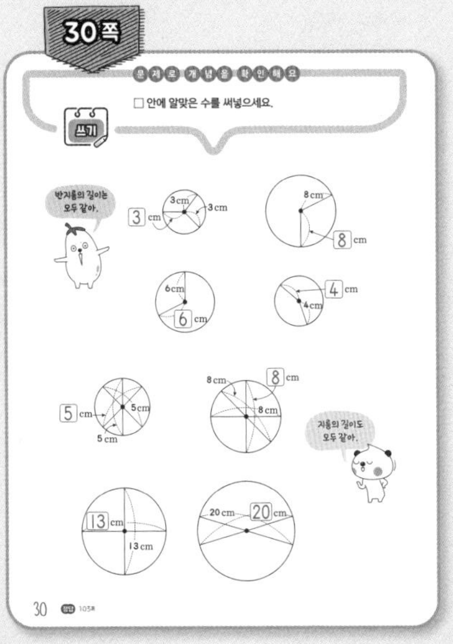
30쪽

문제로 개념을 확인해요

쓰기 □ 안에 알맞은 수를 써넣으세요.

반지름의 길이는 모두 같아.

3 cm, 3 cm, 3 cm

8 cm, 8 cm

6 cm, 6 cm

4 cm, 4 cm

5 cm, 5 cm, 5 cm

8 cm, 8 cm, 8 cm

지름의 길이도 모두 같아.

13 cm, 13 cm

20 cm, 20 cm

30 정답 105쪽

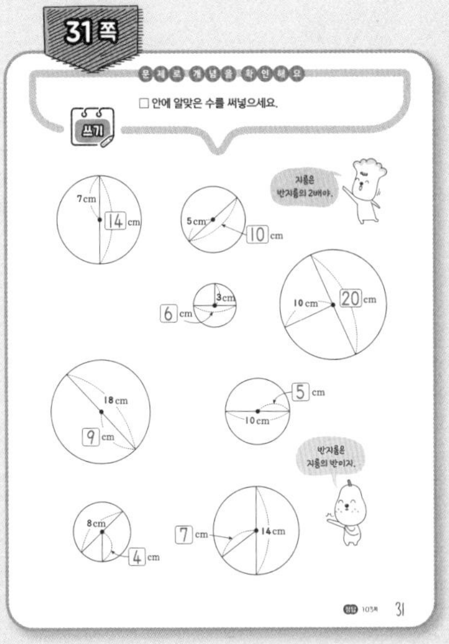
31쪽

문제로 개념을 확인해요

쓰기 □ 안에 알맞은 수를 써넣으세요.

지름은 반지름의 2배야.

7 cm, 14 cm

5 cm, 10 cm

3 cm, 6 cm

10 cm, 20 cm

18 cm, 9 cm

10 cm, 5 cm

반지름은 지름의 반이지.

8 cm, 4 cm

7 cm, 14 cm

정답 105쪽 31

33쪽

문제로 개념을 확인해요

선 잇기

컴퍼스를 그림과 같이 벌려서 원을 그렸을 때 알맞은 것을 찾아 선으로 이으세요.

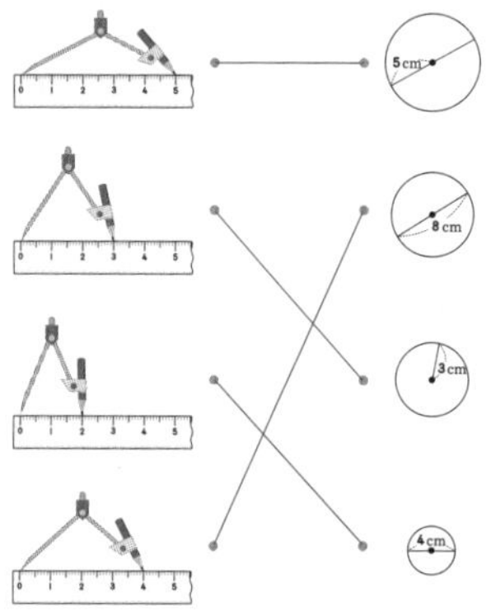

34쪽

문제로 개념을 확인해요

쓰기

그림을 보고 물음에 알맞은 것을 찾아 기호를 쓰세요.

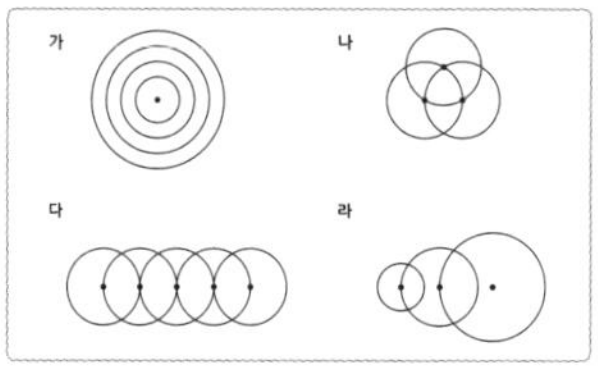

원의 중심을 옮기지 않고 그린 것을 찾아 기호를 쓰세요. (가)

원의 반지름을 같게 하여 그린 것을 모두 찾아 기호를 쓰세요. (나, 다)

원의 중심을 옮겨가며 반지름을 같게 하여 그린 것을 모두 찾아 기호를 쓰세요. (나, 다)

원의 중심을 옮겨가며 반지름을 다르게 하여 그린 것을 찾아 기호를 쓰세요. (라)

35쪽

문제로 개념을 확인해요

그리기

다음과 같이 모양을 그리려고 할 때, 원의 중심이 되는 곳에 점을 모두 찍어 보세요.

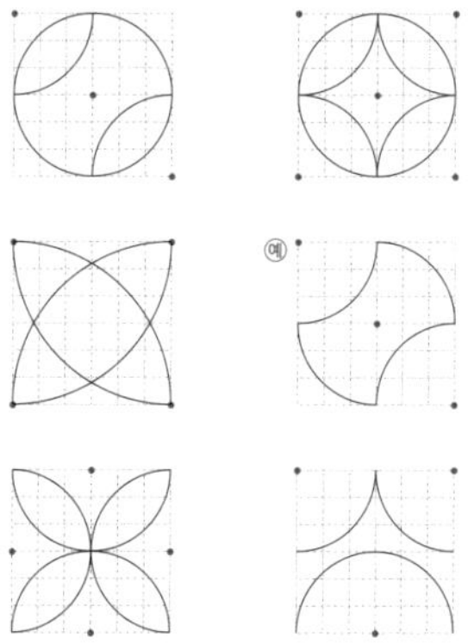

37쪽

문제로 개념을 확인해요

표시하기

모양 조각을 여러 방향으로 밀었습니다. 알맞은 것을 찾아 ○표 하세요.

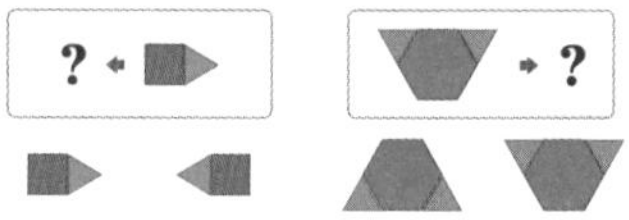

(○) ( ) ( ) (○)

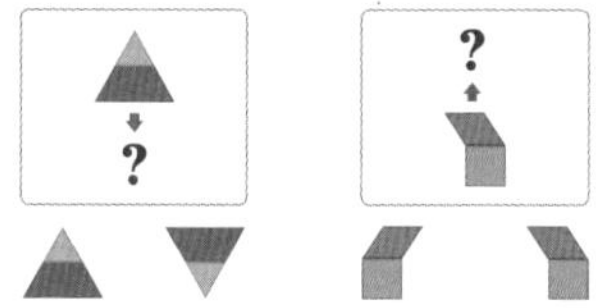

(○) ( ) ( ) (○)

38쪽

문제로 개념을 확인해요

그리기

도형을 주어진 방향으로 밀었을 때의 도형을 그리세요.

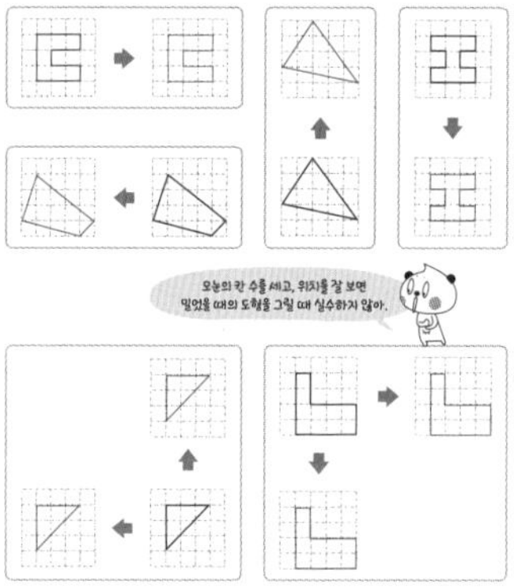

39쪽

문제로 개념을 확인해요

쓰기

도형의 이동 방법을 쓰세요.

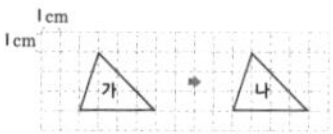

나 도형은 가 도형을 (왼쪽 , (오른쪽))으로 8 cm 밀어서 이동한 도형입니다.

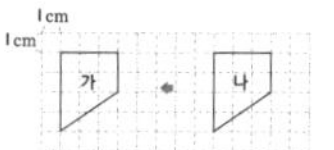

가 도형은 나 도형을 ((왼쪽), 오른쪽)으로 8 cm 밀어서 이동한 도형입니다.

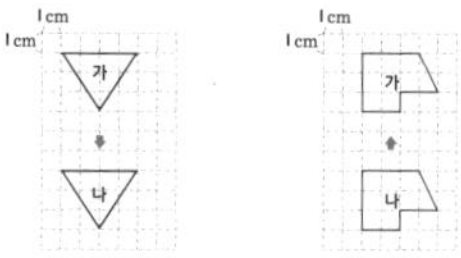

나 도형은 가 도형을 (위쪽 , (아래쪽))으로 6 cm 밀어서 이동한 도형입니다.

가 도형은 나 도형을 ((위쪽), 아래쪽)으로 6 cm 밀어서 이동한 도형입니다.

41쪽

문제로 개념을 확인해요

표시하기

모양 조각을 여러 방향으로 뒤집었습니다. 알맞은 것을 찾아 ○표 하세요.

(○) ( ) (○) ( )

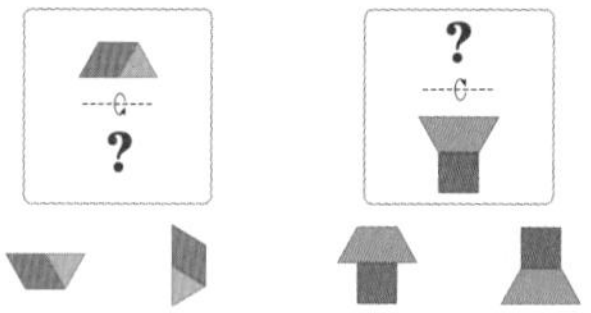

(○) ( ) ( ) (○)

42쪽

문제로 개념을 확인해요

그리기

도형을 주어진 방향으로 뒤집었을 때의 도형을 그리세요.

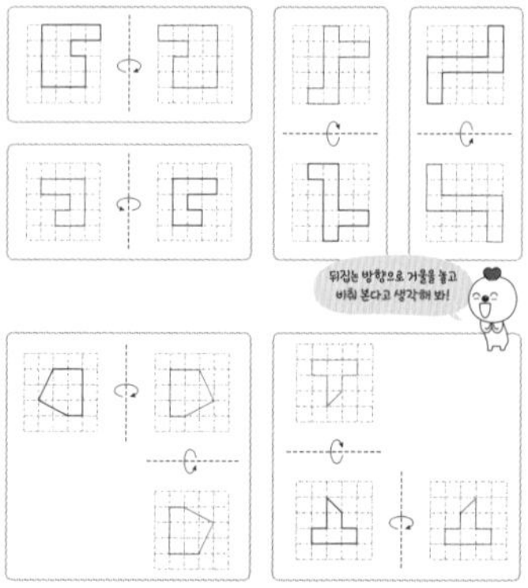

43쪽

문제로 개념을 확인해요

표시하기

도형의 이동 방법으로 알맞은 것에 ○표 하세요.

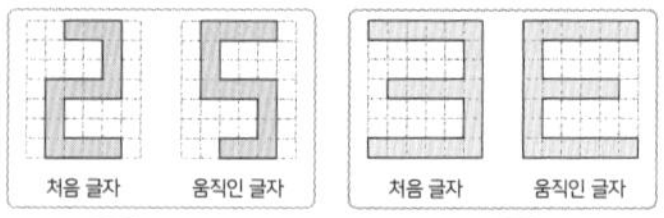

'2'를 ((아래쪽), 왼쪽)으로 뒤집은 모양입니다.

'3'을 (위쪽 , (오른쪽))으로 뒤집은 모양입니다.

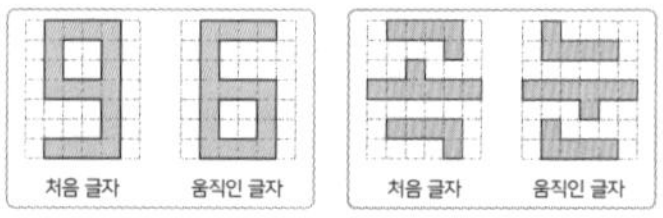

'9'를 위쪽으로 뒤집고 ((왼쪽), 아래쪽)으로 뒤집으면 '6'이 됩니다.

'곡'을 아래쪽으로 뒤집고 ((오른쪽), 위쪽)으로 뒤집으면 '눈'이 됩니다.

45쪽

문제로 개념을 확인해요

표시하기 모양 조각을 여러 방향으로 돌렸습니다. 알맞은 것을 찾아 ○표 하세요.

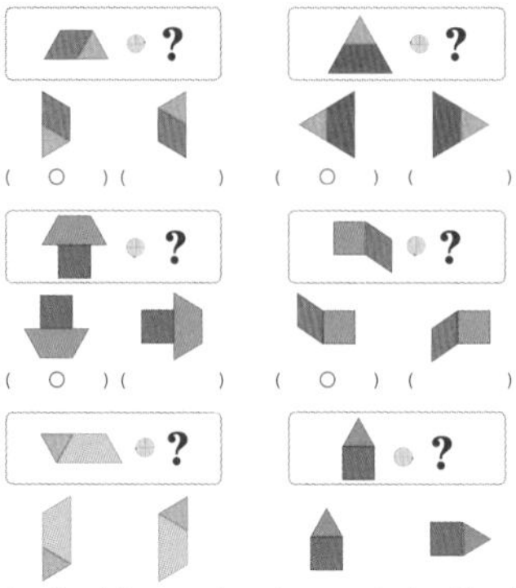

(○) ( ) (○) ( )

(○) ( ) (○) ( )

(○) ( ) ( ) (○)

46쪽

문제로 개념을 확인해요

그리기 도형을 주어진 방향으로 돌렸을 때의 도형을 그리세요.

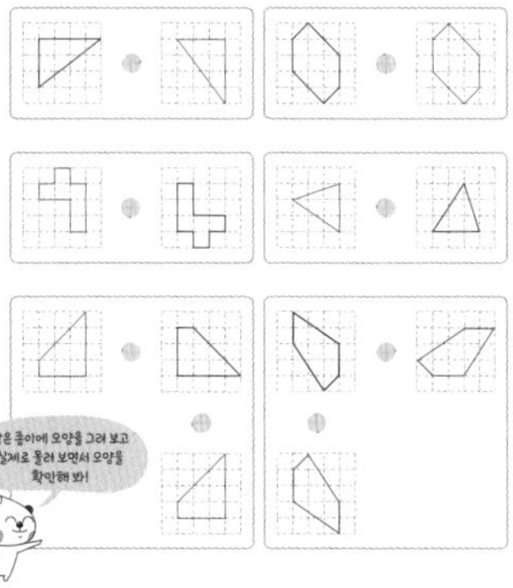

47쪽

문제로 개념을 확인해요

쓰기 보기 에서 알맞은 도형을 골라 □ 안에 기호를 써넣으세요.

보기

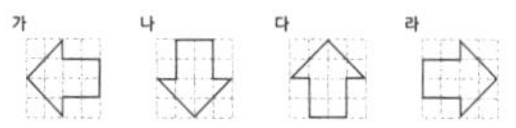

가 도형을 시계 반대 방향으로 90°만큼 돌리면 나 도형이 됩니다.

나 도형을 시계 방향으로 180°만큼 돌리면 다 도형이 됩니다.

라 도형을 시계 방향으로 270°만큼 돌리면 다 도형이 됩니다.

보기

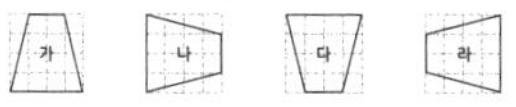

가 도형을 시계 방향으로 180°만큼 돌리면 다 도형이 됩니다.

나 도형을 시계 반대 방향으로 90°만큼 돌리면 가 도형이 됩니다.

다 도형을 시계 방향으로 270°만큼 돌리면 나 도형이 됩니다.

49쪽

문제로 개념을 확인해요

표시하기 무늬를 꾸민 이동 방법을 모두 찾아 ○표 하세요.

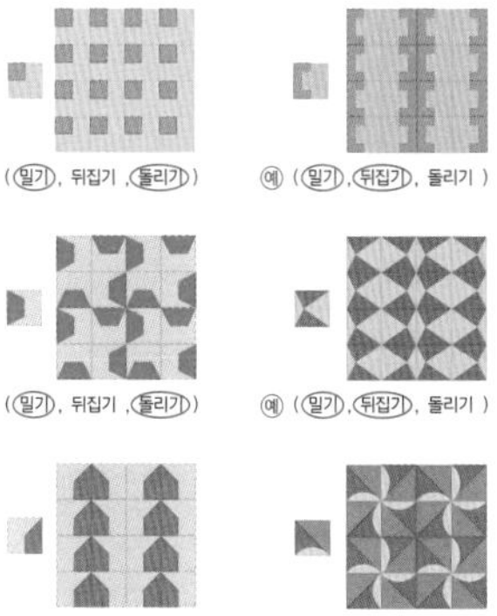

(밀기, 뒤집기, 돌리기) 예 (밀기, 뒤집기, 돌리기)

(밀기, 뒤집기, 돌리기) 예 (밀기, 뒤집기, 돌리기)

(밀기, 뒤집기, 돌리기) (밀기, 뒤집기, 돌리기)

50쪽

문제로 개념을 확인해요

그리기 주어진 모양을 정해진 이동 방법을 이용하여 무늬를 완성하세요.

밀기 방법으로 꾸미기

영차, 영차~ 밀기를 이용하면 주어진 모양이 변하지 않고 그대로 반복되지!

뒤집기 방법으로 꾸미기

위, 아래로 뒤집을 때와 오른쪽, 왼쪽으로 뒤집을 때 바뀌는 부분이 달라! 조심해~

돌리기 방법으로 꾸미기

돌려 돌려~ 시계 방향으로 90° 돌리면 위쪽→오른쪽, 오른쪽→아래쪽으로 바뀌지!

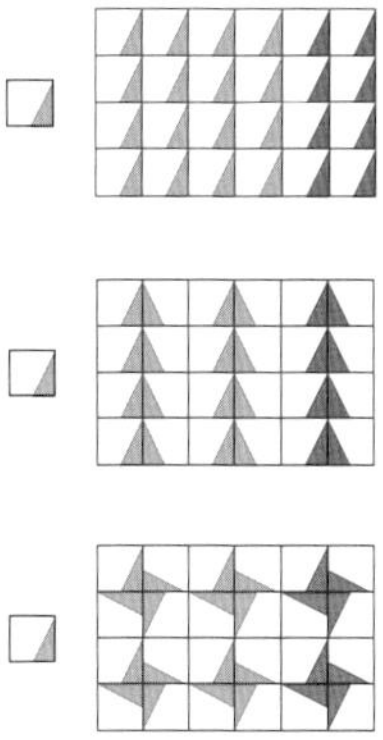

51쪽

문제로 개념을 확인해요

색칠하기 규칙에 따라 무늬를 만든 것입니다. 빈칸을 채워 무늬를 완성하세요.

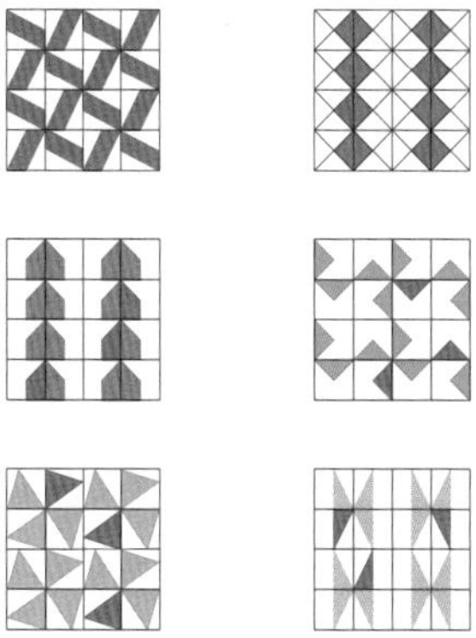

52쪽

12 그림과 글로 배워요

1 직사각형과 네 변의 길이의 합이 같은 정사각형을 만들려고 합니다. 정사각형의 한 변의 길이는 몇 cm로 해야 하는지 구하세요.

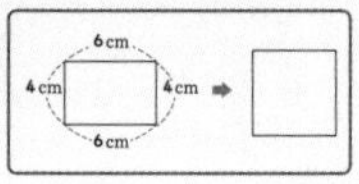

직사각형의 네 변의 길이의 합: 6+4+6+4= 20 (cm)

정사각형의 한 변의 길이를 □cm라 할 때 정사각형의 네 변의 길이의 합이 직사각형의 네 변의 길이의 합과 같음:

□+□+□+□= 20 (cm)

똑같은 수를 4번 더했을 때 직사각형의 네 변의 길이와 같아지는 구나.

정사각형의 한 변의 길이는 5 cm입니다.

53쪽

2 오른쪽 그림에서 점 ㄱ과 점 ㄴ은 각각 원의 중심입니다. 선분 ㄱㄴ의 길이는 몇 cm인지 구하세요.

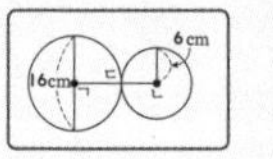

선분 ㄱㄴ의 길이는 두 원의 반지름의 합과 같아!

(선분 ㄱㄴ의 길이)
=(선분 ㄱㄷ의 길이)+(선분 ㄷㄴ (ㄴㄷ) 의 길이)

원의 반지름의 길이는 모두 같으므로
선분 ㄴㄷ의 길이는 6 cm입니다.

원의 반지름은 지름의 절반이므로
(선분 ㄱㄷ의 길이)=16÷2
=8 (cm)입니다.

선분 ㄱㄴ의 길이는 14 cm입니다.

54쪽

3 지호는 작은 각 ㉠, ㉡, ㉢ 3개로 이루어진 도형을 만들었습니다. 만든 도형에서 찾을 수 있는 크고 작은 각은 모두 몇 개인지 구하세요.

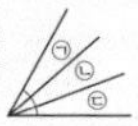

조건 ① 작은 각 1개로 된 각: ㉠, ㉡, ㉢
② 작은 각 2개로 된 각: ㉠+㉡, ㉡+㉢
③ 작은 각 3개로 된 각: ㉠+㉡+㉢

풀이 작은 각 1개로 된 각: 3 개, 작은 각 2개로 된 각: 2 개,
작은 각 3개로 된 각: 1 개

답 찾을 수 있는 크고 작은 각은 6 개입니다.

4 친구들이 설명하는 시각을 구하세요.

긴바늘이 12를 가리켜요.

긴바늘과 짧은바늘이 이루는 각이 직각이에요.

1시와 6시 사이의 시각이에요.

조건 ① 긴바늘이 12를 가리키는 시각, 1시와 6시 사이:
2 시, 3 시, 4 시, 5 시
② 긴바늘과 짧은바늘이 직각을 이루는 시각: 3 시

풀이 시계의 긴바늘이 12를 가리키는 시각은 몇 시입니다. 1시와 6시 사이의 시각 중
정각은 2 시, 3 시, 4 시, 5 시이고
이 중 두 시곗바늘이 직각을 이루는 시각은 3 시입니다.

답 친구들이 설명하는 시각은 3 시입니다.

55쪽

5 세 자리 수가 적힌 카드를 시계 방향으로 180°만큼 돌렸을 때 만들어지는 수와 처음 수의 합을 구하세요. 126

조건 ① 1을 시계 방향으로 180° 돌리면 1 입니다.
② 2를 시계 방향으로 180° 돌리면 2 입니다.
③ 6을 시계 방향으로 180° 돌리면 9 입니다.

풀이 126 → 921 126 + 921 = 1047

답 126과 이 수를 시계 방향으로 180°만큼 돌린 수의 합은 1047 입니다.

6 왼쪽 도형을 한 번 움직였더니 오른쪽 도형이 되었습니다. 어떻게 움직였는지 쓰세요.

조건 ① 왼쪽과 오른쪽 도형을 비교하면(위쪽과 아래쪽 , (왼쪽과 오른쪽))이 바뀌었습니다.
② 도형을 움직인 방법은 (밀기 , (뒤집기), 돌리기)입니다.

풀이 주어진 도형은 왼 쪽과 오른 쪽이 바뀌었으므로 뒤집기 를 이용하여 움직였습니다.

답 왼쪽 도형을 왼쪽(오른쪽)으로 뒤집기 를 이용하여 움직였습니다.

정답 106쪽 55

56쪽

13 마무리 평가

다음 도형을 읽어 보세요.

① (직선 ㄱㄴ(또는 ㄴㄱ)) ② (선분 ㄱㄴ(또는 ㄴㄱ)) ③ (반직선 ㄴㄱ)

도형에서 각이 몇 개인지 쓰세요.

④ 3 개 ⑤ 5 개 ⑥ 4 개

도형에서 직각이 몇 개인지 쓰세요.

⑦ 2 개 ⑧ 4 개 ⑨ 1 개

각 도형을 1개씩 그리세요.

⑩ 직각삼각형 (예) ⑪ 직사각형 (예) ⑫ 정사각형 (예)

56 정답 106쪽

57쪽

표준 시간 20분 맞힌 개수 개

원의 반지름을 구하세요.

⑬ 8 cm, 11 cm, 17 cm — 11 cm ⑭ 18 cm, 14 cm, 28 cm — 14 cm

원의 지름을 구하세요.

⑮ 8 cm, 10 cm — 10 cm ⑯ 12 cm, 16 cm, 9 cm — 16 cm

보기 의 도형을 주어진 방법으로 이동한 도형을 그리세요.

보기 ⑰ 오른쪽으로 밀기 ⑱ 위쪽으로 뒤집기
⑲ 왼쪽으로 뒤집기 ⑳ ㉑

정답 106쪽 57

65쪽

문제로 개념을 확인해요

쓰기 가장 많이 벌어진 각에 ○표, 가장 적게 벌어진 각에 △표 하세요.

( ) (△) (○)

(△) ( ) (○)

(○) ( ) (△)

( ) (○) (△)

정답 106쪽 65

66쪽

문제로 개념을 확인해요

색칠하기 주어진 각만큼 색칠하고, 더 큰 각에 ○표 하세요.

기준 — 기준의 2개 만큼 ( ) 기준의 3개 만큼 (○)

기준 — 기준의 5개 만큼 (○) 기준의 4개 만큼 ( )

기준 — 기준의 3개 만큼 ( ) 기준의 4개 만큼 (○)

66 정답 106쪽

67쪽

문제로 개념을 확인해요

쓰기 각의 크기를 비교하여 가장 큰 것부터 차례로 1, 2, 3을 쓰세요.

2 3 1

각의 크기는 변이 벌어진 정도만 비교하는 거야.

1 2 3

3 1 2

정답 106쪽 67

69쪽

문제로 개념을 확인해요

선 잇기 각도기를 사용하여 각도를 바르게 잰 것을 찾아 선으로 이으세요.

40° 90° 120° 70° 150°

정답 106쪽 69

70쪽

문제로 개념을 확인해요

쓰기 각도기를 이용하여 각도를 재어 보세요.

각도의 중심과 각의 꼭짓점을 잘 맞춰.

(15)° (100)°

(60)° (30)°

(120)° (45)°

70 정답 106쪽

71쪽

문제로 개념을 확인해요

쓰기 각도기를 이용하여 여러 가지 도형의 각도를 재어 보세요.

재야 할 각의 두 변만 잘 봐!

(65)° (120)°

(40)° (110)°

(140)° (30)°

정답 106쪽 71

73쪽

문제로 개념을 확인해요

그리기 주어진 각도의 각을 각도기 위에 그려 보세요.

120° 160° 65° 90° 50° 145°

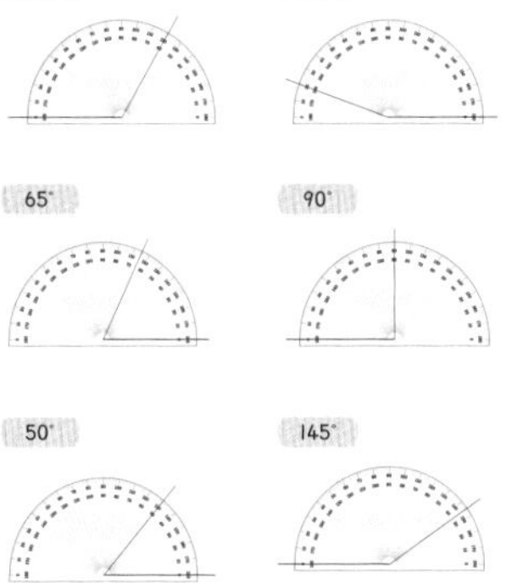

74쪽

문제로 개념을 확인해요

그리기 각도기와 자를 이용하여 주어진 각도의 각을 그리세요.

75쪽

문제로 개념을 확인해요

그리기 각도기와 자를 이용하여 주어진 각도의 각을 그리세요.

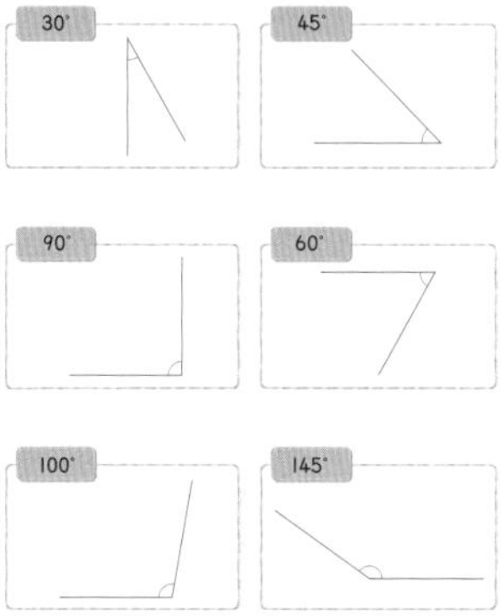

77쪽

문제로 개념을 확인해요

그리기 주어진 선분을 이용하여 예각과 둔각을 그리세요.

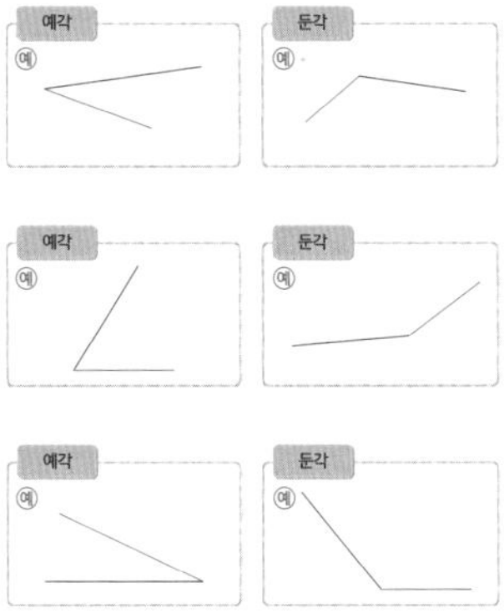

78쪽

문제로 개념을 확인해요

쓰기 각을 보고 예각이면 '예', 직각이면 '직', 둔각이면 '둔'이라고 □ 안에 쓰세요.

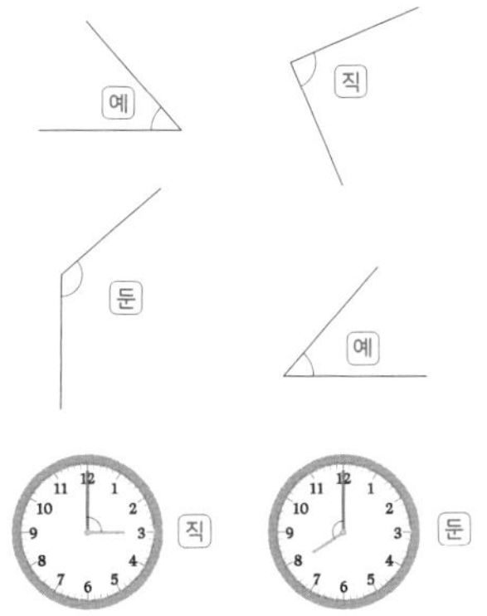

79쪽

문제로 개념을 확인해요

선 잇기 시계의 긴바늘과 짧은바늘이 이루는 작은 쪽의 각이 예각, 직각, 둔각 중 어느 것인지 찾아 선으로 이으세요.

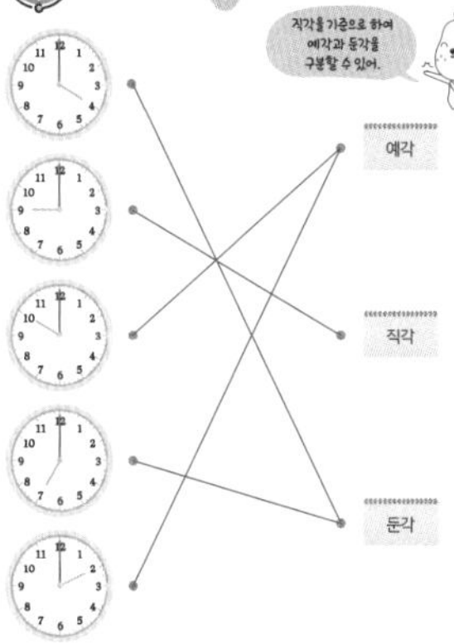

81쪽

문제로 개념을 확인해요

쓰기 그림을 보고 두 각도의 합을 구하세요.

자연수의 덧셈과 같은 방법으로 계산해.

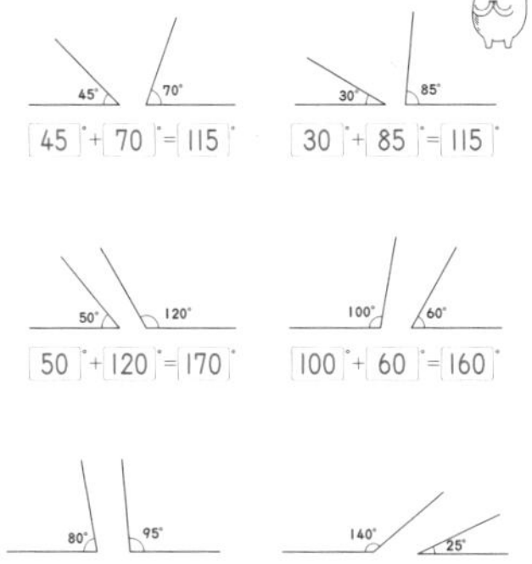

45° + 70° = 115°

30° + 85° = 115°

50° + 120° = 170°

100° + 60° = 160°

80° + 95° = 175°

140° + 25° = 165°

82쪽

문제로 개념을 확인해요

쓰기 그림을 보고 두 각도의 차를 구하세요.

자연수의 뺄셈과 같은 방법으로 계산해!

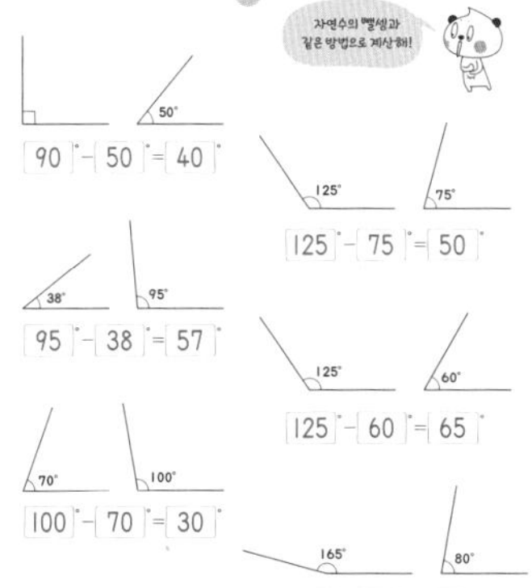

90° − 50° = 40°

125° − 75° = 50°

95° − 38° = 57°

125° − 60° = 65°

100° − 70° = 30°

165° − 80° = 85°

83쪽

문제로 개념을 확인해요

계산하기 각도의 합과 차를 구하세요.

자연수의 덧셈, 뺄셈과 같은 방법으로 계산한 다음 '°'를 붙여 줘!

82° + 75° = 157°

90° − 52° = 38°

117° + 13° = 130°

45° − 20° = 25°

48° + 35° = 83°

110° − 35° = 75°

99° + 20° = 119°

120° − 45° = 75°

35° + 65° = 100°

145° − 55° = 90°

120° + 55° = 175°

150° − 60° = 90°

50° + 45° = 95°

165° − 75° = 90°

85쪽

문제로 개념을 확인해요

쓰기 그림을 보고 나머지 두 각의 합을 구하세요.

㉠과 ㉡을 재어 보지 않아도 구할 수 있지!

㉠+㉡= 55 °　　㉠+㉡= 135 °

㉠+㉡= 144 °　　㉠+㉡= 155 °

㉠+㉡= 102 °　　㉠+㉡= 42 °

86쪽

문제로 개념을 확인해요

쓰기 그림을 보고 ㉠의 각도를 구하세요.

먼저 두 각의 크기의 합을 구하면 돼!

(30)°　　(80)°

(50)°　　(25)°

(105)°　　(40)°

87쪽

문제로 개념을 확인해요

쓰기 삼각형의 세 각의 크기의 합을 이용하여 □ 안에 알맞은 각도를 구하세요.

㉠: 40 °, ㉡: 80 °　　㉠: 85 °, ㉡: 35 °

㉠: 65 °, ㉡: 115 °　　㉠: 33 °, ㉡: 59 °

140 °　　150 °

89쪽

문제로 개념을 확인해요

쓰기 그림을 보고 나머지 두 각의 합을 구하세요.

각도기로 재어 보지 않아도 알 수 있어!

㉠+㉡= 160 °　　㉠+㉡= 180 °

㉠+㉡= 213 °　　㉠+㉡= 200 °

㉠+㉡= 224 °　　㉠+㉡= 201 °

90쪽

문제로 개념을 확인해요

쓰기 그림을 보고 ㉠의 각도를 구하세요.

먼저 세 각의 크기의 합을 구하면 돼!

(90)°　　(105)°

(148)°　　(90)°

(95)°　　(50)°

91쪽

문제로 개념을 확인해요

쓰기 사각형의 네 각의 크기의 합을 이용하여 □ 안에 알맞은 각도를 구하세요.

㉠: 55 °, ㉡: 125 °　　㉠: 60 °, ㉡: 90 °

㉠: 120 °, ㉡: 60 °　　㉠: 55 °, ㉡: 125 °

60 °　　60 °

92쪽

08 그림과 글로 배워요

1 오른쪽 그림에서 크고 작은 둔각은 모두 몇 개인지 구하세요.

㉠과 같이 1개짜리 각 중 둔각은 0 개입니다.

㉠+㉡과 같이 2개짜리 각 중 둔각은 1 개입니다.

㉠+㉡+㉢과 같이 3개짜리 각 중 둔각은 2 개입니다.

크고 작은 둔각은 모두 3 개입니다.

그림에서 찾을 수 있는 둔각은 모두 3 개입니다.

93쪽

2 두 직각 삼각자를 그림과 같이 겹쳤습니다. ㉠의 각도를 구하세요.

㉮의 각도는 180°−60°−90°= 30 ° 입니다.

㉯의 각도는 180°−45°−90°= 45 ° 입니다.

㉠의 각도는 ㉯−㉮= 15 ° 입니다.

㉠의 각도는 15 °입니다.

94쪽

3 ㉠의 각도는 몇 도인지 구하세요.

조건 ① 직선은 180 °입니다.

② 35°+㉠+60°= 180 °

풀이 ㉠=180°−(35°+60°)=180°− 95 °

답 ㉠의 각도는 85 °입니다.

4 □ 안에 알맞은 수를 구하세요.

조건 ① 각도기로 알 수 있는 삼각형의 한 각의 크기: 85 °

② 삼각형의 세 각의 크기의 합: 180 °

풀이 (□ 안에 알맞은 수)=(삼각형의 세 각의 크기의 합)−(삼각형의 두 각의 합)

=180°−(60°+ 85 °)

=180°− 145 °= 35 °

답 □ 안에 알맞은 수는 35 입니다.

95쪽

5 ㉠과 ㉡의 각도의 합을 구하세요.

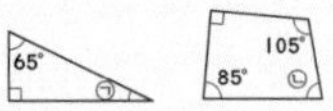

조건 ① 삼각형의 세 각의 크기의 합은 180°이므로
(㉠의 크기)=180°−65°−90°= 25 ° 입니다.
② 사각형의 네 각의 크기의 합은 360°이므로
(㉡의 크기) =360°−90°−85°−105°= 80 ° 입니다.

풀이 (㉠과 ㉡의 각도의 합)= 25 °+ 80 °= 105 °

답 ㉠과 ㉡의 각도의 합은 105 °입니다.

6 ㉠과 ㉡의 각도의 차를 구하세요.

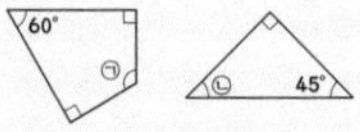

조건 ① 사각형의 네 각의 크기의 합은 360°이므로
(㉠의 크기)=360°−60°−90°−90°= 120 ° 입니다.
② 삼각형의 세 각의 크기의 합은 180°이므로
(㉡의 크기) =180°−90°−45°= 45 ° 입니다.

풀이 (㉠과 ㉡의 각도의 차)= 120 °− 45 °= 75 °

답 ㉠과 ㉡의 각도의 차는 75 °입니다.

96쪽

09 마무리 평가

각의 크기를 비교하여 가장 큰 것부터 차례로 1, 2, 3을 쓰세요.

❶

❷

각도기를 이용하여 각도를 재어 보세요.

❸

(60)°

❹

(140)°

❺
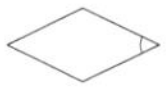
(50)°

❻

(100)°

97쪽

표준 시간 20분 맞힌 개수 개

주어진 각도의 각을 각도기 위에 그려 보세요.

❼ 145° ❽ 70°

시계의 긴바늘과 짧은바늘이 이루는 작은 쪽의 각이 예각이면 '예', 직각이면 '직', 둔각이면 '둔'을 쓰세요.

❾ ❿ ⓫

각도의 합과 차를 구하세요.

⓬ 85°+30°= 115 °
⓭ 130°−40°= 90 °
⓮ 45°+72°= 117 °
⓯ 165°−95°= 70 °

□ 안에 알맞은 각도를 구하세요.

⓰
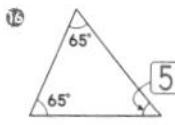

⓱
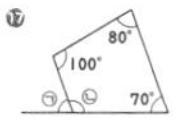

㉠: 70 °
㉡: 110 °

수학 퍼즐 맛보기

비교 변별

쌍둥이 외계인들

☆ 이 외계인들은 한 명만 빼고 모두 똑같이 생긴 쌍둥이예요. 쌍둥이가 아닌 외계인은 누구일까요?

해답

h번 외계인만 쌍둥이가 아니에요.

브레인알파 「그림 퍼즐」 교재 내용입니다.

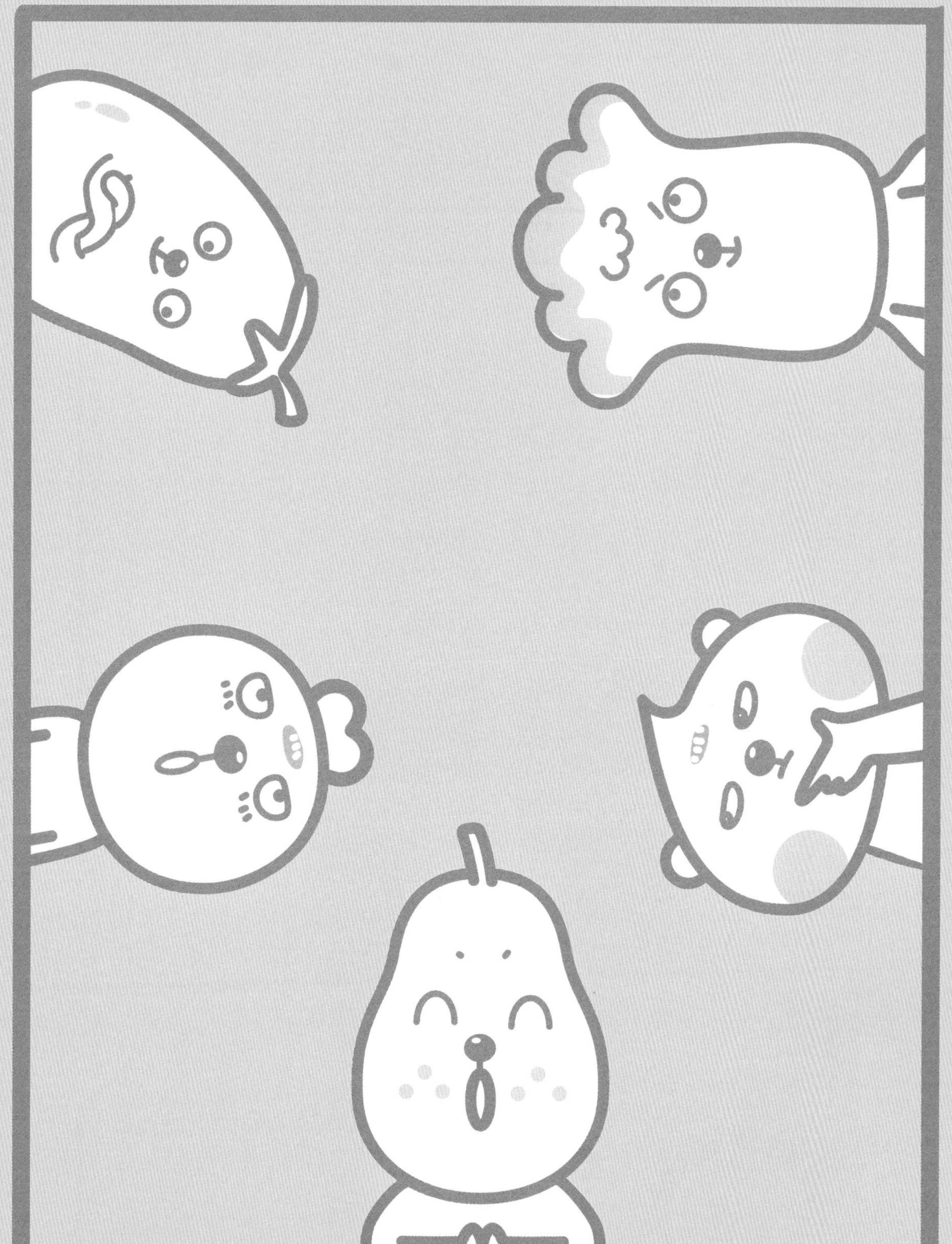

상장

이름 ______________

위 어린이는
3학년에게 꼭 필요한 도형을
스스로 열심히 마쳤습니다.

이에 칭찬하여 이 상장을 드립니다.

년 월 일

교과서 연계 연산 강화 프로젝트
쌤과 맘이 만든
쌍둥이 연산노트
예습과 복습, 2권으로
초등 수학 연산 공부 끝!
한 달 완성!
6·1
6·2
왜~ 쌍둥이지?
정가 9,500원
빠른 학기 드릴 연산
쌍둥이 연산노트
자세한 단계 진도 연산
이젠 연산왕
재미있는 만화수학교과서
이젠 꼭 필요한 초등수학
이젠교육
EZEN EDUCATION

수학 교과서에 맞춘

이젠 꼭 필요한 초등수학 시리즈

| 교육과정 | 수학 교과서 중요 단원

초등 1학년		초등 2학년		초등 3학년		초등 4학년	
1학기	2학기	1학기	2학기	1학기	2학기	1학기	2학기

→

→

초등 1학년 1학기	초등 1학년 2학기	초등 2학년 1학기	초등 2학년 2학기	초등 3학년 1학기	초등 3학년 2학기	초등 4학년 1학기	초등 4학년 2학기
여러 가지 모양	여러 가지 모양	여러 가지 도형		평면도형	원	평면도형의 이동	삼각형
비교하기		길이 재기	길이 재기				사각형
		분류하기					다각형

→

→

초등 2학년 1학기	초등 2학년 2학기	초등 3학년 1학기	초등 3학년 2학기	초등 4학년 2학기
곱셈	곱셈구구	분수와 소수	분수	분수의 덧셈과 뺄셈
				소수의 덧셈과 뺄셈

→

초등 1학년 2학기	초등 2학년 2학기	초등 3학년 1학기	초등 3학년 2학기	초등 4학년 1학기
시계 보기와 규칙 찾기	시각과 시간	길이와 시간	들이와 무게	각도

● 의 책이에요!

제 품 명: 3학년에게 꼭 필요한 도형
제조자명: 이젠교육
제조국명: 대한민국
제조년월: 판권에 별도 표기
사용학년: 8세 이상
※ KC마크는 이 제품이 공통안전기준에 적합하였음을 의미합니다.

값 16,000원 (2권 세트)
63410
9 791190 880688
ISBN 979-11-90880-68-8

이젠~
수학을 퍼즐로 재미있게 즐기자!
브레인알파
수학 퍼즐 시리즈
덧셈, 뺄셈 퍼즐
구구단 퍼즐
연산 퍼즐
수학 퍼즐
그림 퍼즐
시각 퍼즐
패턴 퍼즐
암호 퍼즐
낱권 12,000원 | 세트 96,000원
하나!
재미있게 생각하는
수학 퍼즐로
창의력, 사고력 개발
둘!
호기심을 자극하고
집중력을 높이는
창의 주제 구성
셋!
영국 삽화가의
다양한 그림으로
상상력이 쑥쑥
이젠교육
EZEN EDUCATION

시작하면 끝까지 보는

이젠 꼭 필요한 초등수학 시리즈

초등 1학년 | 초등 2학년 | 초등 3학년 | 초등 4학년

의 책이에요!

제 품 명: 3학년에게 꼭 필요한 도형
제조자명: 이젠교육
제조국명: 대한민국
제조년월: 판권에 별도 표기
사용학년: 8세 이상

※ KC마크는 이 제품이 공통안전기준에 적합하였음을 의미합니다.

값 16,000원 (2권 세트)
63410
9 791190 880688
ISBN 979-11-90880-68-8

새 교과서 반영

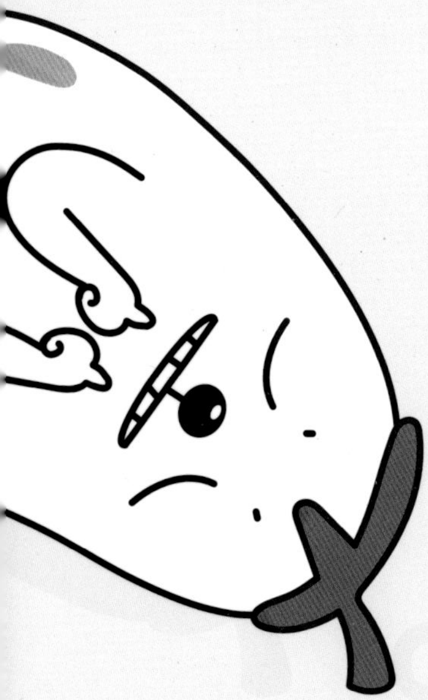

3학년에게 꼭 필요한

도형

한날 글·그림 / 이젠수학연구소 지음

시작하면 끝까지 보는
초등수학 필독서

꼭 읽어야 하는
만화 교과서
+
꼭 풀어야 하는
수학 익힘책

이젠교육
EZEN EDUCATION

한날 글·그림

웹툰·이모티콘 캐릭터 작가로 활동하며 캐릭터 그리는 것을 평생의 즐거움으로 살아가고 있습니다. 웹툰 '동물농장'과 '인생다반사'를 연재했으며, 카카오톡 이모티콘 '인생다반사'와 '짤모티콘' 등을 출시하였습니다. 쓰고 그린 책으로는 《읽으면서 바로 써먹는 어린이 영단어》, 《읽으면서 바로 써먹는 어린이 맞춤법》, 《읽으면서 바로 써먹는 어린이 관용구》, 《읽으면서 바로 써먹는 어린이 속담》, 《읽으면서 바로 써먹는 어린이 퀴즈》, 《읽으면서 바로 해보는 어린이 게임》 등이 있습니다.

http://blog.naver.com/ngmspg http://www.instagram.com/hannal_01

이젠수학연구소 지음

이젠수학연구소는 유아에서 초중고까지 학생들이 수학의 바른길을 찾아낼 수 있도록 수학 학습법을 연구하는 이젠교육의 수학 연구소입니다. 수학 실력은 하루아침에 완성되지 않으며, 다양한 경험을 통해 발달합니다. 그길에 친구가 되고자 노력합니다.

3학년에게 꼭 필요한 도형

초판 1쇄 발행 | 2022년 1월 10일

지 은 이 이젠수학연구소
펴 낸 이 임요병
펴 낸 곳 ㈜이젠교육
출판등록 제 2020-000073호
주 소 서울시 영등포구 양평로 22길 21 코오롱디지털타워 404호
전 화 (02)324-1600
팩 스 (031)941-9611
인스타그램 @ezeneducation
블 로 그 http://blog.naver.com/ezeneducation

@이젠교육
ISBN 979-11-90880-68-8